新田园城市理论译丛
朱胜萱　高　宁　主编

CPULs
CONTINUOUS PRODUCTIVE URBAN LANDSCAPES
连贯式生产性城市景观

（英）安德烈·维尤恩（ANDRÉ VILJOEN）　编

陈　钰　葛丹东　译

中国建筑工业出版社

著作权合同登记图字：01-2014-3138

图书在版编目（CIP）数据

连贯式生产性城市景观／（英）维尤恩（Viljoen, A.）编；
陈钰，葛丹东译. --北京：中国建筑工业出版社，2014.12
（新田园城市理论译丛）
ISBN 978-7-112-17548-2

Ⅰ.①连… Ⅱ.①维…②陈…③葛… Ⅲ.①城市景观－景观
设计 Ⅳ.①TU-856

中国版本图书馆CIP数据核字（2014）第274843号

责任编辑：滕云飞
责任设计：董建平
责任校对：党 蕾 张 颖

新田园城市理论译丛
朱胜萱 高 宁 主编

连贯式生产性城市景观
（英）安德烈·维尤恩（ANDRÉ VILJOEN）编
陈 钰 葛丹东 译

*
中国建筑工业出版社出版、发行（北京西郊百万庄）
各地新华书店、建筑书店经销
北京锋尚制版有限公司制版
北京云浩印刷有限责任公司印刷
*
开本：889×1194毫米 1/16 印张：18½ 插页：8 字数：348千字
2015年10月第一版 2015年10月第一次印刷
定价：58.00元
ISBN 978－7－112－17548－2
　　（26762）

版权所有　翻印必究
如有印装质量问题，可寄本社退换
（邮政编码100037）

目　录

原版序

21世纪的城市将是一个绿色的、健康的和产生零净污染的地方。这本书提供了达到此目标的一种视角和策略。

生产性城市景观有两个巨大的挑战需要设法面对：CO_2 排放量预期在未来的20年将增长三分之二；随着全球食物生产量的增长，挨饿的人口数量和食物短缺的城市数量也同样增长。

生产性景观与人类居住系统的共生关系与人类文明一样古老。在过去的200年间，千百年来城市与景观之间良好的关系开始向彼此越来越割裂恶化。然而，所幸在过去的25年间，农业开始逐步转向与城市更广阔的融合。

最早的城市连续生产性景观（CPULs）的考古发现，有一个是在波斯的半沙漠城市中。地下引水渠将山上的水带到沙漠绿洲中，并在那里基于城市废物利用进行可持续的高强度食物生产活动。

历史上一个杰出的案例是秘鲁的马丘比丘。西班牙人并没有发现这个百年来一直自力更生的城市。稀少的水资源被一次又一次地重复使用，逐步流下山。生态集约化的菜圃被设计成可充分利用下午阳光的模式，这延长了它们的生长季节。水作物和土地作物被混合种植以防御频繁的山霜。这样的故事，全球到处都能找到。

工业革命带来了铁路、化学农药、石油燃料、罐头食品和冰箱，同时也带来了食物系统与我们的生活场所的分离。而这种转变产生了社会上所谓的"城里人"和"乡下佬"的区分，而从生态的角度看，它也带来了很多糟糕的问题，如喜马拉雅山地区的加德满都市如今所面临的。

我们当前的工业和农业系统依靠船舶、铁路、卡车和飞机将超过80%的已萃取的自然资源运输到只占地球土地4%的地区。这4%的城市地区却将这部分资源的80%转化成废物和污染。关于"废物即是食物"的诠释使我们能够通过废物（热、污水、废水排放、有机固体、建筑垃圾等）利用系统，以关闭现在运营的养分循环，为全球城市人口提供食物并使城市更"绿"。

20世纪70年代后期，城市农业在某些地区复苏的报道陆续出现，这些城市包括波哥大、迪拜、卢萨卡、马德里、莫斯科、纽约、温哥华等其他许多遍布全球的城市。1991～1993年间，由联合国进行的关于全球20个国家的调查和相关图书馆研究资料显示，以上现象是一个新的基于城市的食品体系在全球范围内逐步发展的开端。

本书对于21世纪将有突破性意义，它定义了一个概念性的城市设计或规划方法，这个方法重新组合了生产性景观（包括农业）与人类定居点（CPULs）。如在"时间里的食物"章节中所提到的，在过去的百年间，曾有不少这样的模式已被建成，包括众所周知的勒·柯布西耶（Le Courbusier）、保罗和珀西·瓦尔古德曼（Paul & Percival Goodman）、伊恩·麦克哈格（Ian McHarg）、路易士·马姆弗德（Louis Munford）和弗兰克·劳埃德·赖特（Frank LIoyd Wright）等人的作品。历史和伟大的创造性思想将同时指导我们完成这项巨大的任务。

如今，农业（从养鱼到观赏性灌木）主要面向城市市场，并逐步不再集中在某些企业手中。在我看来，CPULs巨大的可行性是基于21世纪的城市的两个特征的：不断地更新和不断地反集聚化。

今天的城市在一刻不停地进行着自我更新。昨天的工厂基地、购物中心和住宅区正被逐步闲置，从而空置10年、20年甚至30年。这些临时闲置着的场地将成为基于本地的食品系统和生态可持续（绿色）城市的基本要素。

21世纪的新兴城市可被称为"无边界城市"。城市边界、绿带和郊区的概念已经过时了。那些在河流、海港、火车站广场和公路交叉点区域聚集的城市也都已经过时了。城市开始变得越来越没有形状，没有边界和看似无穷无尽。在非洲城市从阿比让扩展到拉各斯，在亚洲从大阪扩展到东京千叶，在北美从缅因州的波特兰扩展到弗吉尼亚州的诺福克，在欧洲从巴塞罗那扩展到热那亚。

受到CPULs概念的启发，我们可以看到可能性无处不在：超市制冷产生的废热可作为粮食生产的能量；洪水产生的平原可用来种植作物或（高代价地）修建住房；种植水果和蔬菜的屋顶可同时节省建筑采暖与制冷的费用，减少空气污染，并生产新鲜的食材；一个安全围栏都可以用来种植兼具生产性和观赏性的藤蔓植物。

21世纪的城市绿化将改善我们的健康，稳定我们的经济，并使人们在花园里见面的同时，彼此关系变得更亲近。

贾克·斯密特，美国注册规划师协会

原版前言

这本书旨在有助于正在进行的关于未来城市形状的辩论。

根据新兴的国际研究，本书提出了将连续生产性城市景观（CPULs）整合到现有和未来的城市的愿景。CPULs是结合农业和其他景观元素的城市空间，这种空间体系具有连续、开放的空间联系。

本书着重于讨论由CPULs设计和规划而产生的问题，并检验CPULs给城市机理带来的各种特质。由卡特琳·伯恩（Katrin Bohn）、安德烈·维尤恩（Andre Viljoen）和乔·霍威（Joe Hown）编写的章节展示了CPULs案例，探索了现今情况和历史背景并提供了CPULs的设计策略。这些议题在一系列由专家撰写的主要章节中得到了进一步的延展。

基于CPULs的城市农业有助于可持续的粮食生产和开放空间管理。如果想深刻认识CPULs的设计潜力，就有必要理解支持城市农业的相关观点。

CPULs可以成为城市基础设施的一部分，因此，对其的运用意味着开始一项长期的发展战略，这种战略同样适用于已有和新兴的城市。这本书探讨了实现CPULs的不同方法，并运用富有远见的建议和实践经验来支持相关论点。

卡特琳·伯恩、安德烈·维尤恩和乔·霍威

中文版序

被邀请撰写《连贯式生产性城市景观》一书的中文版序，我感到十分高兴。

在20世纪90年代，我们刚开始关于连贯式生产性城市景观的相关研究时，就经常引用中国和古巴这两个国家作为城市农业实践的最佳案例。古巴在1989年后，对于城市农业独到而快速的推进引起了欧洲的广泛关注，在当地的访问过程中和与当地研究者的共同实践工作中，我们也学到了很多。但与古巴相比，中国城市农业实践活动的历史传统更源远流长，这促使欧洲的城市设计学者意识到，并不仅仅是里约地球峰会才让我们重新开始考虑如何在地球自然资源的限度内生存。

中国对于城市农业规划设计实践的贡献并不只局限于传统农业的耕作方式，在当代也出现了具有国际知名度的设计项目，如俞孔坚教授的稻田校园（辽宁沈阳）。而坐落于其他地点的同类项目也展示了生产性城市景观同样可以为人们创造具有吸引力的当代公共空间。

中国史无前例的城市化进程所带来的机遇和挑战是超乎想象的。一方面，空间规划的框架结构可以与长期的城市发展战略相一致；另一方面，短期发展目标和经济压力则挑战着这些构想。连贯式生产性城市景观的概念展示了一种令人满意的、可持续的、绿色的，兼具生产性和生态多样性的城市基础设施。在未来，城市化将进一步发展，而这种规划设计思想将对城市的生存起到决定性作用。

我们真诚地希望这本书对每个关注未来城市和环境的人都具有价值。我们也非常高兴本书可以参与中国的城市化和资源问题的探讨，从而促生更多多功能连贯式生产性城市景观案例并同时彰显其多重效益。如果设计者、规划者、社会活动者以及正在制定中的政策能在其研究或实践领域中运用并改进这种思想，那就可以逐步实现我们的目标了。

在我们看来，这本书很好地介绍了支撑连贯式生产性城市景观概念的一些基本内容。今年，也就是2014年，我们出版了另一本后续著作《第二自然城市农业：设计生产性城市》，这本书则主要涉及了连贯式生产性城市景观策略的实践行动的相关内容。

我们非常感谢浙江理工大学的高宁博士，她以极高的热情和专业精神推动了本书的出版。

在此，我们期待看到，在中国城市与乡村的快速转型背景中，连贯式生产性城市景观的理念将如何出现、接受挑战并得到发展。我们最终都依赖于自然系统和自然资源，所以食物、生物多样性、健康和生态集约化都需要与纳入城市化的背景中思考，而创造理想的城市是这一切的最终目标！

安德烈·维尤恩和卡特琳·伯恩

Bohn&Viljoen建筑事务所

伦敦和柏林，2014

译者序

连贯式生产性城市景观概念产生的背景是针对西方城市化进程中逐步凸显的土地与能源缺乏、城市与自然环境隔离，以及由此产生的全球化产业链中食品安全难以保障等问题，从而引发的一种借鉴传统、对当今现代城市来说又是创新的具有生产性功能的复合型城市景观模式的思考。其意义已远远超出城市规划、景观设计或农业生产专业范畴，是对于目前全球城市人口一种新的生活方式的探讨，极具经济学及社会学价值。

本书主编安德烈·维尤恩（ANDRE VILJOEN）长期致力于可持续城市规划设计领域的研究，尤其是他关于连贯式生产性城市景观的相关论著，更是目前全球范围内该方面研究最为重要和权威的研究成果之一。本书详细论述并分析了西方学者们对近一百年来，世界范围内的城市农业生产实践活动、运营模式和未来发展机遇及困境，并提出了未来连贯式生产性城市景观系统的落实措施及设计手法。

本书是西方城市规划设计思想的前沿理论，是跨多专业领域的综合概念，是对于西方长期城市化进程中出现的各种问题的"否定之否定"式的反思与实践总结。其内容对于目前大量参与我国城市建设活动的规划师和建筑设计师，甚至决策者都具有一定的理论指导意义。作为传统农业大国，小城镇居民的生活依然没有完全脱离农业生产，大城市的城郊农业近年备受重视，这些是连贯式生产性城市景观设计概念在我国实现的有利条件，但是不同的土地制度、规划观念，尤其是相关决策政府部门的城市发展理念和绝大多数城市居住者所认同的生活模式也在一定程度上阻碍了其在我国的发展，其对策还需要国内学者和规划设计师进一步研究。

自2013年底，我接受浙江理工大学高宁博士的委托以来，整个翻译过程将近一年。浙江大学城市规划与设计研究所的葛丹东副教授参与了本书第四章第五章的翻译工作。本书在翻译和校对过程中，译者得到了多方的支持。在此，感谢浙江农林大学建筑系研究生吴博渊同学和浙江大学规划系研究生王虹同学以及本书的责任编辑对整个翻译工作所做的贡献。

此外，感谢"浙大建工—东联设计·城市与环境规划建设创研中心"，教育部博士点基金（编号20130101110029），以及教育部人文社科青年基金（编号14YJCZH033）为本书的出版提供的资助。

尽管在翻译过程中，我们努力做到尽可能的精准，但由于连贯式生产性城市景观的相关概念在我国学术界几乎处于空白阶段，以及翻译者的水平所限，疏漏之处在所难免，恳求读者批评指正！

陈钰

浙江农林大学建筑系

2014-10-10

致　谢

我们三人撰写了本书的主要章节，在此过程中，我们得到了很多个人和机构的支持。尤其要感谢的是那些撰写了书中特殊章节的人们，他们的工作准时而高效。他们的工作是支持连贯式生产性城市景观（CPULs）这个概念的关键。

卡特琳·伯恩和安德烈·维尤恩要对古希·阿尔卡莫玛和蒂娜·欧派尔表示感谢，由于他们在最初的研究中所作出的贡献。我们衷心感谢伊娃·贝内托、凯迪亚·谢弗、露西·唐西、卡贝格·卡利亚所绘制的图表，以及准备的插图；感谢金·施维格和贾克·斯密特对于本书初稿所提出的极具洞察力的意见。从本项目的启动伊始，我们就获得了来自布莱顿大学建筑与艺术系通过研究与发展中心及建筑设计学院资助项目所提供的支持与帮助。更值得一提的是，我们特别要感谢安妮·布丁顿、布鲁斯·布朗教授、乔纳森·伍德汉姆教授和肖恩·唐金，还有建筑出版社艾莉·森耶茨、利斯·怀汀和凯瑟琳·斯蒂尔的耐心帮助，以及艾尔玛和贝托尔特每周日考察贝克汉姆农贸市场的相关调研工作。

此外，安德烈还要感谢哈瓦那城市大学建筑学院的乔治·佩娜·迪亚兹和何塞·安东尼·埃切维里亚在为在古巴的初次调研工作所做的安排和后期在古巴和英国进行的工作所做的一切。感谢佩顿·佩顿教授和索科罗·卡斯特罗教授让我们在古巴西恩富戈斯省的调研访问成果显著。感谢汤姆·菲利普斯参与我们关于城市农业和在贝克汉姆农贸市场进行的研究。感谢来自英国议会的艾迪·爱德华森和尤妮亚·卢卡斯为我们在哈瓦那期间提供的帮助，尤其是在我和汤姆·菲利普斯的第二次古巴之行时，安排了当地的优尼科雅思·维阿隆加随行。还要特别感谢古巴从事城市农业的农民们、管理者和规划者，他们积极答复了我们的调查问题，允许我们拍照、画图，并分享了他们已经成功运作城市农业10年的经验。感谢来自RUAF（国际都市农业基金会）的雷内·范·维恩胡伊基恩所提供的帮助和支持。感谢来自罗利的安吉拉·布莱尔、瑞吉斯和蒂普顿将我们介绍进入桑德威尔食品项目时对我们的信任。感谢来自布莱顿大学莫斯峡谷森林花园野生动物项目的沃伦·卡特和他所提供的项目访问机会。感谢英国皇家建筑师学会的现代建筑和城镇规划基金会为本项目提供了启动资助。感谢来自伦敦城市大学学院建筑空间设计与低能耗建筑研究所的罗伯特·马什和麦克·威尔逊教授在项目开始时所提供帮助，感谢乔·福斯特协助准备了本书初稿。

卡特琳要感谢汉斯·基布尔、珍妮·罗吉，艾比·塔布，基恩·韦伯和哈利还有英格·伯恩，感谢他们的文献查阅、讨论、拍摄工作，和对我们的鼓励。还有德国魏玛包豪斯学院，此项目从某种程度上来说也起源自那里。

乔·霍威希望感谢ESRC（经济和社会研究委员会）在2000—2001年间，出于对城市农业和英国土地使用管理的关心所提供的项目资助，这项研究也已被编入书中。

插图版权说明

除非另注，所有图片版权归伯恩和维尤恩两位建筑师。

图1.1　由维尤恩提取自地理学家A-Z M25伦敦主要道路地图作为衬底，得到了地理学家A-Z地图公司的许可。

图3.1　由两位建筑师重新绘制，取自能源天堂：英国的能源选择。由彼得·查普曼（企鹅图书1975）版权©彼得·查普曼，许可：企鹅图书。

图3.2　由伯恩和维尤恩重组，来构建一个可持续的未来：自治社区家园，综合信息报告53，B.威尔和R.威尔©皇室版权，HMSO管理者和苏格兰女王出版公司允许复制。并且从能源政策，27卷，克拉斯扬·克雷默，亨利·C·摩尔，桑德利·诺贝尔，哈利·怀特《与荷兰食品消费相关的温室气体排放》，第203—216页，1999年许可自艾斯维尔科学。

图3.4　这是最初发表在《文化之火》，C·斯坦哈特和J·斯坦哈特，J，1974，加利福尼亚州贝尔蒙特：沃兹沃斯出版公司。

图3.5　由建筑师伯恩和维尤恩根据《能源和食品产业》（1976）筛选出的材料，环境和发展研究院，IPC科学技术出版社。

图3.6　由建筑师伯恩和维尤恩根据《能源和食品产业》（1976）筛选出的材料，环境和发展研究院，IPC科学技术出版社。

图3.7　由建筑师伯恩和维尤恩根据Lampkin，新罕布什尔州，帕德尔（1994）有机农业经济学，CABI出版社，基于原始资料筛选出的材料，墨菲（1992），《有机农业是英国的生意》.《农业经济学》，剑桥大学，剑桥。

图3.8　是根据R·科尔，W·贝尔特，H·C·怀特（1993）《能源影响》，范·维丁斯米德兰，能源和环境科学系，格罗宁根州立大学，荷兰。

图5.1和图5.2　©皇室版权，HMSO控制器和苏格兰女王打印机公司允许复制。

图6.1　由罗利瑞吉斯和蒂普敦初级保健信托和地图公司允许出版。复制许可由代表女王陛下办公室利益的陆地测量部提供，©皇冠版权100040510

图9.1和图9.2　由"持续"许可。

图9.3　得到了盖斯勒的许可。

图13.1～图13.7　均是皇室版权，由女王陛下办公室管理者许可，由帝国战争博物馆受托人准许生产，伦敦·皇室

图17.2　由建筑师伯恩和维尤恩绘制，根据现场调查和西恩富戈斯准备的研究报告。

图17.3　由建筑师伯恩和维尤恩绘制，根据现场调查和西恩富戈斯准备的研究报告。

图18.1～图18.3　由米巴博士许可。

图19.5　由安东妮·浮士德许可。

图20.1～图20.3，图20.5和图20.6　由皮尔兹·瓦兹奎斯许可。

图22.1～图22.3　由博内特博士许可。

图22.4　由谢里夫许可。

图22.5　由博内特博士许可。

图22.6～图22.8　由谢里夫许可。

图23.1　由城市农业杂志的詹·亨士奇许可，城市农业杂志第四期，2001年7月，根据最初由博伊德绘制的插图。

图23.2　由城市农业杂志的詹·亨士奇许可，城市农业杂志第四期，2001年7月，根据最初由博伊德和威尔斯绘制的插图。

图23.3　由城市农业杂志的詹·亨士奇许可，城市农业杂志第四期，2001年7月，根据最初由莫沙教授和卡里克绘制的插图。

图23.5　由城市农业杂志的詹·亨士奇许可，城市农业杂志第四期，2001年7月，根据最初由凯迪拉和莫尔博绘制的插图。

图23.6　由城市农业杂志的詹·亨士奇许可，城市农业杂志第四期，2001年7月，根据最初由米舍弗和尤维瓦，SWF，索菲亚，保加利亚等建筑师绘制的插图。

图24.1　由建筑师伯恩和维尤恩绘制，用了一张由西蒙斯·埃罗拍摄的照片作为衬底。

图板1　由汤姆·菲利普斯许可。

图板6　由建筑师伯恩和维尤恩绘制，使用从菲利普斯地图中提取的伦敦和M25公路导航地图作为衬底。

图板7　Leisur ESCAPE伦敦萨瑟克区详细地图，最初的图像由建筑师伯恩和维尤恩绘制，使用陆地测量地图中提取的图片作为衬底，复制许可由代表女王陛下办公室利益的陆地测量部提供，©皇冠版权100040510

图版8　LeisurESCAPE伦敦萨瑟克区细节，最初的图像由建筑师伯恩和维尤恩绘制，使用取自伦敦地图集，由哈勃·考林斯许可。

本书贡献者

卡特琳·伯恩（Katrin Bohn） 是一位建筑师，也是布莱顿大学建筑与设计学院的高级讲师，她在那里与安德烈·维尤恩一起经营了一间设计工作室。她关于城市设计的研究中提出了以连贯式生产性城市景观为核心理念的建筑与景观若干建议。她最近进行与景观及生态建筑有关的项目包括伦敦CUE生态住宅（伦敦城市大学低能耗建筑研究单元），还有对伦敦萨瑟克区的社区景观建设建议。

哈德利恩·库克博士（Dr Hadrian F. Cook） 是帝国理工学院怀依校区农业生态研究小组的一员。研究方向包括：使用有机废物的土壤改良剂；水文生态湿地；草甸；保护农药污染下的地表和地下水；对于土壤、水和环境历史的保护策略。

大卫·克劳奇（David Crouch） 是德比大学文化地理学、旅游与休闲专业的教授，瑞典卡尔伊斯塔德大学地理和旅游学的客座教授。他是关于份田的几本出版物的作者（和克林·瓦尔德），《份田：它的景观与文化》（Faber and Faber/Five leaves出版社1988，1994，1997，2001）。他为非政府组织和政府提供了数篇相关研究报告，并在1994年BBC2台的电视节目《农田》做出了贡献。

赫伯特·杰拉德（Herbert Girardet） 是一个社会人类学家和生态文化学家，现在也是一名作家、顾问和电影制作人。他近年主要的关注点是城市的可持续发展和当代生活方式。他的出版物众多，是一个多产的纪录片制作人，并被很多国家邀请参加可持续建设的工作。赫伯特获得了联合国颁发的全球500强杰出环境贡献奖，是英国皇家建筑师学会的荣誉会员，英国可持续发展联盟的主席。

苏珊娜·哈根博士（Dr Susannah Hagan） 是哥伦比亚大学和建筑学会的一名建筑师。她是《建筑》杂志的审稿人，也是东伦敦大学MA可持续建筑事务所的首席设计师，也是AA建筑学院联盟环境与能源研究所项目的教师。她的著作《形态的获取》探索了建筑与自然环境之间的关系。

菲尔·哈里斯（Phil Harris） 是考文垂大学植物科学系的教授，也是亨利布尔研究协会的国际顾问。目前的研究兴趣包括热带植物发展、"有机"和可持续农业、林业和植物生物学的相关技术，并经常参与海外相关研究。他关于可持续农业和林业的研究和顾问活动包括在孟加拉国、巴西、佛得角、中国、古巴、加纳、印度、日本、约旦、肯尼亚、阿曼、塞拉利昂、南非和西班牙的相关工作。

乔·霍威博士（Dr Joe M. Howe） 是曼彻斯特大学规划与景观学院的高级讲师，他的研究主要关于可持续发展与规划间的关系。这包括城市食物种植和最近的水资源管理和土地资源管理之间的关系。他为政府和非政府组织提供了众多关于水、土地资源使用的建议。

杰里米·埃尔斯（Jeremy Iles） 环保方面的工作经历包括了"土地之友"行动中负责交通方面的活动家，伦敦野生动物信托的主管，英国海外志愿服务社在孟加拉和厄立特里亚的现场主管，以及永续运输慈善团体的全国循环网络项目的区域经理。2000年秋季，他开始担任城市农业和社区园圃联盟主任。

霍华德博士（Dr Howard Lee） 的兴趣在于可持续城市农业。他对本书的贡献源于他在帝国理工学院怀侬校区生态农业研究小组的工作。他的主要研究领域是农业用水中的水资源管理；农业系统中的氮动力学和其环境影响；农场中的有机废弃物对环境和社区的影响，并用地理信息系统来对环境影响做出预测。

纳吉·莱昂纳特森（Dr Margi Lennartsson） 是HDRA机构的国际研究部门的主管，负责协调组织科学研究活动。HDRA是一个注册的慈善机构，其工作领域包括关于有机食品、农业和种植的相关研究咨询及促进工作。HDRA的研究项目旨在发展有机农业技术，并且将这些知识用于有机农业系统，重点关注商业种植和在临时或零散土地上的家庭种植，以及在发展中国家的低资源系统。

贝根·米巴博士（Dr Beacon Mbiba） 是伦敦南岸大学城市和城郊网络的协调者。研究兴趣包括当地发展规划，土地功能转换和可持续的人类住区。他发表了许多关于城市农业和城郊农业的文章，并在津巴布韦和谢菲尔德大学担任教师。

西蒙·迈克尔斯（Simon Michaels） 是一位景观设计师、城市设计师和环境规划师。他的工作是独立顾问，英国当地食物基础计划f3的主任。他还经营了一个环境Go（一个专业的环境信息网络服务器），并为环境部门及组织提供关于互联网策略的建议。

安吉拉·帕克斯顿（Angela Paxton） 在威尔士技术转换中心工作，目前正在编制一个关于堆肥、有机苗圃和展示园艺项目的社区计划。她是《食物里程计划》，《食物里程行动包》，《遥远的盛宴》的作者，这些书都能从Sustain机构获得。

乔治·佩纳·迪亚兹（Jorge Peña Díaz） 是哈瓦那何塞·安东尼奥·埃切维里亚城市大学建筑学院城市研究中心的一位建筑师、讲师和研究者。他的研究重点是哈瓦那城市农业的整合过程。他是布莱顿大学的一名访问学者，与诸多国际研究者与学术伙伴合作。

詹姆斯·帕特（James Petts） 具有经济学和食品工业的背景。他目前为英国的乡村署（英国推广保护乡村自然环境及以提升在农村地区的就业机会为目的的政府部门）工作，之前作为政策研究员为Sustain机构（在他的章节里有所介绍）工作，工作内容是协调东伦敦食品未来项目，该项目旨在启动本地食品项目和发展东伦敦的项目网络，此外，他还效力于其他旨在建立更可持续和更公平的食品经济项目。

妮娜·普朗克（Nina Planck） 在1999年开了伦敦第一家农民市场，今天，伦敦农民市场每周组织一次集市，为城市居民提供农民自己种的食品，这部分收益已成为伦敦东南部的农民家庭收入相当重要的组成部分。她对于这个农民市场的目标是尽可能在M25公路

（伦敦的环线公路）内种植更多、更有机的食物。她是《农民市场烹饪书》的作者，也是威尔士农村专门工作组的顾问。

格雷姆·谢里夫（Graeme Shorriff） 从英国基尔大学环境法律和政策专业毕业，并获得硕士学位。他的硕士论文内容是基于一项英国食品种植项目及其与永续种植和可持续农业的相关性的调查。毕业后，格雷姆致力于环境改善项目和Groundwork的社区建筑项目，并逐渐开始在曼彻斯特大学从事相关研究。

贾克·斯密特（Jac Smit） 为12~22岁的人们提供在城郊农业领域内的工作，包括家禽、牲畜（羊、奶牛和马）和蔬菜的加工和销售，果树栽培（苹果、樱桃和枫）以及观赏园艺生产。他获得的第一个学位是农业学学士，随后又拿到了哈佛大学城市和区域规划的硕士学位。作为项目经理、技术总监和首席规划师，他将农业整合进巴格达、加尔各答、芝加哥、卡拉奇和苏伊士运河的区域规划。在上世纪90年代早期，他为开发计划署完成了一项关于未来全球城市农业角色的研究，这项研究于1996年的全球城市峰会上被启动。自1992年来，他还担任城市农业网络的总裁，也是全球城市农业资源中心的创始人之一，这个中心在全球五大洲有八个信息中心。他经常出席相关会议并多次被媒体报道。

安德烈·维尤恩（André Viljoen） 是布莱顿大学建筑与设计学院的高级讲师和建筑师，他是那里的本科建筑课程领导者，并与卡特琳·伯恩经营了一间设计工作室。之前，他是低能耗建筑研究单元中心的副主任，这项研究位于伦敦城市大学的建筑与空间设计学院。他已经参加了许多欧洲低能耗建筑的研究工作，他在城市农业和城市设计的工作源于对建筑和环境问题的兴趣。最近的研究集中于将城市农业与城市规划的整合设计策略。

阿图罗·佩雷斯·巴斯克斯（Arturo Perez Vazquez） 正在帝国理工学院怀依校区农业科学系完成他的博士学位。他的课题是城市农业的组成部分：英国份田在未来的角色。他已经从加拿大国际研究中心运营的城市养育人民项目获得了Agropolis奖。

理查德·怀斯勒（Richard Wiltshire） 是伦敦大学国王学院的地理学高级讲师和QED份田工作组的研究员，是达特福德镇地方21世纪议程的推动者之一。他最近在研究日本的小块园地和社区园圃的发展，他是《在社区耕作》和《地块的持续性》的合作作者。他还是一个份田再生分配计划的指导成员。

基础词汇表

LANDSCAPE AND ENVIRONMENTAL CONCEPTS
景观与环境范畴内的概念

连贯式生产性城市景观（CPULs）是

- 本书的主题，但是在城市中还不存在。
- 一个连续景观和生产性城市景观的连贯规划设计组合。
- 开放性城市景观。
- 对经济、社会文化及环境有益。
- 放置在城市尺度的景观策略。
- 建造后用以融合生活与自然元素。
- 设计旨在鼓励并支持城市居住者遵循传统的，与农村相联系的活动与流程，从而重塑生活与支持它所需的活动之间的关系。

Continuous landscape is

连贯式景观是

- 一个城市与建筑理论里现存的概念，小部分已经在某些城市实现。
- 一个城市中的绿化开放空间网络，此网络在空间上具有切实的连续性，如一个线性公园群或互相连接的开放生态斑块，有时也可以指一个生态结构即绿色基础设施。
- 无汽车通行，即允许在城市开放空间内有不借助车辆的行进与相遇行为。
- 相较于现存的城市道路和散布的用地斑块（已使用和未使用城市开放空间）的空间品质，一种对于城市开放空间的非传统利用方法。
- 贯穿整个城市的巨大步行景观体系。
- 建造后用以融合生活与自然元素。
- 设计旨在鼓励并支持城市居住者遵循传统的，与农村相联系的活动与流程，从而重塑生活与支持它所需的活动之间的关系。

Productive urban landscape is

生产性城市景观是

- 一种使城市开放绿化空间具有环境与经济效益的方式，例如，作为城市农业提供食物，吸收污染，树木的冷却作用以及作为野生动物的廊道以增加生物多样性。

Urban agriculture is

城市农业是

■ 城市中的农业。

■ 绝大部分案例为种植水果与蔬菜的高收益市场园圃。

■ 可以建立在地面上、屋顶上、建筑立面栅栏和边界地带。

■ 如果经济条件困难，有可能将涉及小动物。

■ 正发展为包括渔业养殖。

Peri-urban agriculture is

城郊型农业是

■ 城乡边缘地带的农业，即在城市周边低密度的郊区地带。

■ 与城市农业相类似，但面积一般更大。

■ UPA是指城市农业与城郊农业的组合。

Ecological footprint is

生态足迹是

■ 为维持一个实体（城市、人、生物、建筑等），供应其所需的资源的理论上的土地和海域。

■ 如果CPULs成功实施，部分将在城市地区内恢复。

Ecological intensification is

生态集约化是

■ 增加当地城市生物多样性。

■ 对许多城市区域内生物多样性损失的一种补偿。

■ 连续生产性城市景观（CPULs）的好处之一。

Vertical and horizontal intensification is

垂直与水平集约化是

■ 通过叠加方式增加某块土地的使用功能类型的数量。

■ 垂直集约化：通常通过在基地建造一个建筑物或一系列平台来实现，这些建筑物或平台的一部分或全部将用于种植或农业生产。

■ 水平集约化：针对某块土地，通过为多种活动和功能提供进入途径和空间，增加其在不同时间段的使用功能类型的数量。

■ 也可以存在于市场和家庭花园，层次包括高大的树、矮小的树、灌木、大田作物、块根作物以及鱼类、家禽和兔子。

■ 如果可能的话，可以在各种类型的藩篱和墙面上进行种植。

■ 混合种植、季节延长、屋顶利用、地下室菇类种植或者悬浮岛屿（如在克什米尔地

区和缅甸）

■ 是连贯式生产性城市景观的重要特征。

城市农业的种类

Sprawls

城市蔓延

■ 城市的向外扩张现象，一般是郊区密度，人们的工作、文化休闲活动需要依靠小汽车。

Brownfield sites are

棕色地块是

■ 曾经用于工业的地块，如工厂基地。

■ 由于之前的工业用途，土地经常受到了化学废物的污染。

■ 一般被视为用于城市开发所需新土地的主要来源，尤其是在以前的工业城市。

■ 现在一般被用作新的城市建筑的场地。

■ 如果土地条件合适，或者如果受污染的土地通过处理后可生产可供食用的作物，适合发展连贯式生产性城市景观。

■ 连贯式生产性城市景观的模型挑战了棕色地块只能用于建设的说法，但是与土地利用方式需要最大化土地可持续回报的原则一致。

Greenfield sites are

绿色地块是

■ 之前未有建设活动的土地，如农场、森林、公园或荒野。

■ 经常是新的郊区开发项目（城市蔓延）的首选地块。

Allotments are

英国份田是

■ 最早出现在英国。

■ 用于非商业的食物与花卉种植，由当地政府出租给个人。

■ 一般占地250㎡。

■ 通常聚集分布，一块小规模的份田有大约20块田地，而一块较大的份田场地可以包括几百块田地。

■ 个人通过申请，可从当地政府获得。

Schrebergarten are

德国施拉特花园是

■ 最早出现在德国。

- 与英国的份田相似，但是不只用于食物种植。

- 也可用作周末休闲花园，通常带有一个小规模的夏季别墅。

- 虽然名义各不相同，但是在欧洲各地都有分布，越往东越多用于食物种植。

- 通常比份田规模大，但是组织构成较为简单。

Parcelas and huerto intensivos are

古巴份田是

- 最早出现在古巴。

- 与英国的份田相似，但是单独的田地可能更大，使用者可能是一个家庭或一群人。

Organiponicos (popular and de alto rendimiento) are

古巴有机农业园是

- 高产量的城市商业市场农业园，最早出现在古巴。

- 基于中国的生态集约化耕种模型发展而来的。

- 生产的食物用于出售给公众，使用抬高的植床和集约化的有机种植方式。

Autoconsumos are

古巴自消费农业园是

- 和古巴有机农业园相似，但是一般坐落于国家企业内部，用于为职工提供食物，产量也一般低于有机农业园。

Community gardens are

社区园圃是

- 由当地的社区或邻里单位管理，用于娱乐和教育活动。

- 有时坐落于废弃的或未被使用的城市用地，或者是某些公共建筑的一层场地，如公共住房、医院或老年公寓。

- 一般配有一幢供社区使用的小型建筑，尤其是针对儿童和残障人士。

City farms and urban farms are

城市农场是

- 和社区园圃相似，但是还养殖动物，一般包括马、山羊、绵羊、猪、鸡鸭等。尽管可以产生少量的收益，但是动物主要是用于教育而不是生产作用。

Home gardens/back gardens are

家庭花园和后院是

- 独立式或者半独立式住宅的屋后田地，一般用于休闲和/或种植。

食品

Food security

食品安全

■ 其定义是：保障公众对食品供应在经济及物理两个层面的可获取性，同时在任何时候，都需要确保食品的质量与总量，其次，无论季节、农业丰收情况、社会发展水平及收入水平（世界卫生组织 欧洲，2000）。

Seasonal and local food

季节性本地食品

■ 是最基础和核心的，同时可由全球食品系统进行补充。

■ 依赖于本地的气候条件和种植周期，并使用最少量的人工刺激措施，如温室可以被用于延长生长季节，但是禁止使用加热或人工催熟剂等。

■ 可以减少进口食品的总量。

■ 不会取代所有的进口蔬果。

■ 可以作为发达国家目前众多半成熟进口食品作物的取代品。

Organic food

有机食品

■ 不使用人工肥料和杀虫剂。

■ 可以减少城市垃圾，同时利用家庭和农场废物的有机堆肥创建城市代谢循环系统。

■ 连贯式生产性城市景观的特征之一。

Supermarket food

超市食品

■ 从全球各地进口的食品，从而最多限度地丰富消费者的选择。

■ 为连贯式生产性城市景观提供丰富多样的环境、社会和经济背景的城市。

Box schemes are

盒子计划是

■ 一个商业配送服务项目，可为单个家庭或整个社区仓库提供有机蔬果或一些其他产品。

Food miles are

食品里程是

■ 食物从主要生产地到销售地之间的距离。

经济学专业词汇

Factors of production
生产要素
■ 生产一个商品或服务所需要物资的总和，过去指土地、劳动力和资金，现在已扩展到人力成本、社会成本、物理成本、环境成本和金融成本。

Household
家庭
■ 一群生活在同一住所的人们，并共同承担家用和饮食开支。

Opportunity cost
机会成本
■ 某一要素或活动的最接近选项的成本。

Fungible income
可替代收入
■ 通过市场商品的取代品而获得的间接收入。

Formal/informal
正式/非正式
■ 已登记的商业活动（正式）和未登记的半商业及非商业活动（非正式）之间的区别。

Shoe leather costs
皮鞋成本
■ 前往工作或活动地点所产生的附带成本。

Barriers to entry
进入壁垒
■ 阻碍新的企业进入市场的手段。

Usufruct
使用权
■ 使用者对土地的利用，但是土地所有权不属于使用者。

Utility
效用
■ 一个商品或服务的功用，消费者从一个商品或服务获得的满意程度，即一个商品或服务对消费者福利的贡献。

Elasticity

弹性

■ 商品价格或总量的变化对供求的影响。

Externalities

外部效应

■ 一项活动的外部经济、社会和环境成本或效益。

Food access

食物获取性

■ 食物获得在地理或经济层面的难易程度，由收入、供给、交通、库存和其他因素决定。

首字母缩略词

■ CAP（欧盟的）共同农业政策

■ FAO联合国粮食与农业组织

■ GDP国内生产总值

■ GNP国民生产总值

■ PPG（英国）规划政策导则

■ UA城市农业

■ UNDP联合国开发计划署

■ UPA 城市和城郊农业

■ WHO世界卫生组织

参考文献

Collin, P. H. (2003). Dictionary of Economics. Bloomsbury Publishing PLC, London.

WHO Europe (2000). WHO food and nutrition action plan.WHO Europe.

第 1 章

**胡萝卜与城市：连贯式生产性城市
景观（CPULs）的概念**

老空间中的新场所：城市的视角

卡特琳·伯恩和安德烈·维尤恩

连贯式生产性城市景观（CPULs）大约2005年在英国发展起来。40年之后，它们已经无处不在，并达到了相当成熟的水平，这使得我们能够学习它们的成功经验以及最初的设计意图。

当CPULs在2000年左右最早被提出时，世界各地尽管有各种各样将连续景观与农业融合入城市的成功尝试，但是没有可被称为连贯式生产性城市景观的先例。作为基于场所精神的策略，CPULs在初期必须单独针对一个国家和一个城市进行开发，而任何宣言只能提供一个通用框架和愿景……

连贯式生产性城市景观：2045年的伦敦

某个夏日周末阳光明媚的早晨，在一个如布莱顿海滩或海德公园一般的伦敦CPULs项目里，人们正享受着新鲜的空气和各种各样的室外活动。在这个公园般的地方，人们进行着晨练，坐在大毯子上享用早餐、日光浴，修理他们的自行车或者阅读报纸了解头条新闻。孩子们在农田间的草地上或在为灌溉田地而建设的小运河边奔跑嬉戏。尽管在这里可能有更多人住在公寓中，但无论住在什么样的住宅里，大家都拥有平等享受连贯式生产性城市景观的权利。另外值得一提的是，自从高层建筑和集合住宅的立面变成花园后，花园景观和远眺而得的景色成了视觉盛宴，这也使得住在这里的人越发多起来了。

当地三个位于连贯式生产性城市景观边缘的农贸市场正销售着新鲜的食物，虽然工作日只有两家开店，但今天显得格外忙碌（伦敦现在共有大约150个这样的农贸市场）。冰淇淋和新鲜果汁厂商正沿着主要的连贯式生产性城市景观道路建立他们的摊位。各式各样的咖啡馆和餐馆把桌子和椅子拿到了室外，咖啡和新鲜面包的味道飘过整个田野。网球运动员在附近的网球场正交换第一球，附近，还有进行掷球和滚球运动的团队。在连贯式生产性城市景观里更加安静的区域，坐落着许多以棚遮盖的露天办公区域，今天这里却不怎么忙。孩子们正在使用这里的固定座位、工作台或笔记本电脑插头，玩电脑游戏或制造航天飞机模型。（在工作日，孩子们可以使用有电脑的游戏场地或青年工作坊，为了使室外空间的使用更方便、安全，这些场所往往位于连贯式生产性城市景观附近。）

大多数商业农民周末都休息，通向他们农田的低矮大门关闭着，相反的，其他农田却因份田种植者和公共农场项目而十分忙碌。在这个连贯式生产性城市景观里分布着不计其数的份田，但它们并不会取代更大、更多产的城市机械化农田：只要个人想自己种植食物，就能得到一块份田，因而份田的数量在伦敦很快稳定下来。通常，这些土地生产的农作物直接通过坐落于连贯式生产性城市景观里的各种小摊亭销售，在那里，农民可以称重、标价和作生产记录。在过去的20年中，大约从2025年开始，空气污染已经不再是一个问题，土壤污染也正在通过系统的土壤处理和连续种植得到清除。人们对有机食物生产的需求日益扩大，这使得市场和小摊亭成了这个宁静的周日一对热闹的搭档。

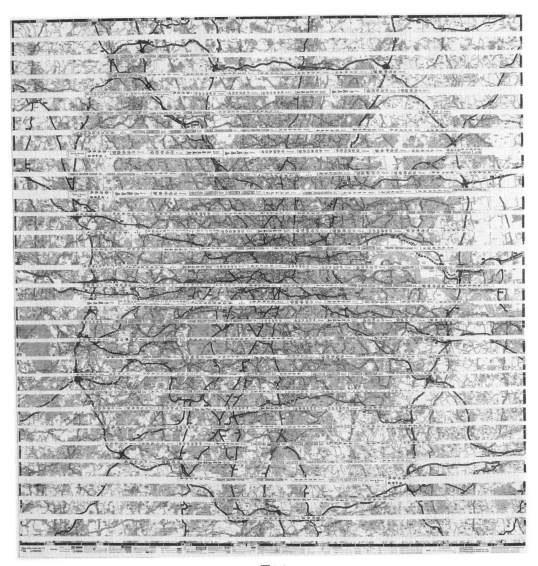

图1.1

图1.1 人口700万的伦敦为容纳迷你花园和"超级"花园而迅速扩张。一个1998年早期的研究表明满足伦敦所有水果和蔬菜生产所需的城市农业土地总面积。迷你和"超级"城市园圃的产量是基于人均100m²的城市农业土地

到了中午，大部分人都收拾东西离开，还有一部分人在附近的某个餐馆吃午餐，或者在附近的露天游泳池游泳，或者在工作区开始工作。之后，他们或步行或骑车去参观泰特现代美术馆或者考文特花园，投入自然乡村以及泰晤士河的怀抱。从2005年开始，1/4的道路为了配合连贯式生产性城市景观的发展而发生了改变，人们步行或骑车一到两个小时就可以到达伦敦任何一个地方。大部分的伦敦区域都已重新设计开放空间，以满足市民在15分钟的步行中就可以接触到连贯式生产性城市景观，因此，这也成为他们引以为豪的设计。

如果人们不愿意从他们现在所处的位置走回来，他们可以坐巴士（每10分钟一班）或列车，也可以搭乘出租车或租用汽车和自行车，租用的车随后可以停放在目的地附近，以便其他人继续租用。

同时，连贯式生产性城市景观中聚集着进行各种体育活动的儿童和年轻人，也有遛狗散步或者边晒日光浴边喝茶、阅读的人们。

不同的家庭聚集在具有最先进水平的活动场地内，在一周的工作日内，这些场地通常被学校或俱乐部预订，即便是最小的露天游泳池也极其爆满。

傍晚时分，连贯式生产性城市景观里聚满了在回家的路上和正准备去城镇里吃晚餐的人们。少年们在田间隐蔽处碰到了他们的朋友，音乐家们开始在此表演，人们也随之起舞。小朋友们在田间的小道内开始了他们今天最后一场跑步比赛。人们在此野餐和烧烤，做运动，租用折叠式躺椅来放松自己。同时，其他刚下班的骑车或步行归来的人们，享受傍晚的空气、阳光和一些安静惬意的活动，然而居住在城市中心或者城市中心地带附近的居民则面对的是城市的喧闹与繁忙。

这一夜，在连贯式生产性城市景观里放映了一场电影：大屏幕被临时挂起来了，人们围绕屏幕周围或坐着或躺着观看，餐馆非常繁忙，酒馆和咖啡店也是一样……

然而，在一个有雨的冬天里，事物会显得很不同。骑行者们穿着雨衣骑行，人们匆忙地赶往公司，车站里塞满了火车和汽车。农夫们在每年的这个时候翻耕土壤、播种、犁地，为明年春天做准备。他们在连贯式生产性城市景观的棚屋内或者在产品存放区内工作。蓄水管道铺设在田地中，这些管道可以自动开放以减缓雨水下渗，以确保季节性蔬菜能够充分吸收雨水。许多小朋友在操场上打闹，探索雨水工厂的奥秘——这是些不同尺寸收集雨水的装置。除去上面已经提及的，许多恋人和他们的宠物们喜欢在这样的天气里奔跑，此时，连贯式生产性城市景观是空旷的，沉浸在雨水里。这时是递送服务最繁忙的时节，连贯式生产性城市景观中充满了递送货物的车辆，一些急着买进货物，另一些则忙于为顾客们送出货物。有人正抱怨公共汽车服务站的汽车被租用完了，但很快又高兴起来，因为五分钟一班次的气体燃料动力公共汽车准时到站了。气象员庆贺这种雨天，并且尝试去预测雨水带给城市生产性地区的福利。今天，风依旧很大，但是不适于放风筝或者冲浪，如果风够大的话，人们会这样做。连贯式生产性城市景观在这个时候真的被遗弃了。农场上的员工躲在伸缩棚内，除非整个市场重新变成一个小型的、热闹的商铺，且每个连贯式生产性城市景观周围都至少有一个这样的商铺。每年的这个时节，进口蔬菜和水果的生意都极其火爆。

接下来，雨停了。现在，新鲜的、富含氧气的空气、海风从城市各处的开放走廊中吹来，充满了整个连贯式生产性城市景观和邻近它的建筑物。一些农夫在农场上走来走去，检查庞大的地面蓄水系统，查看它们的蓄水情况。太阳将会操作光伏驱动泵，将蓄水分配到适当的田地和房屋以满足生产性需要或住户的使用需求。这些不计其数的地表蓄水管道是非常繁忙的，有时孩子们会穿着雨靴在上面玩船或者树枝。

这个冬天，在白天或者下班以后的任一时间，室内活动（包括在家里或者休闲中心）提供了无限的娱乐、学习、运动、艺术活动、聚会的可能性。坐落在连贯式生产性城市景观边缘的休闲中心，宣传它们的许多户外场所都是那么的令人兴奋，比如游泳池、专业的跑道或者是在雨中享受一次桑拿浴。今晚，城市中心仍然像一辆疾驰的快速列车渐行渐远……

生态集约化

新的城市战略促使了连贯式生产性城市景观的产生和并使其发展为如今的规模，在2045年，这种战略被称为"生态集约化"（伦敦将其命名为'胡萝卜城市'来描述几年后的情况）。在伦敦（像其他大多数欧洲城市一样），这一增值战略是从2005

年开始实施的。

生态集约化的实施是给予城市环境问题以优先权，环境问题一般与城市开放空间的使用相联系，并贯彻可持续的技术和活动方式。通常，环境问题都与当地的其他特定问题相关联，例如经济的、社会的、文化的和历史的问题等。

这一过程所带来的结果就是，伦敦成为了（或正在变成）名副其实的"胡萝卜城市"：可持续，完整，自给自足，但是在其能力范围内，允许并且需要当地市民的参与，同时也为市民提供不同生活方式的选择。

例如，伦敦各区实施各自不同的发展战略，主要围绕如何创造将工作、贸易、休闲活动相关连或再连接的创新性方式。这些方式被认为是交换产品和服务的基础，并且成功地支持了伦敦当地的生产模式和经济的繁荣。

从2005年开始，在过去的40年中，伦敦发展为国际性的大都市，国内和国际性的物流、贸易将大量的货物和服务带入伦敦。伦敦（大伦敦都市区）关注当地的专业人员和普通劳动力，并通过优质的产品发展成为具有强大经济吸引力的区域。同时，伦敦重新赢得了国内和国际市场地位，由于大部分本地独特的工厂、农场的关闭以及食品和传统的消失，这一地位已经丧失了数十年。在伦敦（乃至全英国），就业率在过去的20年内直线上升。伦敦也能够共享处理国际问题的经验，这些问题通常缘于发展中国家和贫困国家出口导向的生产方式。大部分此类问题——如剥削、廉价劳动力、雇用童工、文化单一、工厂性质单一、失控的环境破坏问题等等——都归因于大量人口在20世纪涌入城市。

所有这些发展都强调了国际产品的"异域风情"，例如本书中提及的食品——蔬菜和水果等。与20世纪初食品的贸易方式相反，目前，国外的水果及蔬菜只在其鲜美成熟后出售。突然间，这些"特殊的食品"可以在伦敦这一大餐桌上提升口感、色泽和触感，并同时显示着地域与文化特色的不同。然而鉴于各种原因，人们开始更倾心于本地生产的食品，外来食品遭到了排挤，这为本地食品的研发提供了空间。对于食物的选择在人们日常生活中的意义越来越重大，如对于常食用和健康食品的选择、新鲜和进口食品的选择、本地和有机食品的选择。在伦敦（其他地方也一样），这些选择不仅仅只是改善人们的基本健康状况。从经济方面来说，无论是在国家还是国际层面，这些选择均提高了高质量种植和销售的回报，以及为了食品的精细化处理而需要的就业人数，此外，这种精细化处理也减少了食品和能源的浪费。同时，粮食部门的这一改变在一定程度上减轻了环境问题，例如过度耕种、文化单一、大量的交通运输问题等。

这种城市生活方式的转变对城市景观的转变也起到了至关重要的作用。在伦敦，和其他的"胡萝卜城市"一样，生态集约化不仅提高了就业率和收入，还为城市开放空间带来了新的关联。新的生活方式与其他努力一起改善了城市结构，为城市发展积蓄积极的能量，减小人们从城市迁移到郊区的几率（世纪之交时城市面临的最大问题）。

2045年的伦敦：后记

现在已被广泛接受的连贯式生产性城市景观的发展有3个主要的先决条件：人口的稳定性、发达的公共交通和区域之间的平衡。

伦敦的人口预计到2040年将达到900万，人口数量趋于稳定，城市的面积也将停止扩张，这主要是由于外来人口的逐渐减少。如今的世界各地，国与国之间社会、经济、政治的不平等情况已经大大减少，因此在全球任一地方，人们通常是为寻求更丰富的生活体验而非更好的生活环境而迁移。然而，稳定的人口数并不意味着零增长，持续变化的伦敦人口是文化交叉孕育的可持续资源，多文化特性在伦敦这一充满变化的多样性城市中随处可见。

另一个导致人口趋于稳定的因素主要是过去人们倾向于一个人住在单身公寓内，这一潮流主要存在于20世纪末到21世纪初，并在20年前逐渐消失。产生这一改变的原因主要是对于新生活方式的重新发现，比如重视伴侣或者家庭带来的快乐。亲友相互陪伴的休闲活动大大增强了城市的亲和力，促进了伦敦公共空间的新生，同时经济发展也超过了预期水平。

第三，城市停止扩张还归功于城市空间的高效率使用和管理。这些措施使得在过去的40年里，城市密度保持每年20%的增长率，同时城市开放空间也以同样的速度增长。与2001年相比，伦敦城市边界内居民增加了200万，开放空间增加了10%。

上述措施对于解决20世纪末伦敦其他两

个重要问题是极其重要的，即交通拥挤和区域间的不平衡，从那以后这类问题便慢慢减少了。

除去我们之前讨论的关于人们迁移进城市的动机的转变，道路交通部门也设计了许多不同的方式来减少私家车的使用。主要包括：建立具有最先进技术水平的公共交通系统，通过工作、贸易与生活场所的集中布置形成城市短途交通等。在促使人们选择合理有效的出行方式的过程中，连贯式生产性城市景观也起到了重要的作用，例如选择步行、骑自行车、搭乘出租车，以及多样化的汽车租用服务网络和公交车网络的建设。因此，之前由于交通拥堵而造成的空气和噪声污染、低水平道路环境、高发的交通事故、

交通压力、自然资源的消耗等问题，在2030年之后大大缓解。

区域发展不平衡导致的现代贫民区、郊区无计划蔓延、粮食主权的不平等、开放空间的缺乏、拥堵、犯罪、房屋建设质量的差异等问题，尽管并未完全消失，但已不再那么严重。

在过去的40年里，伦敦区域的平衡发展主要得益于公共或私人团体跨区域的协同合作。在城市中实施的有助于区域平衡的"绿肺计划"，迅速成为连贯式生产性城市景观行动的一部分。它促使每个城区都加入到优质开放空间的建设行动中，这有助于塑造区域性的城市景观。

更少的空间与更多的空间：
一个城市设计的策略
卡特琳·伯恩和安德烈·维尤恩

什么是连贯式生产性城市景观（CPULs）？

为生产性城市景观加上连续性的特征使其成为连贯式生产性城市景观，这是一种新的城市策略，这将会改变当代城市的面貌，使其拥有前所未有的自然主义气息。连贯式生产性城市景观将成为开放性的景观，在经济、社会和环境层面都具有生产价值。这是城市尺度的景观概念，这一概念可以为所在城市提供许多生活上的便利，并减少可持续的不利因素。

连贯式生产性城市景观贯穿于城市公共空间中，在城市建筑环境中连续布置，并且将所有现存的城市内部的开放空间相联系，最后，延伸到周围的农村地区。植被、空气和人可以在城市中自由流动。在某种意义上，连贯式生产性景观使城市变得开放且充满野性。

连贯式生产性城市景观有如下特点：绿色、自然、顺应地势、低矮、缓慢生长、适于社会活动、可触摸、季节性以及健康的。连贯式生产性景观将步行景观串联起来，根据其不同的环境特征和城市对其的需求，它可以被解读成公园、城市森林、城市绿肺、野生区域、活动或旅程的节点、娱乐休闲区域、文化聚集或者社会活动场所。连贯式生产性城市景观能够为不适于在建筑物内举行的各类活动和集会提供场所。

连贯式生产性城市景观并不会颠覆或抹去城市原有的肌理结构：它并不是建设在一块空地上，相反，连贯式生产性城市景观是基于城市固有的特征，通过覆盖和交织的景观策略来展现改造后的开放空间。更重要的

是，它将与不同类型的城市开放空间共存，为城市开放空间增加可持续的组成部分（详见第14节）。连贯式生产性城市景观将适应不同城市的不同发展特点，通过设计其布局模式，以低干扰的、独特的方式来完成特定城市提出的发展要求。每处连贯式生产性城市景观及其组成部分都会建立起它们各自的、连贯的、富有变化的特点。

连贯式生产性城市景观在许多方面能够有益于城市：提供休闲和娱乐活动空间、搭建交往平台、形成城市绿肺等。但是更独特的是，它通过为城市农业提供开放性空间而具有生产性，能够满足城市内和城市边缘的粮食种植需求。城市土地本身，连同其上所发生的活动，将会变得富有生产性意义：居住者在土地上种植粮食。作物常年在城市中生长：收获作物，作物重新长出，再收获，再生长，作物生长速度不同，作物种植密度不同，作物生长周期或长或短，随季节不同作物长势不同、颜色不同、触感不同、气味不同……在当代城市设计中，有很多以连贯式景观建立绿带系统或者开放空间系统的案例，故农业生产将不仅为城市增加新的空间品质，同时也可以提升城市的社会经济和环境质量（详见第3节）。

连贯式生产性城市景观主要为步行、自行车和低能耗的交通工具设计，因此具有多样的植物和多元的使用主体。其附近没有噪声，没有空气和土壤污染，同时避免了交通危险和交通事故等，这使得连贯式生产性城市景观不仅仅适合农业生产，也为当地居民提供了较好的休闲目的地。针对欧洲城市目前的问题——拥挤、钟摆式通勤和环境破

坏，连贯式生产性城市景观是一种变革，某种程度上就像是伦敦市内地铁的引进。

连贯式生产性城市景观还不存在。然而，目前已经出现多种类型的城市农业，这些城市农业以后将会一直存在：城市农场、商业菜园、租用的份田、后院菜圃、社区园圃等。这些城市农业已在欧洲的城市生活中扮演着重要角色（详见11节），并将会成为全新的连贯式生产性城市景观的组成部分。同时连贯式生产性城市景观拥有与地区开放空间相关联的优势，使其在城市规划层面更有意义。

除了连续性，连贯式生产性城市景观的主要设计理念就是将农田引入当代城市。由于土壤、土地、空气和植被对连贯式生产性城市景观的生成至关重要，同时，自然基底条件也是这种新的城市景观非常重要的特征，因此必须付出极大的努力去保护它。

根据不同的规模和位置，连贯式生产性城市景观的空间类型包括了从小型的单一作物种植空间到大型的多种类作物种植空间，这些空间都被安排在同一连贯式生产性城市景观的内部（偶尔外围）（详见第24节）。

通常情况下，任何的城市开放空间——公共的或私人的、城市内部的或城市郊区的、小型的或大型的——都会从与连贯式生产性城市景观的融合中获益。即使已成型的开放空间，例如公园，也可以将其部分空间用作生产性用途，并与连贯式生产性城市景观连接，从而使其变得更广阔、更天然也更加有益健康。

这一新的设计策略将会大大增强城市景观的多样性并使城市从中获益：它将形成全新的特征以丰富城市景观的功能和形式，同时现存的开放空间也可以继续保持其原有的特征与功能。在对现存开放空间改造的过程中将会采取具有针对性的策略，这些策略将尊重原有空间的现状和历史并将食品生产计划纳入视野。

为什么要实施连贯式生产性城市景观（CPULs）？

连贯式生产性城市景观主要关注城市食品生产和本地需求。它虽然包括家畜、家禽饲养，但主要还是由本地作物种植构成，包括有机蔬菜、水果和树木，或行列式种植，或成组、成片、成块种植。种植种类的选择主要是考虑作物固有的可提取的能量（例如可食用）或者材料性质（例如可供编织）。主要的生产工作由租用土地的本地人完成，然后他们将在一个当地的交易系统内出售产品（详见第17节和第25节）。虽然实施本地耕种和贸易以及季节性消费策略的城市并不能够完全自给自足，仍然需要其他地区的食物供给，但是至少需求量将大大减少，并且需求更明确会以需求为本。

哪里有需求就在哪里种植，以此来建立一种生产与消费之间健康的、可持续的平衡体系。它是一个有效的、富有实践意义的体系，同时也减少了当代西方食品生产过程中的能源浪费，是一种自我受益的方式。

降低能源消耗是至关重要的，因为目前欧洲为生产食品而使用的能源（主要指不可再生能源）远远超过了消费这些食品所获得的能源。对不可再生能源无限制的

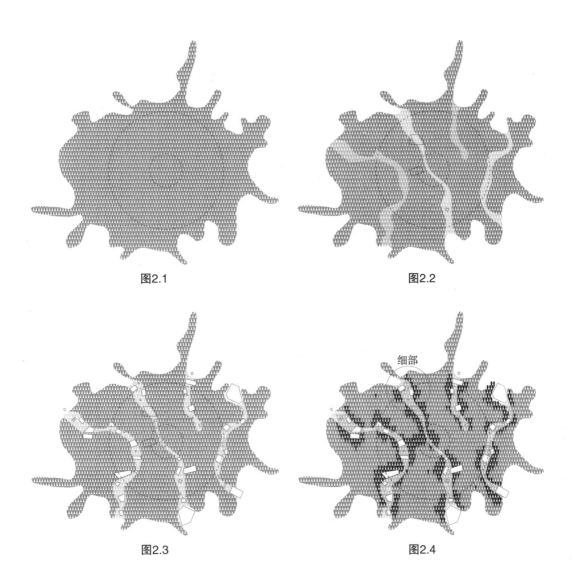

图2.1

图2.2

图2.3

图2.4

图2.1 没有连贯式生产性城市景观的城市
图2.2 实施连贯式景观体系
图2.3 植入生产性城市景观
图2.4 为整个城市提供食物

图2.5

图2.5　从本地生产者到本地消费者——在个体
生产性区域内建立食物流

日常使用导致全球资源日益减少，并且通过温室气体的排放加速了全球变暖的进程（详见第3节）。

也许有人会争辩说，针对目前远程食品生产能源消耗的担忧，并未考虑未来环保清洁能源技术的发展。但是，这种立场首先没有认识到资源的不公平分配（如原料、适宜的土地、水和食物的不公平分配）以及能源的消耗远远不单指能源的使用。减少食物物流过程所需的能源可缩小拥有丰富能源供应的人与没有这种资源的人之间的差距，同时并未降低食物的可获得性。

其次，连贯式生产性城市景观决不仅仅只关注能源消耗问题，它同时以生产性的策略应对本地食物供应、温室气体（二氧化碳）减排、改善空气质量和空气湿度、噪声过滤以及生物多样性等问题。在社会学层面，连贯式生产性城市景观也具有重要意义，其概念包括文化、教育和休闲方面的活动，以及对于购物习惯、饮食和健康的关注。此外，它也具有经济学意义，即发人深思的新社会经济战略思维以及改变当地的就业和产品——现金流动模式（见第8节）。连贯式生产性城市景观在城市发展层面是一个与以往完全不同的模式。

在哪里能够实现连贯式生产性城市景观（CPULs）？

连贯式生产性城市景观需要土地，但作为回报，它会降低城市发展对环境的干扰，提升城市空间品质，在理想状态中，达到"田园城市"的环境水平。

连贯式生产性城市景观的实施是一个缓慢的过程，并随城市情况的不同而变化。每个城市都可以根据自身情况确定连贯式生产性城市景观设施的规模和建设意向。与其他一般城市相比，如伦敦这样历史悠久的大城市可供整合成连贯式生产性城市景观的空间则更少，也更难在其历史中心提供生产性城市景观（见第24节）。

总之，新型的开放空间需要土地。城市土地将不得不被分配、回收、再生或富有想象力的开发。城市开放空间是宝贵的，因为它稀少，并且可以被转换成其他空间。通常情况下，它会被转换成住宅或进行其他类型的开发，从而为城市带来经济效益。连贯式生产性城市景观将不得不与商业化的土地利用活动以及其他所有当代的城市开放空间设计模式进行竞争（见第14节）。

城市农业作为连贯式生产性城市景观中的生产性要素，几乎可以利用任何形状的城市空间——大的、小的、水平的、倾斜的、垂直的、矩形的、三角形的、不规则形的、老城区中、新城区中、公园中、重建道路上、宽阔的空间中或角落里……连贯式生产性城市景观可以出现在不同规模的城市中以及不同形状和尺寸的场地内。它们可根据基地的不同形状和尺寸而生长，也可以与任何城市肌理相融合，从而使许多城市在提高空间利用率的同时，保持其宝贵的城市内部空间不会被不可逆的建设活动占用。

现代城市中一些被特定活动限定的单用途或无用途消极空间，如停车场、道路、泊船湾、商场、仓库、多层停车场（至少是平屋顶）是启动连贯式生产性城市景观最有利的区域。这些城市内部空间具有丰富用地功能和使用主体的潜力，这样也将有助于环境的改善和空间品质的提升。此外，由于这些空间具有多样的规模和形状，并且散布于城市网络中，这使得它们成为连贯式景观策略的最理想组成部分。

连贯式生产性城市景观强调开放空间的连续性，这将影响该模式的空间布局和定位（见第25节）。在这个模式中，用地来自于现有或新开辟的城市开放空间，其中部分土地用来进行各种活动，部分用地则主要用于连接不同的城市开放空间。一个延展的连贯式生产性城市景观网络可以被想象成为这样一种图景：每相隔一条普通的城市道路，就有一条用于农业、休闲活动以及步行和自行车骑行的路径（可用于紧急车辆通行），这个网络可以连接更多的现有和新开发的开放空

间，这些开放空间具有多样的规模和用途。在这种图景中，整个城市看起来有点像将运河变成田野的威尼斯。

然而，更新和改造这些用地带来了两个问题：一是这些用地可能已被污染；二是无论进行更新还是搬迁，这些用地目前的功能和活动都将不得不被转移到其他的某个地方。当然，许多国家已经通过对退化的城市组织进行必要的修复，成功解决了这些问题。

由于这些解决方案可能成本较高且耗时较长，这种景观体系更需要城市规划的认可以及公众的支持。连贯式生产性城市景观除了具有上述的社会文化效益外，更重要的是，其在环境生态修复方面具有突出的优势（见第3节和第17节）。

第 **2** 章

连续生产性城市景观（CPULs）的规划：城市农业

更多的食物与更少的空间：何必为此费心？

安德烈·维尤恩、卡特琳·伯恩和乔·霍威

只有农业能让商业永续发展，也只有农业可以让我们在生活富足的同时不与其他国家有任何来往。因此，农业是伟大的艺术，它应该得到每一个政府的保护，每一个地主的实施，以及被每一个探索者用以改进自然。

塞缪尔·约翰逊 博士1709-1784

（约翰逊，1756）

到2025年，全球83%的人口将居住在发展中国家，这是农业必须面对的挑战。无论是在国家或国际层面，发达国家或发展中国家，农业都需要大规模的调整，以为可持续农业与农村发展创造条件。

《21世纪议程》（联合国环境与发展会议，1992）

食物生产是生活的基本条件，这已毋庸置疑，同时，食物也是其他所有活动的基础。1992年的全球峰会在认可此观点的基础上，进一步提出了目前的农业生产方式需被调整。

约翰逊博士，在18世纪的英国，写到了农业在维持商业中的作用，以及农业可以使一个国家自给自足。虽然，我们并不主张一个没有国际贸易来往的世界，但是，这也可以作为一个强有力的案例，用以修正全球化的食物生产方式，及支持逐渐增多的区域食物自给自足的模式。国际反贫困慈善机构也做过全球化食品市场冲击当地经济的新闻报道。

援助行动：

超过75%的肯尼亚人依靠农业生活，但作为补充的进口物资却正在破坏着这个国家的市场。

援助肯尼亚的物资专家吉琴格·恩迪兰戈说，这里的农民无法在同低廉价格的竞争中胜出，因为援助物资，例如小麦，如潮水般涌入该国，而这些在生产中不再享受补贴的当地农民，由于更高的劳动成本，将无力与之竞争。

近年来，他们不得不缩减小麦的产量，因为他们无法再保住成本了。他们在寻找替代作物，但整个国家的农业生产面临着同样的挑战，所以很难再找到可行的其他作物。肯尼亚是在20世纪80年代中期，被迫降低对国内主导产业的支持，同时对外国廉价商品打开市场，并以此作为条件来取得世界银行贷款的国家之一。吉琴格解释道，世界银行认为这些措施可以使那里的人民得到便宜的商品，同时减缓贫困——当然这带来了完全相反的效果。肯尼亚的农民们所希望的只是能够以农业来维持生计。并且能够实现这一愿望的唯一方法就是让他们远离廉价的进口物资。

接下来的第二项变革就是大力种植用于出口的经济作物，并依赖外汇收入购买需要进口的食物。

如今的肯尼亚在基本食物方面已经无法自给自足。这个国家越来越容易因国际市场的风云莫测而受到伤害。肯尼亚现在必须用出口的收入来进口重要的食物。

不幸的是，肯尼亚两种最主要的出口作物——茶叶和咖啡的价格因为市场的供过于求而持续下跌。

（援助行动，2002）

食物与城市设计

让我们开始考虑为什么情况会发展至此，以及为什么建筑师、城市学家、规划师会为推动这种状况扮演相应的角色。

在英语世界，卡森于1962年发表的《寂静的春天》引发了对于由工业化农业、农作物贸易引起的农业技术对化学物品的依赖，所造成的生态副作用和人类健康风险的关注。如今，许多乡村地区已沦为了生态学上的荒地，如在英国，工业化农业的统治正导致一个日益人烟稀少的环境。

消费者与生产者间的割裂加深，这意味着城市人口与食物产量几乎无关联。这样一来，我们对于与此相关的种种便知之甚少了。

这样的过程使得世界越来越难以理解，并且因为缺乏直接的经验和知识，削弱了人们批判现状的能力。然而在欧洲，许多人仍十分关注工业化农业，例如将基因工程引入食品生产。欧盟委员会的研究指出，大多数欧洲消费者更愿意为非基因的食品改进出钱。（欧盟委员会，1998）

最近在欧洲发生的一系列丑闻，如英国的疯牛病、奥地利葡萄酒污染、二噁英在比利时的鸡蛋和肉中被发现等，导致了人们对于工业化农业的担心。一些人认为公众是担心相关法规不够严格（爱尔妮，2000），但我们认为这些担心表明了一个更为广泛的，对于总体效益的高度竞争化和由少数集团企业管理市场化农业生产的质疑。为了支持这个观点，爱尔妮在其查阅的报告中指出，日本消费者已经准备好支付高额的费用来维持基于家庭的多功能农业，并且他们推行了相应政策来确保这一举措（香织和戈兰，1995）。

为什么需要城市食物？

城市农业可以让环境、社会、经济受益。环境从有机城市农业中获得的3个好处是：保护生物多样性、废物处理以及在生产和分配食物上的节能。

现代的工业化农业技术在乡村对生物多样性具有毁灭性的影响。化肥和杀虫剂的一起使用对土地的破坏意味着城市环境在动植物种类的丰富程度上要胜于乡村地区（尼古拉斯·劳德，1987）。

另外，少数大型超市链占据食品零售主导权也是导致这种情况的原因之一。例如联合国食品与农业机构引用了在比利时、法国、英国的此类现象作为极端案例，在那些国家，10%的零售商能够掌握超过80%的食品销售（食品与农业组织，2002）。由于这些大型超市依靠经济规模和可重复的检验标准，所以它们必然青睐大的供货商和所谓对环境良性影响的农药的使用。相比之下，城市食品产业，尤其是当前的一些形式，如城市农场和社区花园更倾向于以自产自销作为特征。

城市农业还可以提供有机废弃物作为混合肥料使用的潜在空间，从而减少了填充这些废弃物需要的土地用量（见第12节）。

食品现在被运到比以往任何时候都更远的地方，经常在地球上最远的两个国家间空运，与此同时，原产地的作物多样性正在被超市中热销的几种经济作物所替代。这种增加"食品里程"的模式是不可持续的，它不仅增加了导致空气污染的主要温室气体——二氧化碳，还增加了道路的负担和噪声。城市食品产业为当地勾画出另一种可选择的模式（见第5节）。

这种模式带来的不可避免的结果就是大多数超市中水果和蔬菜的种类减少；反对这种模式的行动包括意大利的"慢食运动"，提倡使用新鲜的当地产品和符合当地文化的食用方法。

与此同时，许多在欧洲城市贫困地区生活的人们，无法正常享有零售服务，因为那里并没有服务点（见第6节）。类似的事实正在强调当前食品零售产业的趋势是不可持续的。尽管如此，食品安全及其供应的一系列环境、社会、经济、健康的相关影响并未得到当局和政府部门的处理。

城市农业的环境案例

一种最有效的评估某种产业或产品的环境影响的方式就是找出其在生产过程中需要多少不可再生能源。这些能源的使用量被称为"物化能"。"物化能"的消耗导致温室气体的排放，加剧了全球变暖和气候的改变。所以"物化能"可以被看作是一个产业对气候变化潜在影响的评估记录。

另一个必须找出不同产业和产品对于不可再生能源的使用量的重要原因是需要用此来评价世界资源分布的合理性。1985年的人均二氧化碳排量的调查显示，非洲人为0.79t/a，而在美国或加拿大的数据为19.21t/a

（夏洛克和亨德尔森，1989）。其挑战有两点，一是如何协调发达国家和发展中国家温室气体的减排量，二是如何协调两个地区能源利用量的不平衡。提高最难获得能源地区的生活水平可以减轻这种不平衡。其实，有多种机制可以实现平衡，但都需要使用能源，而且如果你和我们的观点相同，认为传统的核能并不安全及长久的话，那么唯一的选择就是使用可再生能源，并减少在活动和商品生产中的能源需求。减少"物化能"不仅适用在食品生产过程中，也适用在建筑和其他活动的能效处理中。

图3.1是彼得·查普曼在1975年出版的，表明了一片面包的物化能组成（查普曼，1975）。这是20世纪70年代以来针对石油价格快速上涨、能源短缺恐慌，以及其可能对发达国家带来的经济影响，所作出的一系列研究中的典型。此后一段时间，直到1992年里约热内卢全球峰会，很少有人关注物化能问题。

在英国，首先公开广泛尝试去评估食物中的物化能的是建筑师布伦达·威尔和罗伯特·威尔（维尔夫妇，2000）。他们试图评估一个住在英国的四口之家由于食品消耗所需要的不可再生能源量，这是用来同这个家庭在建筑和汽车上的能耗相比较的。这项研究被作为联合国食品与农业组织建议每天卡路里摄入量的开始。食物中能量含量估计所使用的数据资料来自英国，是由林奇（林奇，1976）在1968年发表的。很显然，计算时所用的数据已经远远过时，食物中的物化能也已经改变。例如，包装和运输中的耗能肯定增加，但生产和加工则也许变得更高效而节能。尽管存在这些不确定性，这项发现已经足以惊人并引起关注了。

他们估计该四口之家食品消耗所需的物化能为265kwh/m²，而在英国，典型住宅的能源消耗为257kwh/m²。这两项数据通过将总能耗均分到单位面积上，实现了不同面积的住宅之间的比较。

图3.2显示了将这种计算方式沿用到二氧化碳排放计算的结果。在这里，威尔夫妇估计食品生产所造成的碳排放量可能相当于组合使用一辆私家车和一所1995年英国标准建造的住宅的碳排放量之和。图3.2还包括一个荷兰的研究，同是关于估计由食品消耗造成的温室气体排放的（克莱默等，1999）。

克莱默等人的研究更为详尽，且运用同时期的数据来估算在生命周期内的食品消耗所造成的碳排放。克莱默等人估计，每年每个家庭由于食品消耗所造成的碳排放量是1875kg。当把其他非碳类的温室气体也算进来的话，那就相当于总共2800kg的碳排放当量。一个二氧化碳当量是指与之相当的能造成全球变暖的另一种潜在温室气体的单位。就食品这个例子而言，是指甲烷和一氧化二氮这两种温室气体。

克莱默等人的研究指出荷兰一个现代家庭工业化食品消费对全球变暖的影响等于这一家庭所需的全部能量造成的碳排放带来的影响。相比之下，以一个1995到2002年间的热标准建造的在英国的可供四人居住的房子为例，用于采暖、生活热水、烹饪、泵和风机的二氧化碳排放量大约为2600kg（DETR，1998）。

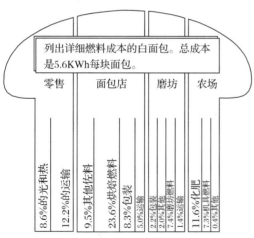

化肥和运输占了整个面包的37.6%，整个面包中的能量相当于使用电器加热大约2.5小时（查普宁之后，1975）

图3.1

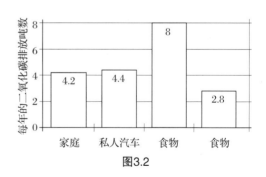

图3.2

图3.1　一片面包的物化能
图3.2　一个英国典型家庭的二氧化碳排放

荷兰的研究表明二氧化碳排放的当量约为威尔夫妇估计的40%。考虑到数量上的差异，两种计算方法很难直接比较。威尔夫妇的计算是基于四口之家，其人口数可能要大于荷兰平均家庭，并且威尔夫妇所用的物化能源的数据更为陈旧。

另一种评估食品产业对温室气体排放的相对重要性的方法是把它和建筑的物化能所造成的碳排放相比较。图3.3假设有一个供四人居住的100m²房子，在图3.3中，引用克莱默等人研究中由食品消费造成的碳排放相关数据，可以看出食品消耗的物化能明显高于建筑的物化能。（建筑的物化能是根据建筑材料全寿命周期内的物化能，统计为年均值。）

由于与农业相关的耗能通常被认为是相对较少的，所以，这些对于食品产业在能耗和温室气体的排放方面的评估都显得格外惊人。欧洲例证之所以如此有力，是由于其人均能耗值正好位于消耗量最高的两个消费国（美国和加拿大）与最低的非洲之间（夏洛克和亨德尔森，1989）。《联合国气候变化框架公约》指出，在1990到1997年间，农业造成的碳排放不到碳排放总量的1%，而

到了1998年，则上升至1%（欧洲环境局，2002）。

这些研究是怎样估计的？食品业对环境影响如此巨大，为什么农业在碳排放总量中所占的比例却如此低呢？

其中一个原因是农场上的能源消耗只是食品业中的一个环节，农业消耗的能量并没有包括食物从农场中运输到销售点，从销售点再被人们购买以及食用所需的能源。另外，在欧洲和一些发达国家，食物的预售处理和分装过程较多，更何况未经加工的蔬果被人们买回家后，冷藏保鲜所需的能源也并没有被考虑在内。

另一个造成工业化农业温室气体排放的

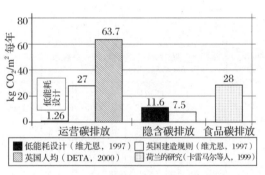

图3.3

图3.3　一个典型的英国家庭的二氧化碳排放量，包括物化及操作过程中产生的，与家庭食物消费所产生的物化二氧化碳排放量的比较。食物的物化能排放量数据是其于荷兰的相关研究成果

是化肥的使用。据估计，在英国由于化肥和杀虫剂的使用所造成的碳排放占英国碳排放总量的1.5%。一旦化肥作用于作物，将进一步造成氧化亚氮（一种比二氧化碳强310倍的温室气体）的排放。此项估算意味着在这些化肥产品中氧化亚氮要比二氧化碳更值得关注（斯坦雷，2002）。一个可以假定的事实是这些温室气体的排放并没有包含在农业范畴内，而是算在工业领域之中。

通过研究一系列国家研究机构得到的数据，斯坦雷指出，如果英国的食物生产更有组织性——只在当地消费，人们不吃反季节的蔬菜——这样的话每年可以减少超过4000万t碳的温室气体排放量。这代表着可以减少目前英国二氧化碳排放总量的22%。当他们意识到这样的减排量可以完成英国在《京都议定书》上做出承诺的两倍还多时，人们则对此充满期待（斯坦雷，2002）。那么，其他国家工业化农业的类似减排也理所当然地值得期待。

以上的研究表明从生命全周期去观察、解释任何事物和活动是多么重要。有机农业的原则——本地交易和季节性消费食物形

成了城市农业和生产性景观的一个核心支撑点。斯坦雷及时的预测，从环境角度为城市农业提供了的强大支持。

鉴于以上观点的重要性，必须进行城市农业对环境影响的进一步调查。我们对于连贯式生产性景观内的城市农业做如下假设：

（1）有机农业；

（2）季节性消费；

（3）本地种植和交易。

城市有机农业

图3.4指出美国在1910到1970年间在食品产业所投入能量的增加。直到大约1920年，生产和提供食物给消费者所耗费的能

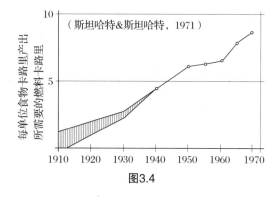

图3.4 在美国，从农民到消费者对于食物生产过程所投入的能量：为从食物获得1卡路里而需要投入系统的卡路里量。从1910年到1937年可能的数值变化

量大约等于食物被食用后所转化的能量。到1970年，生产食物所需的能量增长了大约8倍。所以当每一单位能量提供给人们的时候，有8倍的能量却在生产时被消耗了。这是食品生产业能耗增长的一项重要原因。

把我们吃的食物中所含能量与生产这些食物所耗费能量之间的比值称为"能量比率"。在英国，一些农业产品详细的能量比率已经被计算出来。这些数据可以对作物离开农场后所投入的相关能量做出解释。在1968年，英国所有食物的平均能量比率是0.2，这就是说我们从食物中获得1J的能量，就要耗费5J的能量去生产这些食物（林奇，1976）。尽管这个比率比美国的八倍这个数字要低，但在食物获取过程中能量增长的趋势是相似的。

当考虑城市农业时，我们假定在农业刚开始融入城市时，水果和蔬菜将是主要作物，这主要是基于这些作物在单位土地上能有更高的产量。为了估测有机农产品对食品中物化能的影响，我们运用Leach关于农场作物物化能的研究中所得到的数据（林奇，1976）。尽管Leach所用的实际数据是在1968到1972年间测定的，但研究依旧给出了节约潜在能源的一个方向。应该注意到的是Leach的数据包括的是作物离开农场之前的，而不包括加工、包装和运送到各个零售点。

图3.5显示了这些计算是如何完成的，图3.6呈现了一系列作物的计算结果。

这些计算考虑了因传统化学农业种植转为有机种植而可能出现的减产。在这项评估中，我们做了最坏情况的预测——认为有

机农场的产量只有传统农场的三分之二。这个假设相对降低了有机种植的效益。然而，一些最新的预测远没有这么悲观。斯坦雷提到，英国皇家农业协会指出，有机蔬菜与传统农业产量相当，但土豆将减产50%（斯坦雷，2002）。

图3.7向有机农业从事者们呈现了一些通常会遇到的情况。有机农业每公顷产量可能低于传统农业，但每单位的售价会更高一些。产量与价格之间的关系随作物的变化而变化，所以对于有些作物，有机产品的利润更大，有些产品是传统农业利润更大。如果有机农场的蔬果产量与传统农业相当，如斯坦雷所指出的，那么有机农场的经济效益则更具吸引力。而在上述所有例子中，并没有考虑有机农业所带来的附加价值，例如，促进生物多样性，减少温室气体的排放量和渗入地下水的化肥量。

季节性消费

如之前提到的，本地季节性作物的消费被认为是城市农业的一个重要元素。季节性作物不仅避免了长途运输，从而减少了运输所耗费的物化能，而且暗示了作物是如何在本地生长的。

一种延长作物生长季节时间的方法是使用温室。温室提供了一种可以提前或延后作物生长的手段。温室使用太阳能来保温，原是一种高效低能耗的方法。但在欧洲，由于农产品的商业压力，导致许多温室需被加热，从而使产量进一步增加及生长时间的进一步延长。一项正在荷兰进行的研究表明，在温室中蔬菜生长所需的不可再生能源是在

有机食品生产：能量消耗比率 （阿夫特·利奇，1976）

投入	传统产量	有机产量
化肥N，175kg	14.00	
化肥P，175kg	2.45	
化肥K，250kg	2.25	
实地工作，拖拉机燃料（收获）	2.85	2.85
收获用燃料，运输	3.38	3.38
实地工作，拖拉机折旧和修理	1.14	1.14
收割机折旧和修理	6.70	6.70
喷雾，13kg	1.24	
播种燃料1620 MJ/t seed	1.57	1.57
仓储1.65 kWh/net t	0.57	0.57
	总共 36.15	总共 16.21
输出		
总产量　　　　　　　t	26.3	
净收益率 less 2.5t seeds　t	23.8	
可食用收益率　　　　t	17.9	是传统产量的66% 11.9
能量输出 17.9t×3.18MJ/kg　GJ/na	总共 56.9	总共 37.95
蛋白质输出 17.9t×2.1%protetrt kgP/na	376	
比率		
能量输出/输入	1.57	2.34

能量比率定义为可食用的能量输出除以生产它们所需输入的能量

图3.5

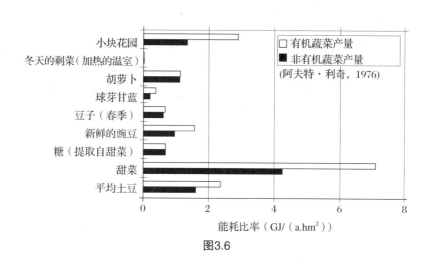

图3.6

图3.5　英国传统的和有机马铃薯生产能量比率比较图。能量输入和输出按GJ/（a.hm²）计算

图3.6　英国传统的和有机农作物的生产能量比率比较图。能量比率是指生产该作物需要输入的能量除以食用该作物所获得的能量

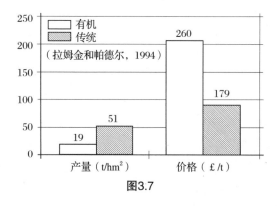

图3.7

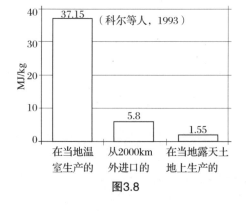

图3.8

图3.7 据统计，1994年英国传统作物和有机作物的相对产量和批发价格
图3.8 根据荷兰某一调查，种植在户外与种植在温室中的蔬菜所含物化能的比较

室外生长的同样蔬菜的57倍，参看图3.8（科尔，比艾特和维尔汀，1993）。

希望在全年都能买到同种水果和蔬菜的愿望也是引起食品生产业大量温室气体排放的重要原因之一，运输和温室加热则作为满足这一需求的条件。

在发达国家，市场已经有效地把季节性转为民俗记忆。有观点认为，在全年可以买到各式各样的水果和蔬菜，并提供无限的选择，可以让我们的生活很美好。当然这种说法不无道理，但它并不是我们烹饪时唯一可以选择的方式。这种方式最明显的缺点就是食品的长途运输。对于食品运输，尝试在系统内解决这个固有的问题，只会使环境更加恶化。我们可以以英国的情况来说明这一问题。目前，许多水果都可以在超市买到，但如果要在当地的室外种植则是不可能的。这些水果，当买的时候还是生的，因为它们被提早采摘，以便冷藏并运输至超市。经验表明，这些水果从未达到自然成熟和腐烂之前就已被吃掉。另一方面，这些水果的确看着非常漂亮，而且现在很多消费者也根本不会辨别这些廉价水果的优劣和新鲜与否。

一种在食品业解决上述问题的方法是空运水果和蔬菜，减少它们收获和被消费之间的时间。如安吉拉·伯克斯顿在她关于食品里程的章节中所指出的（见第5节），这只会加剧产品对环境的影响。

本地增长与作物交易

没有理由能说明为什么不能像推广品种有限的跨国食物那样，推广新鲜的当地应季食物。当然，城市农业并不会提供所有食物，某些进口产品可作为高于基础食物的特殊食材，用以提升用餐的乐趣。但随着当地食品市场建设的完善，这些进口产品可以保持在一个相对合理的最小值。

一个反对的观点认为，发展中国家是依赖农产品的出口来赚取外汇的。但是如前文已经说明的，现今通用的贸易方式并不是唯一的选择。"公平交易运动"提供了一个可行的替代模式，这种模式通过减少不必要的中间贸易商，增加当地农产品供应者的收入，并最终增加了本地农产品的产量。在世界范围内推广自给自足模式也会减轻为了出口所做出的不可持续性土地使用所带来的问题。正如塞缪尔·约翰逊博士在1756年提到的，这将为那些可以发展自己经济的国家提供一个坚实的基础。

本地种植食物有一个问题，就是如何在城市内运输。古巴的城市农场的规模大约为$1000 \sim 2000m^2$，因此，它们的产品可以依赖在农场门口的销售点并由自行车或小货车来配送。一个更彻底的营销策略的改变是运用超市现有的物流系统。这样做会把城市农业整合进入全国食品供应商的分销网络。这些网络依赖物流，从原产地到加工和包装厂，再到销售中心，然后发送到各超市出售。一个广为人知的研究表明，一罐150g的草莓酸奶要经过1005km的运输才能到达德国南部超市的货架上（博热，1993）。这些复杂配送和生产网络依靠联合的大型分销网络。

当地的农贸市场有另一种可替换的分销模式。在这些市场中，农民们带来他们自己的产品来城市中销售。为了评判当地的农贸市场对伦敦环境的影响，我们对在佩克汉姆新建立的一个农贸市场进行了调查。这个市场离市中心大约5km远，是由妮娜·普兰克建立的市场之一（见第10节）。我们对大城市中的小市场对交通的需要的调查非常感兴趣。与超市相比，我们注意到三处差异。超市使用大型货车从物流中心向他们的零售店运送货物。这是除开从农场收集货物相关运输和可能出现的销售前期运输之外的。我们估计90%的超市顾客开车来回。

相比之下，对于一个当地的农贸市场，每个摊主都自己在农场与市场之间开车来回。而这些市场出售的果蔬也基本不需要预加工和包装。同样值得注意的是，此类市场所有的顾客都走路或骑车去购物。

在2001年3月，一个以6位市场老板为对象的调研被实施。他们被问及的问题有：往返市场的距离，带到市场货物的体积，卖不掉的货物所占的百分比，在运输中损失的货物的百分比，每周需要去几个市场。图3.9是这一调研的结果。

我们接下来考虑这种市场可以为多少人服务。据估计，一个四口之家每周购买蔬果的体积大约等于超市手推车体积的1/3，就是$0.1m^3$。供货商往返的平均里程数为160km，算上没有卖出和在路上被破坏的货物，平均每个供货商可以卖掉$4.5m^3$的货物。这样算来，供货商平均下来每走3.6km，就可以满足一个家庭的需要。

正如我们观察到的，大多数超市顾客开车去购物，但去农贸市场的顾客们并不如此，我们的结论是农民们开车去市场的距离可能不超过人们去超市的距离，而超市则需要另外要求货物从仓库运来的距离，这很重要。尽管这项研究规模很小，并且没有提供结论性的证据，但结果却是很有趣的，因为这些研究可作为城市农业的前期分析。一旦城市农业被引入市区，那么农民们运输所需的距离就大大降低了。

参考文献

ActionAid (2002). ActionAid supplement. *Metro newspaper*, 9 September 2002, p.24.

Aerni, P. (2000). *Public Policy Responses to Biotechnology*. STI/CID Policy Discussion Paper No. 4. Harvard University MA. Accessed 19 August 2003 at http://www2.cid.harvard.edu/cidbiotech/dp/discussion9.pdf

Böge, S. (1993). *Road transport of goods and the effects on the spatial environment-condensed version*. Wuppertal Institute.

Chapman, P. (1975). *Fuel's Paradise: Energy Options for Britain*. Penguin Books.

Cook, H. and Rogers, A. (1996). Community food security. *Pesticide Campaigner*, 6 (3), 7–11.

DETR (1998). *Building a Sustainable Future: Homes for an Autonomous Community, General Information Report 53*. Department of the Environment, Transport and the Regions/BRECSU, HMSO, Vale, R. and Vale, B.

European Commission Directorate General XII (1998). *Biotechnology: Opinions of Europeans on Modern Biotechnology*. Eurobarometer 46.1 European Commission Brussels/Luxembourg.

European Environment Agency (2002). *Carbon Dioxide Emissions Factsheet*. Published at www.eea.eu.int/all-indicators-box (accessed 21 August 2002).

Food and Agriculture Organisation (2002). *PR 96/47 Fast Growing Cities present enormous challenges*. Published at www.foa.org/WAICENT/OIS/PRESS-NE/PRESSENG/H41F.HTM (accessed 18 August 2002).

Hayami, Y. and Godo, Y. (1995). *Economics and Politics of Rice Policy in Japan. A*

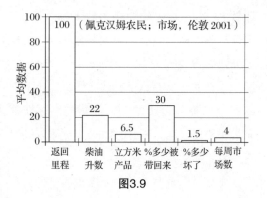

图3.9

图3.9　根据伦敦佩克汉姆处当地售卖自家种植作物的农贸市场的调查所得。运输距离和能量消耗与产量成正比。

perspective on the Uruguay round. NBER Working Paper No.W5341.

Johnson, S. (1756). Further thoughts on Agriculture, Universal Visitor. In *Johnson's Works* (D. J. Green, ed.) vol X, Political Writings.Yale (1977).

Kol, R., Bieiot, W. and Wilting, H. C. (1993). *Energie-intensiteiten van voedingsmiddelen.* Energy and Environmental Sciences Department (IVEM), State University of Groningen, Netherlands.

Kramer, K. J., Moll, H. C., Nonhebel, S. and Wilting, H. C. (1999). *Greenhouse gas emissions related to Dutch food consumption.* Energy Policy, 27, 203–206.

Lampkin, N. H. and Padel, S. (1994). *The Economics of Organic Farming.* CABI Publishing.

Leach, G. (1976). *Energy and food production.*

Institute for Environment and Development.

Nicholson-Lord, D. (1987). *The Greening of Cities.* Routledge, London.

Shorrock, L. D. and Henderson, L. D. (1989). *Energy use in buildings and carbon dioxide emissions.* HMSO.

Stanley, D. (2002). *Sustainability in practice. Achieving the UK's climate change commitments and the efficiency of the food cycle.* e3 consulting.

United Nations Conference on Environment and Development (1992). *Earth Summit '92.* Regency Press Corporation.

Vale, B. and Vale, R. (2000). *The new autonomous house.* Thames and Hudson.

Wright, S. (1994). *The handbook of organic food processing and production.* Blackwell Science.

城市农业与可持续城市发展

赫伯特·杰拉德

规模预测

在新的千禧年之初，我们生活在拥有史无前例的庞大人口数量的地球上。目前，全球共有人口63亿，预计到2050年，人口将达到90亿。目前有将近一半的人口居住在城市，到2030年这一比例将达到2/3。大量的城市建设在农田里，必然将导致世界粮食生产能力的骤减，除非城市居民可以自行生产适当配额的供自己食用的粮食。因此，有一些很重要的问题需要我们来解答：全球环境系统可以应对"跨时代的城市"吗？会有未受影响的自然系统存在吗？怎样养活急速增长的城市人口呢？

本节将引用一个非常有效的方法论来测量城市的"生态足迹"，此方法源自加拿大生态学家威廉姆·瑞思和他的同事马西斯·维克尔纳格的相关研究。如上所说，我们需要测算出支持城市必要食品需求服务所需要的土地规模，即城市的足迹。它所需的表面积由3部分组成：

（1）为城市提供食物；

（2）为城市供应森林产品；

（3）重新吸收城市废物，尤其是二氧化碳排放。

通过这种方法，我尝试去评价我所居住的城市，即伦敦的生态足迹。伦敦现有超过700万的人口，城市如要满足其发展要求，城市面积将由现在的160000hm²扩大至约20000000hm²，即扩大了125倍。这些面积包括：伦敦每人将拥有至少1.2hm²的农田，总共8400000hm²，这是其现总面积的40倍。供应木材和纸张要求的森林面积将需要大约768000hm²。用以吸收每年6000万t二氧化碳排放量的面积将达到历史峰值，约10000000hm²，这将是整个城市足迹面积的一半。

关键问题是全球城市化以及人们对于富裕生活的向往会增加人们对土地的需求。据估计，如果发展中国家复制西方国家的城市生活方式——在食品需求方面、森林产品方面和能源方面——我们就需要有三个地球，而不仅仅是现在居住的这一个。这非常重要，因此，发达国家必须选择效率较高的资源利用方式，这当然也包括他们的食品供给。城市农业在此可以发挥巨大的作用。

但是我们必须首要关注养活类似伦敦这样的大都市所需要的土地规模，而事实上目前粮食的供给来自越来越远的地方。

当然伦敦是世界先进的人口超过百万的大城市。人口数量由1800年的100万增加到1939年的850万，是当时世界人口最多的城市。起初，伦敦依靠当地自身的食品供给。但是，全新的交通技术使远距离的食品运输成为可能。汽轮船将谷物由加拿大和美国运往伦敦，羊肉从新西兰引进，红酒由法国和意大利引入，橙子来自西班牙和巴西，香蕉来自西印度和南美地带。今天，食品从四面八方运输来——不仅通过冷藏运输或卡车运输，还包括空运，从另一个半球往伦敦运送。

能源与土地利用

希思罗机场现在的位置曾经是伦敦市的商品菜园。那里含沙的土地非常适合蔬菜种植。目前，虽然其用途已被定性，但是它仍是伦敦主要的粮食供应地，采用一种较特殊的方式：种植的作物在全世界范围内的流通。这样的全球性供给为我们的厨房带来了可选择的多样性，但是却需要大量可用的能源。食物从几千米以外的地方通过飞机冷藏运输到达伦敦某户家庭的晚饭餐桌上，运输所消耗的能源是这些食物所带来的卡路里的几百倍。而且不仅仅是空运新鲜的货物面临着能源危机，即便是来自大西洋的冷冻鱼，其运输所消耗的能量也是本身所带来的卡路里价值的100倍，从英国农场运送出的肉制品在运输途中消耗的能源也是其本身所富含的卡路里价值的50倍。这些数字令人震惊。貌似我们已经无力再承受这样高能源消耗的城市食品供给系统了。

不仅仅只有投入食品运输途中的能源消耗量值得我们担忧，其对全球土地利用的影响也同样值得我们关注。尤其是对于肉类

食品需求的增长，是造成亚马逊、泰国、马来西亚和印度尼西亚原始森林采伐的主要原因。用欧洲和日本产出的大豆和树薯粉喂养动物已变得非常广泛。如今，像较大的发展中国家，例如中国，对肉类的消费需求直线上涨，使得一些热带雨林、热带草原等地区的豆品需求也增加了。在巴西，这一过程始于马托格罗索州——亚马逊的南部边缘地区。大量新型的道路建筑体系正在亚马逊区域建设，这将会造成更多大面积的原始热带雨林转变成种植大豆的田地，以满足类似中国这样的发展中国家各城市对豆制品的需求。

在过去的50年里，全世界发达国家的农业已步入了一个资金密集、机械化的系统。在英国，只有1.5%的人口仍在从事粮食生产工作。农村景观不复存在，耕种的核心目的是满足城市的需求。

养分流失

另一个需要指出的问题是，纵观全球，我们的食品生产经历着一个单向过程，从乡村到城市，营养物质在其中流失了，并没有返还给种植作物的土地。这一不可持续的系统始于2000年前的罗马的"大小水道"的建设，城市污水便因此流入了地中海。到19世纪50年代，伦敦由于泰晤士河的水受到污染

而爆发了大规模的伤寒和霍乱，因此将市民与污水完全隔离开来。经过深思熟虑，伦敦当局决定将不再进行污水循环利用工作，而是将污水引入海洋。从1858年开始——"大恶臭"起始年——投入巨大的资金建设污水清除系统。但是由于大量的污水都被引流至大海而不是作为作物的肥料，就更迫切地需要采取人工的方式保证城市生产性农田的土壤肥沃性。人工生产肥料时期和化学耕种时期就开始了。

几年前，我从里约热内卢飞往圣保罗，看到巨大面积的、棕色的污水涌入大海。相似的情形在全世界任何一个沿海城市都可以看见。这是营养物质的单向流失——从农田到城市到海洋——引起地球海洋的巨大污染。这些污水中包含的氮、碳酸钾和磷酸钾可以滋养作物，供我们食用。另外，人们开始大量的在农田中使用人工肥料，一定程度上也导致了河流和海洋的污染。如果我们要创造可持续的城市，那必须正视城市和乡村间的养分流失，这就是城市的"新陈代谢"。

重新认识城市农业

城市化是亿万人由农村向城市的迁移，这不仅会造成城市环境的污染，还有城市贫穷、食品危机、营养不良，在发展中国家这些问题尤其严重。但是，没有被注意到的是，城市化还引起了一个显著的现象：城市农业。根据联合国开发计划署的调查，在1996年，世界上有8亿人从事城市农业工作，主要都集中在亚洲城市。其中有2亿人是市场生产者，1.5亿人是全职雇工。城市农田在全球许多少数民族居住地区分布广泛。哈瓦那、阿克拉、达累斯萨拉姆和上海都被广泛地研究。但是成千上万的其他城市的人们也在继续进行供给自身的粮食生产。

在过去的几年里，我有机会见证世界上许多地方城市农业的发展。我对此感兴趣是因为，城市农业可以帮助城市更好地利用有机垃圾。

城市农田一般在城市内或者城市边缘。城市农田可用于种植植物和饲养动物以提供食品和进行其他的用途。树苗和其他装饰性植物和花朵的生产也是城市农田风景中的一部分。很显然，为了在全球粮食紧张的危机中存活，城市农户必须进行创新并做出适应性的调整。他们要学着去应对城市的限制条件，有效地利用城市资产和资源的流动。例如，对于城市环境中肥料的利用。

在全球化趋势下，城市本地的食品生产在很多地方都开始施行。近几年其重要程度得到了农业专家、政客和城市规划师的广泛认同，将其由一个被大量否定的方式演变成城市居民创造可持续性生活方式的重要力量。

尤其是在发展中国家，城市农业在城市食品安全、营养物质的提升、减轻贫困和当地的经济发展等方面都作出了巨大的贡献。而在发达国家，城市农业减少了食品运输的距离，城市居民通过农贸市场种植和分配食物。

城市农田源自古老的传统。历史上，大部分城市产生于内地的贸易地区，当代的城市，尤其是欧洲的城市，依然深深地扎根于当地的景观中。例如在佛罗伦萨，橙子、橄榄树、葡萄和小麦依然占了其种植作物的较大比例。在意大利和法国的许多城市，城市农业和其原始腹地仍然具有很强的联系，"城郊农业"依旧十分明显。

在中国也是同样的。在中国，房屋布置在农田之间是有着悠久的历史的。现阶段，城市工业快速增长，但对中国来说，城市农业的发展依然是非常重要的议题。即便是像上海这样的大都市——全球增长速度最快的城市之一，每年约15%的增长率，依然将城市农业看成城市经济体系中的重要组成部分。然而，一个较大的转折正在发生，即从"城市内部"农业到"城市郊区"农业的转化。由于房地产行业的兴起，大量住宅和办公楼如雨后春笋般拔地而起，使得农田消失，粮食种植逐渐转向城市边缘区域。

上海市政府当局管理着60万hm²的土地，其中包括30万hm²的已建区。经过详细考虑，上海决定将周边300hm²的土地留作农田用以供给上海市民的需求。其中大部分被用作种植大米和小麦。然而，就像我们之前提到的，动物饲料的生产，例如大豆，养殖牛类的家畜饲养场等，则越来越多地位于距离较远的亚马逊南部地区。

上海市郊区数以万计公顷的土地上种植了各类型的蔬菜。中国人喜欢食用当地种植的、新鲜的蔬菜。烹炒不新鲜的蔬菜是不受欢迎的。玻璃和聚乙烯的温室应用越来越广泛，在暖和的天气中蔬菜每年可收获3～4次。

在北京市的城郊情况也是一样的，蔬菜种植随处可见。但是，农夫需要设计杰出的抗寒体系，所以温室的应用极其广泛。在1月和2月的严寒天气里，将种植在聚乙烯温室内的植物覆上几层竹席，以便在夜间为植物积蓄热量。少量的农夫在温室内采取煤炭供热系统来应对外界严寒的天气状况。

中国城市中的"闭合环路"系统，即用粪便作为城市蔬菜种植的肥料，还在持续使用着。将粪便稀释为之前的1/10，用长杓舀到蔬菜基床上去。据说，中国人倾向于用粪便作为肥料来种植蔬菜，因为那样长出的蔬菜味道会很好。大部分公寓和办公楼都有蓄水系统，但是用废水浇灌城市农田是否合适还有待考量。

在俄罗斯也是一样，城郊粮食种植有着

悠久的历史。人们在周末返回乡间的住宅，在高度生产性的花园内进行耕种。在圣彼得堡，大部分人都从事城市农业生产：有大约56万块土地在城市周围被耕种，甚至像在西伯利亚的伊尔库茨克这样较远的城市，也有很短的耕种季节，我曾见过那里的人们在具有很好的隔离功能的温室内种植种类多样的蔬菜，包括黄瓜和番茄，既满足自身需求，又可以向市场销售。

当然，在南非，在种族隔离时期，黑人被禁止在城市内部或城郊耕种土地，因为那便意味着他们要居住在城市里。但是随着城市农业快速发展，黑人们在城市中找到了可以进行永续性种植的土地。纵观整个非洲，在加纳、肯尼亚和坦桑尼亚等其他地区，城市内出现大量粮食种植区，这是由于其人口密度较低，因此有剩余的空间来种植作物。妇女也逐渐成了城市中的耕种者。

古巴的哈瓦那是城市农业发展的杰出例子。由于苏维埃联盟的解体，古巴失去了绝大部分蔗糖出口的收益。所以几年前，古巴当局决定进口其他代替产品，并在城市内发展城市农业。从甘蔗地里获取的甘蔗渣滓通常被用作施肥的肥料，然而甘蔗却由人工肥料进行施肥。其实，甘蔗渣滓经过有效的堆积可以变为有机的肥料，被施于蔬菜基床上，称为"organiponicos"，并由地下水泵系统进行灌溉。在哈瓦那市，现在有2万人

种植水果和蔬菜，土地主要临近他们居住的公寓组团。

虽然，全世界各城市已将城市农业看作城市食品和居民收入的重要来源，但是相应的国家组织机构、市政组织、当地社团等仍缺乏对城市农业的重视。找到方法来克服这些障碍变得越来越重要。城市农业并不是要与乡村农业竞争，而是要与乡村农业互补，城市农业越来越倾向于生产一些城市超市需求的产品，比如蔬菜、花朵、家禽和蛋类等。

对于城市农业的反对主要是因为担忧水和土壤被重金属污染会对人类健康和城市规划周期产生影响。然而，根据调查这些对于公众健康的不利影响被夸大了。现在国家政府和市政部门对于城市农业的重要地位已经形成了广泛的认同。

在发达国家

但是，每个认为城市农业现象主要集中于贫穷国家的人，都应该看看纽约市的一些地方。例如，在布朗克斯，20世纪80年代蔬菜园地的数量以惊人的速度增长，主要是由于当地发生了因毒品引起的团伙冲突，导致大量房屋被烧毁，园林废弃。在纽约植物学园林的专家们的帮助下，人们将土地翻耕成一块块的用以复兴的蔬菜园。还有许多人为了教会孩子们如何种植蔬菜和蓄养小动物而

在翻耕出的土地上种植作物。

　　在加利福尼亚也是一样，城市农业也被广泛地推广和实施。在戴维斯大学城，一些具有远见的专家几年前决定培育一个可以永续种植的城郊。在生态房屋周围布置蔬菜地块和果蔬园。在戴维斯大学城内连高质量的红酒也是自己生产的。

　　在美国，农贸市场的发展在近几年已经成为越来越明显的现象。尽管超级市场在城市中已形成垄断，农贸市场依然显示出卓越的成效，不仅在加利福尼亚这样各方面发展状况都较好的城市，在纽约也是如此。目前加利福尼亚有超过3000个农贸市场。在英国同样经历着农贸市场的复苏，从十年前的空白发展到2002年的大约300个。对果蔬园培育的热度始终未减，只是打理它们的不再是退休的男人们，他们逐渐被想要为家庭种植一些蔬菜的女人们所取代。

　　在英国，也存在着城市食品生产。例如，在艾塞克斯市，即伦敦外围地区，人们可以看到城市农业是怎么在城市扩展的压力下逐步发展起来的。就像希思罗机场，过去是蔬菜种植的中心地带，到处都是温室。但是由于几乎没有农夫可以与廉价的进口蔬菜竞争，他们不得不放弃了他们的耕地。留下的小部分土地目前只用于种植一种蔬菜，即黄瓜。温室内采用的是水耕法，使温室看上去就像可亲身体会的戏院。耕种者主要是

意大利人的后代。原因是曾经拥有温室的人们已经入不敷出了。因此由于战争原因而到此的意大利人就占据了这些遗留下的温室，在战争期间和战争结束之后他们便成了耕种的劳力，部分原因是他们可以从中获得额外的粮食补贴。在冬天，在英格兰种植黄瓜已经不再划算时，他们便与意大利人交易。

　　在布里斯托尔的郊区，当地人们试着建立全新的有机农贸市场体系。例如，在Leigh Court外围，就于20世纪90年代建立起有机蔬菜箱的系统。但是依旧很难与廉价的进口蔬菜相竞争——在英国3/4的蔬菜主要靠外部供给，这产生巨大的能耗损失，但是，一些恢复城郊农业的初始步骤已经开始实施了。

拥有可持续系统的城市

　　城市农业是城市可持续发展议题的重要方面，包括从城市周边获得粮食支撑，为城市居民提供生机。另一个重要的方面，我们之前讨论过的，是对城市新陈代谢中流失的营养物质的有效利用，否则，它们将和污水一起流入河流和海洋。

　　许多城市都尝试过把废水投入城市粮食生产。在闷热和干燥的城市和地区尤其需要。例如，在澳大利亚的阿德莱德市，城郊成千上万公顷的土地都用来自城市的废水进

行浇灌，蔬菜和水果的种植也都是如此。当然也有对于长期用废水浇灌土壤造成的重金属污染的忧虑，但是引起土壤污染起码需要几十年的时间。阿德莱德的污水浇灌系统被认为是城市农业发展中最成功的方面。

在布里斯托尔，污水处理已经形成完善的系统，即将污水注入土壤调节槽，变为土壤的肥料。它将污水沥干，转变成叫作"Biogran"的小颗粒，然后将这些小颗粒卖给农户或者开垦土地的公司等。其次，数量庞大的重金属元素去向的追踪也仍存问题。但是这个问题越来越不明显，因为在英国，汽车不再依赖加铅燃料，布里斯托尔的逆工业化也大大提升了污水处理系统的质量。

城市可持续发展的另一重要方面是新型高生态能效住房的建设。这一创造目前在欧洲很流行。在伦敦南部，2002年完成了一项前驱性的计划——贝丁顿零能耗社区发展建设计划。这是关于为200人建设房屋和工作场所的发展计划，由皮博迪公司和生物区发展研究小组共同研发。所有建筑物均为朝南布置，通过厚度为30cm的墙、地板和天花板进行隔断。公寓仅需要传统供热能量的10%，热量由一个小型的燃烧小木片的供热动系统提供。在南向阳面安装太阳能电动面板，就可以支撑一个小型快速电动车的启

动。所有的公寓都有屋顶花园，可用作休闲娱乐或者种植蔬菜。社区的废水被称作"充满生命力的机器"，通过植物和浮游动物来吸取其中大量的营养物质。污水净化厂处理过的废水用来浇灌菜园。

贝丁顿零能耗社区发展计划将如何建设高生态城市的想法演变为事实。我们需要将城市中对资源的单向不可回收的利用方式转化为循环可持续的利用方式，最小的投入将会带来最小的废物输出。能源的有效利用，资源生产率的提升——都是本书要讨论的重要问题。

在21世纪，优秀的城市规划应该模仿自然生态系统。总之，我们应该更好地利用自然系统的新陈代谢和资源循环流动过程中产生的废物，将其引入作物的生长过程。这不仅是政策制定者需要考虑的问题，广大市民也应该给政府当局施加压力，规划专家们也应该采取更多有远见的尝试。

在世界各地的城市中可以发现许多有趣的规划策略。但是目前应该主要避免过于浪费的资源消耗，以及逐渐消减巨大的、蔓延的城市生态足迹。我们应该趋向于建设更本土化的、有效的循环系统，该系统主要满足城市内部或周边粮食生产对土地的使用。研究可持续城市的创建已经有一段时间了，但是具有足够规模的实施方案还没有启动。

食物里程

安吉拉·帕克斯顿

介绍

位于工业发达国家的消费者已经习惯于在当地超市选择来自全球各地产粮区的食品。一个英国人可以在商店买到智利的葡萄、肯尼亚的绿豆和加拿大的瓶装水。然而，并不是所有的进口食品都是廉价的，远距离的食品贸易包含大量的环境、社会和经济成本。

食品运输过程中，远距离的交通运输直接对环境造成破坏，并且对粮食生长及其在食物链中与其他环节的联系造成不利影响。其同样影响粮食生产者，尤其是小型农田的农户，必须要在全球化市场中竞争；对于消费者来说，经常吃经过远距离运输的食品，会促使他们觉得这样的粮食和作物比新鲜的当地食品要优质。

产地与销售地的分离导致生产者与消费者之间的不可避免的心理距离，顾客对于这些食品的购买习惯的可能影响所知甚少。消费者的无知导致了环境在无意间被破坏，但如果很多人为的或动物破坏环境的情况发生在自己家园的附近，那将是不能容忍的。

本节强调了由交通运输主导的食品供应系统产生的影响，审视食品运输距离背后的强大力量以及如何减少或者缓解食品远距离运输带来的不利影响。

食物里程与食物链

农业

食品交易远距离化导致耕种的专业化，当地资源大多出口到其他国家和地区，而不是满足当地的需求和消耗。作物通过工业化手段大面积耕种以达到一定的经济规模，降低成本以便于与其他种植者竞争。生产者专注于种植单一种类的农作物，使其满足食品加工商和销售者所指定要求的某些特征，比如说能够经受长时间的运输和贮存，或者是加工过程中的适应性。但单一栽培的作物很容易被昆虫和疾病侵蚀，很快就对农药产生抵抗力，农夫们发现自己好像在一台"化学跑步机"上面，不断增加着杀虫剂和除草剂的用量。

运输

从本质上来说，食品运输有两种方式：第一种是国家内部的运输，大量的食品供应商和零售商通过全国中心分配系统进行食品运输；第二种是国与国之间的运输，即进口或者出口新鲜的、加工过的食品。在英国国内，1978年到1993年之间，食品、饮料和烟草的运输占全国公路运输的1/3。同时，在过去的15年里，食品和饮料的运输量增长了50%的比率，其中食品运输量增加了16%，详见图5.1。

国际上也是如此，食品运输量一直在增加。英国依靠出口增加经济收入的同时英国人却在进口越来越多的食品。英国关于食品与饮料的贸易差额由1980年的3.5亿英镑增长为1999年的8.3亿英镑。英国目前进口多种类型的食品，包括苹果、胡萝卜和洋葱，这些作物完全可以在本土种植，甚至可以应时种植。许多国家进出口同种食品，且规模较大：例如英国1997年进口1.26亿L的牛奶，同时出口了2.7亿L的牛奶，详见图5.2。

图5.1　英国1978到1999年间食品运输的平均里程和总量对比

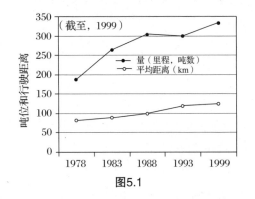

图5.1

空运

新鲜食品的空运量在过去的20年里翻了一倍，这一增长趋势仍在持续。空运对环境的破坏程度极大，空运释放出的碳氧化合物是海运的37倍，并且由于污染物在高空被释放出来，造成臭氧层破坏，引起温室效应和全球变暖。

运送到商店

到商场的距离也成为一个重要的讨论议题，这是因为越来越多的市民倾向于开车到城郊或城市外围的超市购买食品。开车去商场购物所消耗的能源要比运输这些货物消耗的能源还要多，即便这些货物本身就是进口的（只要不是空运）。

加工、打包、杀虫

食品容易受腐变坏，需要很好的保存以满足长距离的运输，避免被弄脏和污染。保存食品的方式包括加工、打包和喷洒杀虫剂。

加工

食品制造加工的过程是一个能量聚积的生产过程，需要消耗耕种作物所需能量的十倍。加工食品有可能比新鲜食品产生更远距离的运输消耗，这是因为加工食材的组成物和包装材料可能是从本国的其他部分或者其他国家运输过来的。食品加工商越来越关注生产过程，有一些加工商通过一个工厂来服务于整个欧盟国家，以减少其他费用。

通过对伍伯塔尔市的调查研究，我们发现运输一货车150g的草莓酸奶到德国南部，其中草莓是从波兰运来的，酸奶是从德国北部运输来的，玉米和面粉是从荷兰运来的，甜菜是从本国东部运来的，贮存草莓的铝制广口瓶是从300km以外运来的。只有牛奶和玻璃瓶是本地生产的。

许多加工食品的基本组成部分，例如蛋

图5.2 1961到1998年间英国食品进口量对比

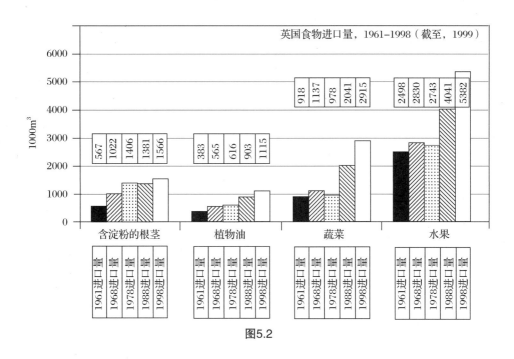

图5.2

糕和小饼干，都是由同一地方生产的，因此，超市中食品选择的多样性其实是被夸大了。消费者只能支付额外的"附加价值"给本身很廉价的但是通过附加的华丽包装获得市场竞争力和吸引力的食品。

杀虫剂

在大规模工业化种植的驱动下，农药的需求量也逐渐上升。通过喷洒杀虫剂来保证新鲜食物可以经受住远距离的运输。例如85%的英国考克斯苹果都会在收获后经历化学物质浸润。不像在作物生长的过程中喷洒的化学物质，这些化学物质经过长时期的贮存沉淀将会留在食品上。卫生署指出吃水果的时候要削皮以避免残留的杀虫剂。

包装

包装可以保证食品经受长时间的运输依

旧保持新鲜的状态。食品派送过程中的包装有四个部分：食品的初包装、二次包装（例如袋子和盒子）、运输包装（例如装入板条箱运送货物）以及通过搬运工将袋子和箱子从商店派送到住户家里。

在英国，每年要产生1.5亿废弃包装的垃圾箱，其中大部分最终进入垃圾填埋场。超过三分之一的这种垃圾是用来保存食品和饮料产品的。生产者与消费者之间存在着较大的距离，这使得减少和再利用产品包装变得更加困难，而本地食品系统对此则更加可行。可回收瓶最适合于本地的分销系统，它所消耗的能量通常只有一次性包装的1/4。

食物里程链的含义

环境

在生产、运输以及食品和饮料产品包装中因化石燃料的使用而释放的气体导致了空气污染和气候变化。一个四口之家的食物生产、加工、包装和配送过程的二氧化碳排放量约达到每年8万t。就单公路货运而言便需要对很高比例的有毒排放物负责，如氮氧化物和挥发性有机化合物，这些都牵连到一些公共健康问题，如哮喘和其他呼吸系统疾病。同时，面向国际市场的工业化农业存在农药的过度使用问题，农药渗入地下水中并对野生生物产生威胁，还会导致土地侵蚀、损失野生动物栖息地以及在野生物种和栽培物种中减少生物多样的危险。

生物多样性

越来越多的食品被销售到远距离市场，

这要求较高的专业化水平来与全球其他国家的生产者竞争。只有那些能够承受长途运输和储存并仍能品相优良的品种才会被种植，而不是当地的、美味的或营养的品种。例如，英国生产的草莓有75%来自一个品种——Elsanta。这个品种的味道并不是特别好，不过它有很长的保质期和良好的运输特性。但是，它很容易染病，如白粉病。这使得必须使用溴甲烷这类有毒的化学品来保存，然而这类化学品会对臭氧层产生破坏。官方检测发现进口草莓和英国草莓的农药残留量都达88%。

专业化和现代化耕作方法使得许多作物品种正在逐渐消失：1903年，胡萝卜有287个品种，但现在仅存21种。这构成了一个对粮食安全的威胁，因为现在我们作物的遗传基础比以往任何时候更小，因此大规模农作物歉收的可能性越来越高。

小生产者

工业化和专业化的农业更倾向于大生产。在英国和发展中国家的小生产者无法生产足够便宜的作物，同时超市、食品加工企业、跨国公司更愿意开出批量较大的订单，而他们却无法提供足够数量的产物，因此他们被排挤出市场。这些企业抬高食品价格，却以低价支付给农民。当一个英国农民在1998年的一次买卖中损失了32英镑，他只能通过他饲养了3年的公牛来填补利润空间。他发现在一个动物身上从屠宰场到最终销售之间的利润差是800英镑。

发展中国家

1970年之前，粮食安全在发展中国家都

被视为粮食生产的重要目标。直到最近，食品和农业产品逐渐被当作可交易的商品以用来还清债务和赚取外汇。然而，为较远的市场生产食物对于种植者增加了不安全性，同时为了降低成本及增强国际市场竞争力，相关的环境和社会标准也一再被降低。例如，在发展中国家许多农药被用于提供给其他工业化国家的农作物种植中，而在这些工业化国家，出于对环境或健康的考虑，这些农药是被禁止使用的。根据联合国环境规划署的文件，至少每年4万人死于农药滥用并且有100万人由于农药的滥用而患病或受到永久伤害，并且大多数是在发展中国家。即使是在英国，成千上万的农民和农场工人认为他们因给羊洗有机磷的药浴而中毒，这种物质如同农药版本的神经毒气。

公共健康

过度加工、过度保护和过度包装的食品意味着消费者购买到的是营养价值低的食物。饮食与如心脏疾病、糖尿病和阑尾炎等疾病的关系越来越密切，这使得西方的饮食发展成为水果和糖类含量较低。其次，虽然最有可能遭受到直接健康影响的是农场工人而不是最终消费者，但农药残留仍带来了额外的健康风险。

地方经济

当消费者从超市购买食品时，几乎所有的钱都未贡献于当地经济。而如果购买的食品是进口的或食品公司的生产在国外，钱则甚至有可能未对国家经济产生贡献。此时花费的钱只有一小部分会留在该地区，并通

过在零售店铺工作的当地人民的工资形式呈现。然而，通过一些小举措，在当地食品上每消费10英镑对当地食品经济的价值贡献是25英镑，这是由于"倍增"效应，其中的钱还用在了其他当地货物和服务上。

食品里程背后的推动力量

廉价的燃料和运输成本

食品远距离运输背后的推动力量是复杂的。一个关键的地方是成本低，但运输和燃料没有充分反映其环境和社会成本。交通运输不仅要对当地和全球空气污染负责，并且还造成了健康问题、气候改变以及对臭氧层的破坏。它还产生了噪声污染、振动、烟雾和灰尘、意外事故、对交通基础设施的损坏和对野生动物栖息地的破坏。而这些费用成本都将由社会和环境承担。

中间商

食品链中的"中间商"，如货运经营者、加工者、包装公司和零售商，他们从食品贸易和运输的提高中获益最大。在国家层面上，各大零售商在英国对食品销售的控制超过80%。超市有一年四季都提供货品的货架空间，并用进口商品填补季节性空缺，即使它们在本国是当季食品。超市的集中配送系统和即时订货系统导致了货物运输的增加，因为货物订购在产生了货车里满载货物的同时也产生了交通运输。这又导致了更多行程的产生，超过了运输一定量货物所必需的行程。

国际上，跨国公司（TNCS）在发展中

国家占用土地、劳动力和资源用以廉价出口作物的生产。在销售到北方富裕国家消费者手中之前，相当数量的加价被添加到这些产品中，而这些利润由跨国公司收入囊中。被附加价值的食品和饮料产品又越来越多地被卖回给发展中国家的消费者手中，如汽水。

国际政策

为了赚取出口收入，国际货币基金组织和世界银行通过结构调整方案（SAPs）进行政策鼓励，越来越多发展中国家的农民从为本地消费的食物生产中转移到生产相似的"现金作物"，如咖啡、茶和出口的园艺产品。其结果是这些产品的供过于求，食品类商品的价值暴跌，从而导致许多生产者破产。进一步放宽食品贸易仍然存在巨大的压力。在世界贸易组织（WTO）的谈判中，凯恩斯集团正寻求消除食品和农产品国际贸易补贴的障碍。

消费者的愚昧

食品企业认为，消费者驱动了食品行业。事实上，消费者已经习惯能在一年中的任何时候以低廉的价格买到所有食物，而不分季节性。消费者购买的食物由什么人生产他们不知道，并且可能从未见过，这使他们对于生产者的福利不太关心。这种消费者忠诚度的缺乏增加了西方人食物选择的变化无常，使他们容易成为跨国公司的营销策略的对象，从而使农民的生计越来越不安全。

食品生产中消费者和食物生产的地域分离使消费者对这其中存在的诸多弊端一无所知。包括对环境、农场工作者和农场动物。

然而，公平贸易和有机食物的需求现在是在英国食品市场中的一个重要力量——在这个国家，有机食品的销售额正以每年40%的比率增长——这反映出许多消费者关心他们的食物是如何生产的。

解决方案

通过详细论述关于食品远距离运输所产生的种种问题，我们需要在很多层面进行调整和改变，从新的消费习惯的形成到政府政策的制定。从个人层面来说，消费者可以尝试去购买当地当季的、公平交易的食物，并请商场和超市帮他们贮存这些食物。另一个选择就是在自家的菜园里种植食物。

社区团体可以设立当地的粮食生产计划，例如社区粮食种植计划、蔬菜盒子计划和农贸市场等。直接性购买可以建立起生产者和消费者之间的联系，并且开启关于多样化有机生产的建设性对话。尤其是消费者可以要求农夫使用可持续的生产方式，种植更多种类的作物以满足当地居民对多样化食品的需求。当局可通过提供资金、策略上的支持，使土地耕种更加适用于社区食品计划。

国家政府可以通过制定相关的政策来减少运输所造成的环境和社会资源的损耗。例如为空运和道路运输设定运输重量、距离税。建议对部分食品采取义务性运输，对售卖本地生产食品的商场给予经济补助。由于贸易工业部的主张与促进，英国的食品被大量地出口，这种情况应该改变，否则还是会有大量的同种类食品进口到英国来代替出口的食品，以满足人们所需。对发展中国家的援助和债务信任应该与可持续发展举措相联系，例如多样性和可持续性的农业生产。对于促进通过多边协商来提高食品生产和运输服务过程中的工作环境质量、环境保护程度和动物的福利等问题，需要从地区和国家两个层面进一步施加压力。

参考文献

DETR (1999). Energy and Environment Transport Statistics. HMSO.

SAFE Alliance (now Sustain) (1994). The Food Miles Report: the dangers of long distance food transport.

Sustain (2001). Food miles: still on the road to ruin.

Sustain (2001). Eating Oil: Food supply in a changing climate.

Plugging the Leaks project. New Economics Foundation, London. (accessed November 2004 http://www.pluggingtheleaks.org/)

桑德威尔：一个富裕的国家和给穷人的食物

安德烈·维尤恩

建筑师和城市规划师通常通过规划来观察城市。总有新的观察城市的方法周期性地出现，它们可以帮助我们更好地理解社会现象所造成的空间结果。20世纪的空中摄影使得我们可以清晰地观察到快速工业化对城市肌理带来的影响。

今天，我们又有了新规划方法来阅读城市。不再只是数据和总平面，而是由地理信息系统（GIS）生成的规划。GIS实现了数据在空间层面的投射，可呈现分层信息，例如可用资源的信息。就可持续性而言，这开始让我们能够评判平等性，或者资源的可使用性。

一个以"桑德威尔的健康食品可获性测定"为题的研究提供了使用GIS技术绘制的"健康食品可获取性"地图，这项研究是在2000年发起的（英国沃里克大学和桑德威尔健康行动地带，2001）。桑德威尔位于英格兰的中部地区。

图6.1显示了桑德威尔的研究结果。这些地图说明了由于缺乏可以负担得起的健康食物，某些地区正在遭受着贫困。像这样的地图提供了对城市的新的解读角度。这些图表达了传统地图所无法表现的某些现实，为设计者和市民客观地呈现了当前的某些不平等情况。

桑德威尔的研究结果令人震惊。这个项目有3个目标，一是得到桑德威尔贫困地区的食品获取能力的指数，二是检验这样的数据地图如何帮助那些低收入家庭促进健康饮食策略的发展，三是和当地零售商协作来提高健康食品的可获取性。

被研究地区曾被认为是社会经济层面的贫困地区，当地人的健康状况亦不容乐观。该地区已被健康部门选为优先发展地区。在桑德威尔的研究显示，这里大量的街道网络及物业都没有卖新鲜水果和蔬菜的商店。而在能买到新鲜果蔬的地方，果蔬的质量差且价格贵。如图6.1所示，价格公道、质量好的新鲜蔬果只在某些集中的小范围区域能买到，而对于大多数居民，只有使用公共或私人的运输工具才能到达这些区域购买商品。超市的竞争力减少了当地新鲜果蔬的供应。

这项研究的意义全文如下，正如其作者所述。研究者希望能为支持引进生产性城市景观以维持当地食品供应的政策提供有力论据。

"桑德威尔的健康食品可获性测定"研究显示：

（1）居民健康状况差，贫困和不健康的饮食模式在桑德威尔有很强的关联性；

（2）饮食模式在桑德威尔可能由社会经济和地理因素决定，而不是出于主观选择或者对饮食的知识；

（3）通过使用志愿劳动力来解决食品供应并非解决之道；

（4）良好的公共交通可以减轻，但不能解决获取食品的问题；

（5）无论从经济、社会或环境角度来考虑，发展高度本地化的食品经济对于桑德威尔人民来说都更为合理。

图6.1的结果需要进一步被验证。这些地图显示了一个邮编区域里500m以内有出售食物的商店的道路。500m被认识是一个人步行10～15分钟可以到达的距离，一些带着孩子或购物袋的人可能需要更长一些的

时间。这个距离也被用在伦敦类似的研究里（唐金等人.1999），并且被认为是人们步行去商店的合理范围内的最大距离。在GIS地图系统中，邮编被用来精确定位商店。在英国，一个邮编区域通常含有12～14栋住宅或地址，类同于一个小区域。

关于桑德威尔的研究涉及了许多低收入家庭，他们只有有限的购物条件和交通网络。当地没有小商店，因为这些小商店无法以像大型零售商或市场的低廉价格出售新鲜的、健康的食物，其原因是顾客群较为贫困导致销售量太小。而大型零售商也不会出现在该区域，因为交通设施差，人口少。桑德威尔的研究发现在为该区域提供的食物并不那么健康，多为"高脂、高盐、便宜且易储藏的食物"。如此建立起的恶性循环，导致了市面上只有有限的、可以负担起的新鲜果蔬。

当将图6.1中的两幅地图进行对比可发现，拥有价廉物美的果蔬商店的区域范围清晰可见。一种解释是，这些情况只是相对地存在于贫困区域，因为在富裕地区，人们拥有更好的交通设施，尤其是私人汽车。但是这种观点，对于已接受可持续发展观的人们将失效，因为这些人正尽可能减少不必要的汽车交通。所以，如果人们希望生活在平

桑德威尔地图
健康食物的可达性衡量
陆地测量部道路数据 © Crown
Copyright all rights reserved

图例

500m以内的道路

超过500m的道路

铁路

运河和溪流

★
商店

一个邮编区域里，500m内有一个或多个销售食品的商店的道路。

一个邮编区域里，500m内有一个或多个以合理价格销售至少8种食品的商店的道路。

图6.1

等、可持续的发展的环境中，桑德威尔的研究总的来说是具有实际意义的。

将生产性景观引入桑德威尔这样的地区，将解决目前存在的很多问题。食品将会在当地按季节生产，因此会更加新鲜，而市场自己的园圃也将提供更多的就业机会。通过在城市农业区域建立起来的连续景观廊道也会鼓励步行及自行车交通形式，同时也为当地居民提供城市自然景观。这些都是旨在根本性解决核心问题的建议，桑德威尔报告的作者也意识到了这些，因此他们给出了如下结论："食物的可获取性是国家或地区政策的主要部分，它将实现区域复兴，可以解决贫困和社会分化，还能减少健康上的不平等性"。

如果这种综合性的方法将被实行，那就必须重新考虑一下当地政府作为在积极促进城市生产性景观过程中的中介角色。这与目前政府所实行的"放手政策"相左，因为这是针对"市场自由"固有缺陷而提出的限制措施。如桑德威尔报告指出的，市场并没有能力解决贫困，这也是推动区域自我复兴进程中，"自上而下"管理的必要性的最好例证。这样做能更好地针对当地的现状条件并制订出详细的改进计划，而不是单单疲于解决现状问题。因此，当地政府在可持续发展中所扮演的角色的重要性必须被加强。如可持续食物生产这类议题被逐步研究及实现，那么"市场"机制无法解决不平等性的问题将越发清晰。

为当地食品生产引入生产性景观的举措在空间设计和社会影响上的意义是巨大的。设计师必须意识到，建立新图景的必要性和合理性一般跨越我们目前的单学科研究，而是仔细观察现状问题后，在新领域中发展而来的。

参考文献

The University of Warwick and Sandwell Health Action Zone (2001). *Measuring Access to Healthy Food in Sandwell*. Sandwell Health Action Zone.

Donkin, A. J. M., Dowler, E., Stevenson, S. and Turner, S.(1999). Mapping access to food at a local level. *British Food Journal*, 101(7), 554-564.

种植：通往环境可持续规划的综合途径

苏珊娜·哈根博士

越来越多人从环境角度来阐述城市紧缩的重要性。这些观点甚至开始辩护对于宝贵的城市内部区域的纯商业开发，例如，伦敦桥。仿佛突然之间，这种紧缩过程成为多方有益的，而不只是对于经济方面。但是，通过建设高层建筑，在已经不堪重负的基础设施上再大量注入人口的后果仍然有待检验。

也有人开始质疑城市紧缩的所谓"环境效益"。"生产性景观"，或更确切地说，"城市农业"概念是这些质疑的表现，这些概念可以作为一种与众不同的方式来构思"城市化"和"去城市化"。"建造"或是"不建造"将变得同等重要，因为"建造"象征着文化聚集，而"不建造"则象征着生态强化。"不建造"或"反紧缩"可能被视为对空间的浪费，然而，当这些空间被用作生产时，这种使用形式与将空间用于建设拥有同等的价值。

自第二次世界大战以来，北欧及美国的城市人口持续减少，这些人口逐渐流向郊区或更远的地方。尽管这个趋势现在已稳定，并在一些情况下反向发展，但仍有大量的城市区域无法留住家庭。发展中国家有可能将在未来面临同样的困难，它们的城市人口变得更加成熟和富有，这些人将重新选择想要生活的地点。在西方国家，远离城市的趋势不光光与高消费、高犯罪率和教育资源紧缺有关，也与空间有关，尤其是儿童可以活动的空间。在推动高密度城市的进程中，发生了两种情况：人们丢失了大部分他们原本追求的东西——空间，而由于城市集聚着大量关注与资源，其发展是以农村地区为代价的，这导致了边郊地区目前一系列的环境问题。

城市紧缩需要高密度建设，但到底要"高"到什么程度目前仍然无法量化。某种文化的需求对于另一种文化来说可能是无法忍受的，某个阶层的选择对于另一个阶层来说可能是被迫的，因为高速增长的城市密度严重依赖于规划设计和后期维护过程。几乎没有伦敦人会接受香港九龙的城市密度，但如果有选择的话，一个九龙的居民也可能如此认为。由于随着空间密度的增加，反空间聚集的需求也逐渐增加。这又回到了之前所讨论过的关于"不建设"空间与城市紧缩之间的关系——"城市紧缩是好的"论点只有在其同时能提供公园、运动场、广场、田园、花圃等空间的基础上才成立。

注重环境的城市需要树木来净化空气和制造氧气。这种做法本身对于应对环境问题就是有效的，不管是提高空气质量还是降低化石能源需要方面，这是一个良性循环。同样的，这些城市是否也需要城市农业呢？像大多数关于环境的问题一样，答案是不确定的——我认为这更多取决于当地的文化氛围，而不是经济体系。如果一个城市的许多人口是近期才从附近农村迁入的，比如在中国，人们对于城市农业的理解是相对简单的，而对于那些居住在已经城市化了几代人的地区的人来说，他们甚至对食物的来源与生产一无所知，更不用说对于城市农业的概念的理解与认同。同样的，对于适应了公有或集体制的人口将更容易接受这个观点，因为对于他们来说，城市土地通常是公有的并被集体开发的。

"谁"在"什么地方"来开展城市农业

是非常关键的。我并不认为有人会真的建议人们在曼哈顿种菜。我同样也不希望如此，因为树木对于这种环境会更加有环境意义。但在那些密度、经济价值不那么高的地方开展城市农业却是可行的。城市农业可以包括城郊和外围农业，这点十分重要。"城市农业"这个名称清晰地表达了它自身的目的，但也具有局限性，作为一个表面上激进的概念，它仍延续了西方倾向于创造概念意义和通过建立二元对立来决定的传统。"城市农业"因与"乡村农业"形成对比而显得富有创意。而作为结果，这种二元对立留下了空隙地带——松散且不发达的城市外围圈及城郊，以及未被充分利用的公园、垃圾场、低租金的工业园区、仓储用房、废弃的空地等。在伦敦，也有一条绿带作为城市和乡村的巨大分界线，但其中空而无物，更像是条沟壑，与其说是"实"，倒不如称之为"虚"。

如果上述空间能和与之相交织的城市空间具有同样的密度的话，城市农业则也能成为集聚策略之一，而不是一味地城市紧缩，同时也解决了城市景观的需求。例如，更多的林地可用以提供生物燃料，垃圾场可变为四季滑雪场，芦苇荡可以成为提供生物过滤与垂钓活动的自然中心，或者苗圃、周末露营场所、慢行路径、现代农场，这些区域有来自城市、城郊还有乡村的人们，他们同时在这里活动，如同他们参与某个在城市或集镇中心里举行的活动一样。一部分这种生产性土地的环境意义大于社会意义，另一些则相反。城郊和乡村被编织在城市内外，并将城市农业作为贯穿始终的重要线索，其重要

是因为至少在这个国家对有机产品的需要大于当地供应量。城市农业将会对当地食物供应起到重要作用——有机市场的园圃将成为这个循环生产和消费的庞大系统中的一部分——城市农业的出现能将原来互相排斥的利用方式交织起来。

土地及耕作权利的获取需要通过许多组织机构，这些组织源于慈善基金，当然也可能是当地政府。与此相同，未使用或未充分使用的土地转为生产用途（如生物燃料或野生动物栖息地）也会有类似的干预。在这个方向上的任何改变的尝试的基本先决条件是，城市、边缘、郊区和乡村不再被认为是分裂的，甚至对立的概念，与其相反，它们应该是相互联系的整体，只是其中人口最密集的区域，生态相对不活跃，而人口最稀疏的地区，生态却最活跃。这里的"生态"包含各种条件和尺度。为了实现城市农业，这个观点至关重要。

"……须有相关的规定，以保障社会去保护自然过程的价值，而这些规定本身也应被保护。试想这些发生着自然过程的土地将会为大都市提供开放空间……城市化的进程通常表现为增加内部密度和向外扩展边界，并总是以牺牲开放空间为代价……这样的增长是完全无视自然规律和自然价值的。优化方案是我们希望可以在都市中同时有两个系统运作——一个是……开放空间在保存自然过程，另一个是……城市发展。如果两者能彼此融合，为人们提供开放空间的愿望将能被实现。"

伊恩·麦克哈格《设计结合自然》，1969

伊恩·麦克哈格和他的前辈帕特里克·格迪斯都是先知，但是他们的观点从未被采纳。直至今日，政府仍未能够针对社会及生态问题出台相关政策。为能促使他们尽快做到上述工作，在民主国家，需要通过选举显示自下而上的压力，而要让所有的选民都同意这样做，就必须首先让他们明白他们能从中获得什么。

"城市农业是自下而上的草根运动，而不是精英主义的设计活动"的说法是被误导的。环境主义，不论以什么形式，都同时需要自上而下和自下而上的参与和倡导。为实现城市农业解放并再分类用地不光需要携手种植蔬菜的愿望，更重要的是，它需要规划师和当地政府自上而下的干预。如果城市农业被视为能使城市内外及周边地区获得生产性景观的多种方法之一，那么那些与城市设计、开放空间设计、建筑建造相关的工作人员都应在这个项目中成为盟友。在城市化程度高的西欧地区，城市农业不可能以其在中国的方式得以实现，因为在中国具有悠久的农耕社会传统；甚至也不可能以其在美国的方式得以实现，因为美国的农业经济带来大量新的移民人口。西欧的城市农业不能止于耕种城市花园，为此需要一个被允许甚至广受欢迎的利益联盟。任何一个人，如果他能提出比格迪斯和麦克哈格更复杂、更综合的发展模式，都应使他能为城市农业议题献计献策。环境需要它能得到的、来自各方的一切帮助。

参考文献

Geddes, P. (1968). *Cities in Evolution*. Ernest Benn Ltd, London.

McHarg, I. (1969). *Design with Nature*. Natural History Press, New York.

新城市与更丰富的生活：效益和障碍
乔·霍威、安德烈·维尤恩和卡特琳·伯恩

社会文化效益

本节内容意在强调城市农业在诸如社区发展等领域的重要性，以及其对城市复兴、减少歧视与犯罪和增加经济效益等方面的作用。

其他可作为本节内容补充与参考的文献有，贾克·斯密特所著的相关文献，联合国开发计划署1996年出版的《城市农业：食物，工作和可持续城市》，还有城市农业和林业资源中心网站（www.ruaf.org），以及城市农夫网站（www.cityfarmer.org）。

城市再生

城市食品生产能对居民生活质量产生可行且可见的提升作用，这个论点已被欧洲和北美的许多文献所论证（加内特，1996，霍威和威尔 Howe and Wheeler，1999；海耶特 Hynes，1996）。

> "食物种植项目可以团结社区，并可使居民产生一种"我行"的感觉，其次，它也有助于当地独特性的形成——对于每个不同地区，它们虽然普通，但却唯一，并且有价值。"
>
> （加内特，1996）

解决犯罪

海耶斯（海耶斯，1996）认为美国社区园圃运动的主要成就之一是解决犯罪问题。城市区域通常都有较高的犯罪率，社区园圃可为改过自新的人们提供更多的工作选择，从而有效防止他们使用毒品、销售毒品及从事其他犯罪活动。

据报道称，在英国的唐卡斯特，在当地土地被用于种植果树或其他社区活动之后，破坏公物等不文明行为就会自然消失。

减少歧视

加内特（加内特，1996）指出，城市食物生产通过为妇女、少数民族和老人等常受到歧视的人群提供生产性社会活动，使他们能彼此融合。城市食物种植也能成为当地少数民族表达其独特性的有效手段，例如通过种植某种重要的具有鲜明文化意义的产品。一个英国的相关著名案例是伯明翰的Ashram Acres社区园圃，这个园圃主要由当地的亚洲居民使用。

经济效益

城市农业的经济价值不能简单地与在超市蔬果买卖的经济效益相比。城市农业的生产规模较小，并针对当地市场，分季节提供最好的有机产品，与逐渐增多的超市有机产品竞争或互补。城市农业提供的是一种不同的生活和饮食方式。

在英国有无数食物种植项目与国家职业

资格培训课程相互联系的例子（霍威和威尔，1999）。这些培训囊括了从基础的计算与文书课程到商业园艺专业训练等一系列课程。在这里获得的技术和资格可以用于寻找相关专业的工作。

城市食物种植活动在学校中也能成为有价值的教育资源，可用于传统学科，如科学、地理，与新兴学科的交叉课程，如环境研究。名为《在城市中种植食物》的报道列举了许多已在学校土地中种植食物的中小学，并将其用于上述用途。此外，教育也是许多城市农场活动的重要部分。

这类实训活动如果能与城市中的连续性景观策略结合，将能为学生及市民提供不依赖消费的优美环境和感官体验，从而提升他们的教育与生活质量。重建与自然之间的联系需要长时间的户外活动及其相关经验。这类活动能使居民体悟四季变化及自身与环境的关系。正如杰克逊所说的："我们的艺术与建筑总想让人们认为他们属于某个城市或城镇，而其实，人们真正共享的只是某片刻的感触。"（杰克逊，1994，第162页）。

提供商品和服务

城市农业成了许多发展中国家的经济命脉。在英国，由于份田不允许直接销售食物，城市食物种植的商业价值被长期抑制。但是，城市农场和社区园圃没有这样的限制

条件。城市农业在某些时候能通过在商店、饭店、直销点、"盒装蔬菜"策略等销售蔬果和肉类从而产生客观的收益。另外，城市农场也可以通过经销店出售非食物类产品，如工艺品，或提供骑马项目（霍威和威尔，1999）。

支持当地经济

在过去几十年，英国食品零售巨头和郊外大型超市的崛起速度都非常惊人，相对的，小规模的当地食品店的衰落也同样惊人。加内特（加内特，1996）指出在1976年到1987年间，超过44000家食品零售店关闭（占到总数的31.2%），到了1988年，90%的食品销售中，只有2%是来自这样的小店。这些当地食品店的关闭留下了许多空置区域，特别是在城市中较贫困的街区，然而取而代之的只是些售价较高的食品店。

这个过程导致了一些让人震惊的结果：在美国，帮助贫困地区的一项法律已经被通过。根据库克和罗杰斯（库克和罗杰斯，1996）的观察，由于食品产业合并及其所谓"红线"条件（即超市在无充足回报或高犯罪率地区退出的行为，这在美国相当普遍），低收入消费者和小农民往往被这些大型农业生意网络、超市和食品销售企业拒之门外。这个问题促进了社区食品安全联盟的发展——它由125个扶贫和可持续发展组

织、食品银行、小农民和其他组织构成。这个联盟致力于建立一个食品生产和分配的代替系统，这个系统将有利于环境保护、社会平等与健康管理，并能通过本地化的管理来确保安全。这个组织已使《1996年社区食品安全法案》在议会中获得通过。这个法案每年提供大约200万美元的资金，来支持联盟的发展。这个数字虽然和1999年2599亿美元的军费开支相比微不足道（斯德哥尔摩国际和平研究院年鉴，2000），但却是管理者开始真正关注食品安全问题的第一步。

英国目前还没有类似社区食品安全联盟的组织或相关法案（见第6节）。然而英国主要的慈善机构土壤协会正在推进与"当地食物链"概念十分相近的理念，这是旨在通过很多不同的机制和经销办法来加强当地环保食物的生产者和消费者之间的联系，其中包括当地零售商、农场商店、消费者合作策略和箱装蔬菜策略。在布里斯托尔试点研究之后，土壤协会（后更名为可持续协会）从事了一个为期3年的，确保英国每个城镇的本地食品链策略的项目。可持续协会通过召集当地政府和卫生部门开展针对当地的可行性研究，并启动咨询服务和全国范围的总策略目录的编制。城市食品生产者非常有潜力加入这个当地食品网络，并作为正式或非正式策略的组成部分。可能的参与者包括城市农场、大型社区园圃和在城市边缘的地方自主

农场。地方自主农场是在第一次世界大战之后为了鼓励人们加入农业生产而设立的。这些农场有一定的生产规模，并能成为新入行者全面投入可持续农业的跳板。

和相对距离较远的生产者相比，城市食品生产者具有明显的商业优势，例如提供不易通过冷冻和传统储存技术保存的易腐烂产品，或可就近利用处理城市垃圾而产生的热量。索尔福德的塔式住宅是利用这种特殊能源资源的富有想象力的实例，人们在建筑物的楼顶上种植食物。谢尔菲德项目也计划用钢材厂过剩的热源来为基地内市场的园圃提供能源。这项技术将使为当地市场提供异域蔬果成为可能（见第9节）。

健康效益

饮食

营养学家和健康专家很早就开始研究人们饮食方面的缺陷，尤其是贫困人口。肥胖问题已在很多发达国家引起广泛关注，美国有1/4的人被归为肥胖。总体来说，这些发达国家的饮食都包含过量的脂肪和糖分，但是缺乏维生素、矿物质丰富的蔬果和富含碳水化合物的主食，如面包和土豆，这样的食物结构带来的后果众所周知——高发病率的冠心病、肥胖、高血压和中风。针对这个情况，英国政府的国家健康报告设立了饮食标

准，试图以此来控制这些问题。贫困人口的不健康饮食可更多地归因于缺乏与销售便宜的新鲜水果的零售商之间的联系，而并不仅仅是纯粹的无知。城市食物种植能切实地改善人们的饮食结构，因为人们尤其是低收入者可以获得新鲜的水果和蔬菜，英国现状已经有一些城市如此实施（霍威，2001）。坚持有机的生产方法也意味着食物通常不会受到杀虫剂和除草剂的影响，尽管城市内部一些受污染的土地仍会引起一些人的担心。

接触新鲜的当地种植的水果和蔬菜能使人们知道它们是在何地、何时以及如何生长的。这会唤起人们对食品生产技术的认知，并让人们了解到食品生产的相关知识，这些都能逐渐使得人们开始对非季节性的进口、加工食品产生质疑。促进连贯式生产性景观与城市农业，包括健康饮食运动，一方面能改变目前发达国家高脂高糖的饮食习惯，另一方面也能帮助贫困国家获取更多食物。

锻炼

除了改善饮食，食物种植可以为日益增长的锻炼需求提供出路，如健康专家们建议的，规律性的锻炼可以避免如肥胖和冠心病等健康问题。

心理健康

园艺活动长期以来一直是被用以治疗心理疾病的方法之一，英国的心理健康基金会在他们的《生活策略》报告中又一次证实了这一点（心理健康基金会，2000）。最近由佛罗里达大学（斯宾斯，1999）进行的关于包涵步行路径的连贯式生产性景观的研究表明，在植物园中散步本身即能减轻压力。这意味着，从事城市农业能带来健康效益。由于压力的有效释放也能间接降低公共医疗费用。

> 如该报告的作者之一詹妮弗·布拉德利（Jennifer Bradley）教授所说的，城市农业对于健康的意义是显著的，而公园与园艺也同样有这些效用。随着目前公园的经费日益困难，这项研究结果也为它们如何市场化提供了新的思路。

城市农业的障碍

城市农业的许多优点已在之前被逐一列举了，然而发展城市农业又有怎样的障碍呢？具体障碍大致可归如以下3大类：制度层面的、经济层面的以及技术层面的。

本地的障碍包括人为破坏、偷窃和资源缺乏（一般只缺乏资金与信息）（见第9节）。

城市农业和土地使用政策

城市农业对于全球范围内的许多贫困城

市至关重要（巴克等，2000；伊利斯和塞恩伯格，1998；斯密特，1996）。但是直到最近，只有一些富裕的工业化国家以及它们的决策层才开始考虑城市农业的潜在效益（加内特，1996；霍威和威尔，1999；海耶斯，1996）。

由于食物对于政治的意义非凡，因此全球开始将注意力投向城市农业便不足为奇了（米巴Mbiba，2001）。然而，尽管对食品生产和消费的关注度逐渐增高，研究城市农业与土地使用制度之间的衔接与融合问题的相关研究却少之又少。在新出现的城市农业文献中，城市食物种植与土地使用制度之间的关系着墨很少，这突出了该领域的研究有待进一步探索（霍威，2001；霍威和威尔，1999；马丁和麦斯德恩，1999；波奇库奇和库夫曼，2000）。

一个近期关于世界各地出台的管理城市食品生产的相关政策的研究表明，目前农业与土地使用制度与城市发展的融合度仍很低（米巴和范·维恩胡伊基恩，2001）。例如在美国，波奇库奇和库夫曼（2000）称，土地利用规划师对增加城市农业活动方面的意识现在仍很薄弱。虽然俄罗斯和加拿大的很多国土使用相关官员的确已经意识到城市农业的潜力，但他们往往由于预算不足而无法实施具体措施（维克勒，2001）。

这些结论意味着城市农业的土地使用问题应得到更多、更深的研究而不是目前这种状况。当前，城市农业已被普遍承认是一种非常有效的土地利用方式，所以迫切需要研究不同地区土地使用管理政策的实践活动，并让这些研究成果通过讨论与分析来进一步指导实践。

乔·霍威在2000到2001年主持的一个由英国政府经济和社会研究理事会（ESRC）资助的调查仔细考察了土地使用制度在管理城市农业、社区园圃和城市农场上所扮演的角色。英国所有的城市规划部门都接受了这项调查，其中有效回复为32条，占到全部回复的46%。其中一个结果表明37%的受访者表示他们经历过土地使用性质变为城市农业用途（或城市农业基地更变为其他使用）时产生的利益冲突，其中9%归因于这些土地的开发压力，尤其对于那些利用率不高的区域。18个部门表示还未遇到过城市农业与其他土地利用方式的冲突，这表明在大多数情况下，城市食品生产能够在城市中发挥效用并与城市和谐相处。

这项调查显示，尽管当前城市食物种植活动在英国广泛开展，但与城市农业相关的土地使用管理政策发挥的作用却仍然有限。一个解决此问题的办法是通过教育与培训相关部门的官员确保未来的政策制定不会因为缺乏知识而受阻。

许多受访者提出关于城市农业需要多少

土地（尤其是田地面积）的问题，并考虑怎样的回答对于当地政府及土地使用制度是合适的。由于目前城市食品生产需求不高，一些受访者更支持将某些潜在的城市农业基地用于其他用途。例如，一个部门可能声称某块基地的主要用途是居住用地，因为该区域在之前的发展规划中被定义为主要用于住宅建设。这样的情况意味着今后有关部门可能会为响应国家保护绿地的号召而使用棕色用地，这样做将可能与城市农业和开放空间的土地需求产生冲突。

经济回报和土地

几乎在所有的欧洲城市，城市食品生产都面临着其他土地利用方式的挑战，例如用于建设住宅、商业设施或工厂，这些功能会带来远远高于城市农业的经济回报。克服这个困难将会对城市食物种植的发展带来重要的影响。我们不能希冀经济层面的阻碍平白消失，相反地，我们更应该直面这些困难。而这个问题源于现行的经济体制只衡量了从土地开发上获得的直接利润，如果人们的这种价值判断可以改变，那规划管理方式也会发生变化，并可以指导新的发展方向。

棕色用地与绿色用地

棕色用地是指那些曾经用于工业或商业目的的土地，是现在城市土地开发的主要后备资源，也是未来连贯式生产性城市景观和城市农业在城市中发展的重要区域。鉴于此，这些土地未来是用于"景观"还是"建设"需要权衡利弊。在此过程中，需对不同的土地利用方式进行环境角度的听证，以确定不同开发活动的环境成本。在英国，目前已有一些试探性的动作，例如，在伦敦市区实行交通拥堵费（私人小汽车进入市区需要的费用），其次，还出台了允许当地政府为了环境受益而以较低的价格出售土地的政策。

因为发展仍集中于少数一些城市，绿色用地的扩展是不可避免的。尽管城市的密度在增加，但是如果城市农业的前景如我们确信的那般广阔，那么城市农业的发展必将在棕色用地与绿色用地中有一席之地。

促进城市农业发展的第一步是增强人们对"生态强化"的认识发展价值，并且我们希望把城市农业多样的好处组织成合理的原因，这将会帮助我们发展城市农业。

技术障碍

尽管关于低耗能的建筑设计的相关研究已有很多，包括关于在全生命周期内衡量物化能和过程能的案例（维尤恩，1997），但是支持城市农业的研究却少之又少。此现象可能是因为建筑环境专业的研究人员一向很少会与食物问题打交道。如果希望规划能将土地发展与公众利益相结合考虑，那么城市食物种植的价值将需要更为广泛的宣传。

技术障碍的例子包括土地污染，这是城市内部棕色用地的典型特征，因为这些地区曾经长时间作为工业生产用地使用。引进有机城市农业需要种植一些作物来测试土壤污染，来看看是否需要采取补救措施。此外，还需要进行水文调查，来检测是否有邻近非有机区域或污染区域通过地下水将污染带入有机生产区域。

抬高种植基床通常适用于限制由于土壤污染而需要输入土壤的数量。大规模的城市农业所需的用土量非常巨大，通常需要从邻近区运送土壤。这是衡量新的城市农业点可行性时需要考虑的关键因素。类似的问题将会出现于将道路转变为农田的情况，首先道路下面的土壤由于交通需要已被压得非常紧实，且多为砾石或底土，因为有机土在建造时就被人为去除了。其次，将道路转变为种植田需要清除大量沥青或混凝土，但这些材料还可作为其他建设的骨料使用。我们并不推荐直接使用道路材料去建造抬高种植基床，因为某些骨料可能会滤出有毒化学物质。

要实现可持续城市食物生产这一目标，仍有一些技术上或环境上的问题有待实践者和专家们解决。从可循环材料中"制造"土壤的实验正在进行，例如，磨砂玻璃。菲尔·卡罗（Phil Craul）的实验和许多传统的修复污染土壤的内容可以在威廉姆·托马森和金·斯拉维（J. William Thompson and Kim Sorvig）的书——《可持续景观建设》（Thompson and Sorvig，2000）中找到。这些问题今后将成为制约城市农业选址的因素。被污染土地对于城市农业和城市连贯式生产性景观的影响是不同的，对于包含慢行路径的连贯式生产性景观，其中的一些公园和娱乐场地可使用不能支持作物生长的土壤。

那些认为城市农业用地成本过大的观点并不足以成为我们放弃城市农业的理由，因为荷兰为争取建设用地同样付出了高昂的代价。当然，一个积极的规划系统仍然是必需的——它将整合生产性城市景观的各种效益并通过一些途径清晰地呈现出来。

参考文献

Bakker, N., Dubbeling, M., Guendel, S., Sabel-Koshchella, U. and de Zeeuw, H. (eds) (2000). *Growing Cities, Growing Food: Urban Agriculture* on the Policy Agenda, Die Stifung für Internationale Entwicklung, Feldading.

Cook, H. and Rodgers, A. (1996). Community food security. *Pesticide Campaigner*, 6 (3) 7–11.

Ellis, F. and Sunberg, J. (1998). Food production, urban areas and policy responses. *World*

Development, 26, 213–225.

Garnett, T. (1996). *Growing Food in Cities*. National Food Alliance, London.

Garnett, T. (1996a). *Harvesting the cities*. Town and Country Planning, 65 (9), 264–265.

Howe, J. (2001). Nourishing the city. *Town and Country Planning*, 70 (1), 29–31.

Howe, J. and Wheeler, P. (1999). Urban food growing: the experience of two UK cities. *Sustainable Development*, 7 (1), 13–25.

Hynes, P. (1996). *A pinch of eden*. Chelsea Green, White River Junction.

Jackson, J. B. (1994). *A sense of place, a sense of time*. Yale University Press.

Martin, R. and Marsden, T. (1999). Food for Urban Spaces: The Development of Urban Food. *International Planning Studies*, 4, 389–412.

Mental Health Foundation (2000). *Strategies for living*. Research Report.

Mbiba, B. and Van Veenhuizen, R. (2001). The Integration of Urban and Peri-Urban Agriculture into Planning. *Urban Agriculture Magazine*, 4, 1–4.

Pothukuchi, K. and Kaufman, J. L. (2000).The Food System: A Stranger to the Planning Field. *American Planning Association Journal*, Spring 2000, Vol. 66, 2, pp. 113–124.

Spence, C. (1999). Botanic Gardens Relieve Stress, UF researchers find. *University of Florida News*. Published at www.napa.ufl.edu/99news/greenspa.htm (accessed 26 August 2003).

Smit, J. (1996). Urban Agriculture: Food, Jobs and Sustainable Cities. *UNDP*, Habitat II Series, Vol. 1, Brussels.

Stockholm International Peace Research Institute Yearbook, 2000, accessed via UK Ministry of Defence web site at: http://www.mod.uk/aboutus/factfiles/budget.htm on 26 August 2003.

Thompson, J. and Sorvig, K. (2000). *Sustainable Landscape Construction*. Island Press, Washington DC.

Viljoen, A. (1997). *Low-Energy Dwellings and their Environmental Impact*. European Directory of Sustainable and Energy Efficient Building. James and James (Science Publishers) Ltd, 47–52.

Wekerle, G. (2001). Planning for Urban Agriculture in Suburban Development in Canada. *Urban Agriculture Magazine*, 4, 36–37.

城市农业与城郊农业的经济意义

詹姆斯·帕特

引言

城市农业如城市本身一样古老，尽管它对于城市和社会可持续发展的重要性直到最近才被一些国家和国际组织所承认。它是一种经济活动，目前全球出于经济原因从事城市农业的人口估计已达到2亿，非正式从事城市农业的人口估计达到6亿。联合国发展计划署（UNDP）开创性的著作——《城市农业：食品、工作和可持续城市》（斯密特，1996）明确提出了城市农业的三种经济效益：提供就业、增加收入及发展企业；支持国家农业和供应城市食品；土地使用经济。

本节提及的"城市农业（UA）"比本书其他部分更狭义一些。在本节中，城市农业是指小区域范畴，如道路的边缘、份田、私人或社区菜园及阳台等，这些小区域可种植作物和饲养禽畜以获得鸡蛋、肉、牛奶等，产品可用于家庭消费或出售。"城郊农业"是指紧靠城镇的，半商业化或完全商业化的农场或市场园圃，同样的，它们也可用于种植作物和饲养禽畜。城市—郊农业（UPA）是指上述两种现象。

关于城市农业经济的相关研究已有不少，尽管这些研究的内容仍然有限，并且关注点多在发展中国家或"南半球"，但是考虑到发展机构和非政府组织（NGO）的研究数量，城市农业的实践和发展主要在南半球就并不让人惊讶了。然而UPA是一个全球现象，需要在世界各地的研究与实施。UPA在北半球（不包括苏联解体之后的俄罗斯）的实践已不再是为了解决全国性危机，如在第一次世界大战与第二次世界大战期间的"复制策略"。如今，在发达国家，UPA被普遍视为治理环境退化或某些特殊问题的措施之一。而在南半球，UPA仍是众多当地家庭用以生存的手段。

对于城市农业在宏观经济层面上的研究显示，其对国家经济的贡献并不显著（见表9.1）。然而，城市农场收入相关的调查数据无法在不考虑不同季节、不同城市与城市内部不同区域的前提下一概而论（纽金特，2000）。关于UPA收入贡献的研究并不能准确地估计其食物产量，因为非正式的农业活动经常并不被计算在内。然而有一项研究结果显示，约30000名份田主在伦敦所生产的水果和蔬菜总量几乎与商业种植公司的产量相当（加内特，1999）。此外，在美国的一项对非正式园艺从事者的研究发现，151块农田的净总经济价值为每年160美元到178美元，其中单块地的净经济价值在2美元到1134美元之间变化（费城城市园艺工程，1991）。

UPA对就业作出的贡献极可能被低估了，原因之一是就业数据统计一般不考虑UPA的影响，另一个原因是农民们并没有把自己从事UPA视为一种"工作"。当试图计算城市农业市场的规模时，也同样会遇到困难，这是因为在市场中城市和乡村生产的产品被混在一起，如果没有特别标注，生产地根本无法确定（帕蒂斯，2001）。价格的衡

城市和城郊农业提供的食物　　　　　　　　　　　　表9.1

城市/乡村	城市农业满足的当地需求（%）	年产量（吨或升/天）
巴马科	100（园艺）	
达喀尔，1994/1995	70（蔬菜）65～70（家禽）	
哈拉雷	少量	
哈瓦那，1998		54100（蔬菜）
达累斯塞拉姆，1999	60（牛奶），90（蔬菜）	
雅加达，1999	10（蔬菜），16（水果），2（大米）	
坎帕拉	70（家禽和鸡蛋）	
加德满都	城市农民：37（种植物）11（养动物）	
拉巴斯，1999	30（蔬菜）	
塔尔瓦德，1999	少量	40000升/天
伦敦，1999		8400（蔬菜—商业）
		7460（蔬菜—小块园地）
		27（蜂蜜）
卢萨卡	使用土地人口：33（总数）	
胡志明市，1999	大量	217000（大米）
		214000（蔬菜），8700（家禽）
		241000（糖），27900（牛奶）
		4500（牛肉）
香港	45（蔬菜）	
新加坡	80（家禽），20（蔬菜）	
索菲亚，1999	40（牛奶），53（土豆）	
	50（其他蔬菜）	
阿克拉，1999	1（总共）	
上海，1999	60（蔬菜），100（牛奶）	
	90（鸡蛋），50（猪肉和家禽）	

来源：斯密特（1996）和纽金特（2000）。可持续，城市收获；在伦敦种植更多食物的可能性。

量也困难重重，这是由于价格会因市场和时间的不同而波动。

尽管城市农业目前对许多城市的食物需求作出了重要贡献，联合国粮食及农业组织（FAQ）仍发出这样的警告：在未来，将有12个"超大城市"（1000万以上人口）经历粮食短缺（FAO，1998）。

微观经济方面

模型与现实

在经济效用理论中，一个模型用来显示一个家庭会如何在一个给定的时期内，分配他们的劳动力及收入以使得有限的资源得到最大化利用。然而当考虑到城市农民既是UPA的劳动力，也是UPA产品的消费者时，一些因素会让这个分析变得更复杂。这些因素包括不正规的劳动力、不完善的土地市场、不可靠的市场信息以及某些尚不清晰的市场投入，例如信用、性别因素、风险预测和社会期望等。与UPA相关活动的决定能改变家庭的时间和花费分配方式。从劳动力供给的角度讲，如果UPA活动和其他活动相比会带来更高的回报，家庭将选择自己生产食物。从食品消费角度讲，当生产食物花费（时间和金钱）小于购买食物的花费时，家庭将选择自己生产食物（纽金特，2000）。

在效用理论范畴内，根据函数变量的不同有很多不同的模型。收入最大化模型是关于收入值的函数；对于反风险模型，不确定性是一个重要参数；反苦力模型不考虑劳动市场因素；在分成租模型里，作为生产性资源的土地的获取是通过非市场机制的；最后，农场家庭模型中的效用值是由产量和时限决定的。这些模型对于分析现实情况下的UPA的不同方面都具有实际参考意义，但是，UPA面对的现实问题要远比理论复杂。（读者可以参考关于农场家庭的文献，以进一步了解效用模型。）

UPA的动机

针对南半球城市农民从事UPA动机的调查将动机要素根据受访者认为的重要性进行排序（纽金特，2000）。三个动机在排名中位居前列，它们分别是为满足家庭消费而生产、为增加收入（或代替支出）、为应对经济危机以及过高的市场产品价格。这个排名与北半球的情况不同，但是部分动机却是一样的。

UPA可以在危机与食物短缺时期确保食品供应，不论是国家危机，如战争，或家庭危机，如失业。（读者可参考古巴的案例）UPA也能应对由于一些慢性因素给食品安全带来的危机。即使在一些相对富裕的国家，如英国，城郊超市在20世纪80年代到90年代的急剧增加加速了小型的当地商店数量的减少。这样的结果导致了相当数量的人，尤其是在贫困区域，没有能力承担足够新鲜且营养的食物，只能更多地依赖于价格过高的，含有大量盐、糖和脂肪的加工食品（卡罗尔，1998）。

南半球的贫困家庭收入的50%～80%都用于采购食品，但仍然遭受着食品不安全的问题。由于20世纪80年代和90年代的政策结构调整，生活补贴和价格调控被取消，这导致了一些食品价格迅速上涨（纽金特，2000）。即使回到一个更加稳定的微观经济环境，很多家庭可能会继续从事UPA，这也许反映了他们想要规避食品不安全问题的意愿。

城市与城郊2/3的家庭可以从事UPA，并且通常作为女性的非正式工作，她们可将UPA的工作与照顾孩子等家务相结合。城市农民并不是最穷的城市居民，而是在当地居住很长时间并了解当地生产方式，尤其是土地使用方式，并已经熟悉本地市场的人们。

在非洲一些国家的研究发现UPA活动给当地居民带来了可观的收入。德雷舍（Drescher）（1999）发现在卢萨卡的家庭园圃能产生的收入大约相当于1992年当地一般工人3个月的收入，但是，这种收入具有季节性。在俄罗斯，一项调查发现在1995年，在3座城市农民由食品生产带来的收入占到总收入的12%（赛斯，1998）。纽金特（2000）指出了很多可以决定UPA净收入的因素，包括耕作、基本投入的可行性和额度、产量、市场渠道、存储能力、交通、加工和保存以及价格。将从市场购买的产品替

换为家庭种植产品为家庭带来了替代收入，这个是从事UPA的一个主要因素，但是这类活动一般都是非正式的。

UPA为未就业、暂时失业以及长期失业的人提供了新的工作机会。UPA所解决的就业数量在达累斯萨拉姆位居第二（联合国人居中心，1992）。但在高密度的，商业化的城市边缘几乎没有能获得报酬的UPA相关工作（纽金特，2000a）。

农民从事UPA也可能是出于宗教或文化原因。例如，在开罗，穆斯林将会为节日或葬礼的宗教仪式而饲养小型家畜。

即便在南半球相对富裕的家庭，对于食品安全风险的认识将会使得他们将从事UPA看作是一种保障类的活动。在胡布利达尔瓦德居民把水牛作为"储蓄金"，在经济困难或危机时出售。同时，水牛也可以为当地家庭提供新鲜的牛奶，它的粪便可以用作燃料和肥料（纽金特，2000a）。

食品种植同时可以用以作为治疗及休闲活动。和其他工作比起来，北半球国家的休闲种植活动并不能带来什么经济效益。然而，如前所述，赚钱一般并不是非正式食物种植行为的动机。在北半球，非正式的城市疗法参与、娱乐、联系和家庭新鲜食物的供应是生产活动的主要原因（帕蒂斯，2001）。

供应

大多数南半球的UPA生产的投入要素和影

响因素都是在城市市场经济范畴之外的。UPA是一种非常经济的用地方式，其原因是：可由临时可用的土地带来收入；相关技术只需要相对小的空间；能产生一定的工作岗位。对于城市农民来说，UPA的最大障碍是获得土地。

一个区域如将用作商业UPA活动，其可行性依赖于很多因素：土地质量；对于自然或人工的微环境包括温室和蔬菜大棚的运用；种植作物的类型；植物与动物的混合；市场价格（包括乡村地区和海外地区的产品）；其他投入水平（包括劳动力和化肥）；还有作业点到城市市场的距离。在英国，具有"有机盒子方案"商业可行性的区域范围预测在1～4hm^{2}之间变化，这主要由作物在苗圃床的种植密度或土地规模而定（土壤协会，2001）。

土地如果是根据临时性规定被租用，或非正式地获得的，通常被称为土地"用益权（usufruct）"。城市农场土地使用的一般机会成本较低，这也使它在货币范畴里贡献较低。当土地的机会成本上升到足够水平，土地将更多地被用作其他途径而不是UPA。这个事实抑制了对于土地农业使用的投资或全部使用投资，这意味着需要适当的政策来改善土地的获得及安全保有期。

用益权增加了从土地中得到的可用租金的总量，为公共和私人机构增加了额外收入。UPA活动也能减少公共和私人设施的维护成本（斯密特，1996）。

UPA和城市食品企业在北半球的关键问题是缺乏熟练的劳动力，或过高的薪金成本。在某些情况下，这导致了资本集中的生产机制模型。在南半球，UPA使用相对低薪酬的劳动力，除了农忙时期。例外的地方有雅加达、哈瓦那和上海，这些地方有当地机构的强大支援以及发达的商业部门（纽金特，2000a）。

规模大的城市农场企业相比于小规模企业平均生产成本更低。规模的经济性会为企业带来一定成本，但也因此能使其在市场内具有价格或盈利优势。然而，这在城市环境下并不总是适用，大型企业可能会遇到经济不景气而造成的压货，或在一年的某些时间点出现大量的剩余。我们在其他地方注意到小的经销商，对消费者的品味往往更为敏感，并做出更好的回应，他们专注于高价值的产品，并且较少需要拿报酬的劳动力、高资本和基础建设。

农民合作社可以从有组织地开展活动和规模经济中受益，这是单独行动很难实现的。营销、融资，还有技术援助可以通过这样的合作来提供，它还可以为农民或企业确保一个具有一定质量标准保证的市场。

UPA企业的内部经济成本包括如劳动力的薪酬以及植物和种子的采购与运输费用。北半球新的UPA企业如想有效地与现存城市和乡村企业竞争，可能需要很高的起步成本。UPA节约成本的形成并不总是通过"内化"，并可能需要很多年的积累，因此，节约成本的数额有可能会大打折扣。

比较优势

UPA的相对优势存在于这种情况，即由于某种供求条件，某种商品除了由UPA为市场提供外，其他途径将无法获得或极其昂贵。

城市生产者可以通过使用城市中未被充分利用的资源来获得更高的效率，如闲置土地、城市堆肥和失业劳动力。UPA的生产力可以高达乡村农业的15倍，尽管产量可能受到投入不足、技术和政府支持欠缺的影响（粮农组织，1998）。

因为大多数食物都是最为基础的商品，因此它有一个相对稳定的需求量，这减少了其生产和销售的风险。城市农民另一个相对优势即专门化生产或市场（如高价值或有机），UPA的专门化活动通常是其唯一或主要的收入来源。

与市场接近的农民可以快速适应消费者变化的口味和需要。更大的反响性和可获得性通常能提升产品的质量和营养价值（琼斯，2001）。生产者距市场近，意味着更少的运输、存储冷藏设备和基础设施需要，同时这也意味着更好的沟通、供应控制和产品质量。对商业和家庭园艺者来说，与市场接近意味着节省时间、精力并减少开销。然而，在北半球，一些城市农民，也许因为历史原因，会通过全国的分销系统为批发商和零售商供货，由此，任何的成本及环境优势都将丢失。

市场进入、需求和价格

非正式和小规模的UPA对于参与者来说是相对容易进入的。农民开始时只需较少投入、有限的技术知识以及租金较低或免费的土地。这个阶段的生产力会相对较低，但随着时间与投入的增加会逐步得到提升。因为土地的花费、机械和劳动力及其他必要的花费，在北半球想要以商业形式进入市场很难实现，这些都是市场进入的重要阻碍。

其他在南北半球发现的进入UPA的障碍包括土地的获得及保障、相对稀缺的劳动力、不成熟的劳动技术和不发达的下游活动（加工、储存、市场等等），还有来自进口食品的竞争。产品运输到市场的费用也是决定其经济可行性的一个主要因素。

对食品的需求量不会随价格或其他方面的变化而有太大波动——也就是说，它属于刚性需求。这表明，即使经济低迷，在城市中，农民还是可以为他们的货物找到市场。但是，由于食物之间具有很高程度的可替代性，所以对某一种食物来说，需求量是具有弹性的。因此，在经济低迷时期，乡村地区生产的、便宜的且更为普通的产品如土豆、玉米，将会有需求量上的大增，而对于那些由城市及城郊农业生产的更高价格作物，如沙拉蔬菜和新鲜香草类，需求水平会持平或下跌。

在南半球，为城市与乡村生产者建设的市场通常情况较好，尽管其规模与产品种类可能随着季节变化很大，并且会受到其他因素影响。而在英国，"城外"超市数量的增长导致了城市市场数量大幅下降。然而在最近几年，销售家庭生产商品的传统城镇市场及女性机构市场和现在所谓的农民市场的数量及规模都有所增长。这很可能反映出了消费者支持当地经济和农民的愿望，以及对食品匮乏和全球化的食品经济的回应。

城市市场产品的价格通常由产品的供求关系来决定。在一年之中，产品价格会因季节性供应量的变化而波动。其他影响价格的供给因素包括每年的相对产量、城市基础设施、农业发展水平和支持力度。对需求的决定因素同样影响着价格，这包括乡村产品和进口产品的相对价格、家庭收入和消费者的口味。

宏观经济方面

一个行业对总的或宏观经济的贡献是通过商品的数量与市场价值即商品价格的相乘而计算得出的。然而，正如在引言中提到的，在城市农业中，官方数据往往并不准确，因为大多产品并不在市场中出售，而且其价格也不易确定。相关研究或是预测了总的价值及产出总量，或是预测了城市对于UPA生产食品的需要（见表9.1）。尽管具有一定指导意义，但这些预测并不具有严格的可比性，因为它们的时期不同，使用的方法也不同，并且看起来是针对不同的商品的（纽金特，2000）。

一个在低收入国家某城市的统计发现，

40%～70%的家庭预算被用在食品和燃料上，最贫困的居民将60%～90%的家庭预算花在食品和燃料上（纽金特，2000）。这表明，UPA通常将会对城市的总需求或生产总值作出重要贡献，会通过带来产出和收入对城市经济产生乘数效应，这种效应并存于相关产业（例如工具制造、储存和价格）或无关产业。

对于UPA及城市与乡村的联系系统发展完善的地区，食品价格会较低，其原因包括改善了供应系统的低效率，减少了供应系统的投入，以及由于家庭生产产品替代市场产品而减少的家庭需求总量。与全球化的企业的垄断相比，一个区域规模里拥有众多小型生产者也会使食品价格降低。

发展良好的城乡联系与UPA可以有效地缓冲来自国内或外部的经济"冲击"，如之前所述的20世纪90年代的古巴与俄罗斯。这些缓冲作用保障了国民食品的安全性并对城市的适应力和可持续性作出贡献。

UPA的外部经济效益包括多门类的成本节约，包括垃圾管理。UPA循环使用有机废物的能力降低了当地政府垃圾处理与填埋的相关花费。通过减少雨水排放基础设施及管理的投入，减少了当地政府或其他私人机构的相关经费。土壤将会更长时间地保持水分，尤其当土壤中的有机物含量较高时。相比之下，表面硬化的地面会导致水分迅速流向排水管道，并极可能导致洪水破坏。其次，可持续性的UPA活动可提高空气质量，从而改善居民健康状况的和劳动力水平，这降低了个人及政府健康部门和公司的相关成本。

UPA活动的外部成本包括用于土地污染治理与修复的化学药品的投入。用于处理被杀虫剂或其他农药污染的水的处理设备耗费巨大。UPA外部成本也会包括与运输相关的活动花费（车辆废气排放或污染），尽管这些远比进口食品和空运食品在运输上的花费小得多（琼斯，2001）。与从更远地方来的或不可持续系统中生产的同样产品相比，与UPA相关的外部成本和效益在市场中的内部化将会给可持续的城市和城郊生产带来额外的比较优势。

政策结论

UPA在宏观经济上的影响将会加强食品的安全性，降低食品价格，增加就业机会，并对相关的工业做出贡献。尽管相关实验证据并不完整，但仍有不少事实可以支持这些影响。

在城市农业不发达的地区，城市农业及专门化种植具有需求导向的机遇，如对于高度易变质的产品、专业牲畜和鱼养殖（加内特，1999）。然而，需求导向需要与针对贫困地区的供给导向相协调，以平衡社会不同群体之间的产品获得能力和购买力。

公共部门的本地食品采购政策（医院、监狱、学校等等）可为UPA的发展提供强大的推力。考虑到这些部门需求量很大，产品需要具有价格和质量优势。

价格合理的土地与水资源的供应是UPA在城市中发展的基本条件。在一个支持UPA的框架下，需要保护UPA的政策来保障城市农业土地的使用年限。在英国，可以采用修订关于份田、城郊农场和其他为食品生产提供的城市空间的规划政策导则（PPG）。

规划管理和指导应考虑城市农民投资修缮或更新设备，发展加工、储存和包装设备的需要，这样使得他们可以为他们的产品"增加价值"，并提高他们的营业额和收入。

和其他行业一样，UPA的发展依赖于城市基础设施的建设，包括交通系统、公共用水管理系统和其他服务设施，如劳动力和产品市场。如果这些基础实施不存在，维持和提供UPA可能需要很高的代价。政策应鼓励小规模的、不昂贵的系统设计，用以解决城市中的关键弱点。这种需要相对较少的投资系统可以大幅增加城市农民的生产和生存能力。

区域、国家或国际政策需要一些改变以克服结构障碍及食品供应系统中扭曲的市场影响。潜在的新参与者将受到内部化的外部经济成本与收益的鼓励，操作可持续的生产模型。适当的标准、激励政策、津贴、税收和规范可被用来内化外部成本和收益，并转移利润来支持可持续性实践，以及在城镇中或城市周围鼓励当地食品工业的繁荣。例如，航空燃料税将有助于反映实际的社会经济成本，并凸显出家园附近种植活动的优势；与此同时，针对有机产品的津贴可以降低由于需要生产不受杀虫剂和人工肥料污染的洁净水而产生的经济成本。

图9.1　伦敦铁路高架桥周围的小块园地。毗邻铁路的土地往往提供了一个连续的开放空间网络，这个网络可以与城市农业连续

案例研究9.1　英国伦敦的城市收获项目

Sustain是一个由许多公众利益组织在英国组成的联盟，它在1998年发起城市收获项目，以检验UPA在伦敦的性质，并鼓励居民种植食物。这个项目响应了在英国寻找城市农业效益的城市食物种植项目。城市收获项目组织了一个本地食物节日来鼓励在伦敦或附近种植作物，并进行关于现有城市农业诸多方面的研究，包括城市农业对于伦敦未来食品安全和可持续发展的贡献潜力。

研究发现伦敦的"生态足迹"预计是其面积的125倍，其中种植食品作物占到大约40%。伦敦的居民、游客和工作者每年消耗240万t食品并产生88.3万t有机废弃物。尽管大多数被消费的食品来自乡村地区和其他国家，食品工业仍对伦敦GDP作出重要贡献（大约1220亿美元），并提供了11%的工作岗位。

大伦敦约有10%的土地为农场，其中500hm²种植水果和蔬菜，并且有大约3万个活跃的份田种植者，以及大约1000个养蜂人。总的来说，商业种植区的面积正持续减少，其原因包括发展压力、劳动力稀缺、高昂的薪酬、针对一般农业政策津贴的系统的不公正，以及来自进口物资的竞争及规划限制等。商业耕作区

图9.1

域主要分别在伦敦东北部的利亚河谷区。

利亚河谷区是低工业化园艺区的典型。这里曾经以食品生产而繁荣，但在战后变的萧条，现在仅有占地120hm²的温室用于食品的生产。但是，它具有很高的生产力，有大约200家种植公司，规模从少于1英亩（1英亩约含4046.856m²）到20英亩不等，生产通常是自动化和水培的。这

图9.2　英国典型的份田

图9.2

些公司向全国批发商和超市销售产品。

　　通过重新发展及改善如利亚河谷案例的伦敦剩余的商业化城市农业，可以使行业朝向多样化的可持续系统发展。向有机的绿色农业的转化和可持续社会性企业的发展以及为伦敦当地的市场生产产品，例如农贸市场、餐馆、合作社，可以利用现有的基础设施并且改变生产模式。但是为了实现这个目标，一些障碍必须先被克服，例如通过共同农业政策和政府项目鼓励有机种植；通过改变政策来阻止城市周边的不适当发展；允许将农场分化为较小的且灵活多样的资产；通过内化外部成本使食品价格反映其真实成本，并使当地市场的销售更受欢迎。

图9.3 布基纳法索的一个蔬菜市场

案例研究9.2 研究布基纳法索瓦加杜古家庭园圃的经济成本及其影响的博士论文

瑞士巴塞尔大学的西比尔·格斯尔（Sibylle Gerstle）研究了在布基纳法索瓦加杜古的家庭园圃的经济成本及其影响。这项研究在2001年5月完成，格斯尔选取了三个不同社会背景和经济结构下的总人口群体及家庭园圃种植者作为研究样本。在论文中，格斯尔同时考虑了家庭花园的经济维度与家庭花园从事者健康状况的潜在联系。

布基纳法索是世界上最穷的国家之一，人均为国民总产值240美元，并且5岁以下婴儿的死亡率为21%。布基纳法索的首都瓦加杜古有75万人口，平均人口增长率为6.8%。那里有48个家庭园圃基地，规模不一，且随季节而变化。

图9.3

格斯尔研究中的一项结果表明，无论在旱季或雨季，家庭园圃从事者的月平均收入都比进行其他任何活动要低。这一发现是不寻常的，因为在非洲的其他研究［泽勒 1999（巴马科）、塞维欧 1993（达累斯萨拉姆）、埃滋巴尔1994（亚的斯亚贝巴）、莫基奥特 1999（洛美）］发现，城市农民的收入都高于平均水平。然而，一个以获得蔬菜的价格为基础计算而得的间接收入预测要比从其他三个地点的直接预测高。另外，在所有三个地点，家庭的旱季平均月收入要高于雨季，不同地点之间收入变化的原因包括灌溉用水质量和作物模式。

对于总人口群体，超过一半的可预见的开支是花在食物上的。在雨季从事园圃种植的家庭在食物上的开支会比其他家庭低，而在旱季，他们的花费相当。因此，家庭园艺对一个家庭在确保食品上的贡献即"可替换的"收入主要是在雨季，反映出季节和气候因素在瓦加杜古对城市农业者来说十分关键。

针对人口的健康状况，最常见的疾病是疟疾、胃肠疾病和呼吸道疾病。研究发现平均生病的时间在从事家庭园圃种植的家庭中与其他家庭是相同的，更令人惊讶的是，人口健康状况与他们的社会经济地位之间并无相关性。因此，家庭园圃种植相关的健康风险并没有找到证据，并且较低的月开支和收入以及低支出覆盖率并不与家庭农业从事者的健康状况直接相关。

参考文献

Blair, D., Giesecke, C. and Sherman, S. (1991). The Philadelphia Urban Gardening Project, *Journal of Nutrition Education*, 23, 161–167.

Caraher, M., Dixon, P., Lang, T. and Carr-Hill, R. (1998). Barriers to accessing healthy foods: differentials by gender, social class, income and mode of transport. *Health Education Journal*, 57(3), 191–201.

Drescher (1999). *Urban agriculture in Lusaka: case study*. IDRC.

FAO (1998). *Feeding the cities, Sofa report*. FAO.

Garnett, T. (1999). *City Harvest the feasibility of growing more food in London*. Sustain.

Jones, A. (2001). *Eating oil: food supply in a changing climate*. Sustain.

Nugent, R. (2000). The impact of urban agriculture on the household and local economies. In *Growing Cities, Growing Food*, Deutsche Stiftung für internationale Entwicklung (DSE).

Nugent, R. (2000a). *Urban and Peri-Urban Agriculture, Household Food Security and Nutrition*. Discussion paper for FAO-ETC/RUAF electronic conference 'Urban and Peri-Urban Agriculture on the Policy Agenda'.

Petts, J. (2001). *Economic costs and benefits of UA in East London*, Sustain.

Seeth, H., Chachnov, S., Surinov, A. and Von Braun, J. (1998). *Russian poverty; muddling through economic transition with garden plots*. World Development No. 26.

Smit, J. (1996). *Urban Agriculture; Food, Jobs, and Sustainable Cities*. UNDP.

Soil Association (2001). *A Share in the Harvest*, Soil Association.

UN Centre for Human Settlements (1992). *Sustainable Cities Programme, Dar es Salaam: Environmental Profile*.

10

改变消费者的行为：农贸市场的作用

妮娜·普朗克

首先，介绍一些关于伦敦农贸市场的背景。我在美国弗吉尼亚州的一个农场长大，并一直在那里卖农产品。我的父母也在农贸市场谋生。那里的农场种植水果和蔬菜，然后在华盛顿特区附近出售。

我们1979年开始办农场时，学到了第一课——因为我们在农场附近小镇的路边生意并不好——我们意识到必须要去华盛顿与其他农民聚在一起，并在农贸市场中销售各自的产品。你必须要到有人的地方去。现在，城市农业便展现出这一魅力——需要购买农产品的人们已经在那里了。但我的经验是让农民们进入城镇，通过其他农民和来自其他地方的人们的共同在场而获利。4小时中，经过这里的人们要比经过农场大门的多得多。所以我的目标是增加这些农民的收入，为城市居民提供新鲜食物，并让这一过程商业化运营。

伦敦农贸市场的规则是：所有农产品的生产者必须来自M25的100英里（1英里约合1609.344m）之内，或是说所有食品生产都在100英里以内进行；必须是亲自生产的；并且生产者必须亲自来市场销售。很多在英国的其他农贸市场，比我们伦敦农贸市场更小、更集中。他们要求所有的农民来自周围20至30英里或50英里内。像伦敦这样规模的城市，我们并不认为限制区域对于给伦敦提供农产品的农场来说有什么意义。同样，去建立不存在的城郊农场也没有意义。

在2002年，我们经营了12个一周一次的集市。我们想要利用这些市场做更多事情，我们的一个目的是可以提供更多的当地食品。在这里我说"当地"有两层含义：第一，我们的农民都离市场很近。目前，大多数农民都是在离市场少于50英里范围内种植他们自己的作物，所以在英国，我们经营的集市中的农民都有距离上的优势。第二，更多的当地食物，这意味着进一步收紧伦敦农贸市场原本关于产品需使用本地原料的管理规定的某些例外情况。例如，我们只允许面包师自己去买面粉，今后可能会一直这样。面包师是唯一一类不需要使用100英里以内原料的生产者。然而，有很多农场正在这个国家的商品市场中挣扎着。我们擅长种植谷物。欧盟谷物出口市场基本上是虚假的，因为政策上对此有很大的优惠。因此，如果我们想要让农民通过生产可以得到经济上的利益，不仅仅是付薪水让他们种植树篱，而是让他们的目光投向更多不同的市场。我见到这里的一个很大的用本地原料生产的牛奶什锦市场，之后这些牛奶什锦用于烘焙食品，并采用本地或其他地方的面粉制成。

带来更多有机绿色食品是我们的另一目标。大约3年前，当我第一次开始和人们在这谈论农贸市场时，获得了两类人的支持——本地食品生产者和认可有机绿色食品的人们。这是一件让人欣慰的事，这意味着我们将会得到很多来自政府的对农贸市场的支持。然而，我并不认为我们应该在有机食品或是当地食品的理想化、纯洁化的相关问题上牺牲某些农民的利益。这就是为什么我将伦敦农贸市场的取材区域设立得更宽泛一些的理由，我认为应该是100英里，这也是为什么我不认为农贸市场应该只对有机食品种植者开放的原因。所有的农民都应该有机会直接与公众接触，这样他们可以知道公众需要什么，也会有机会赚取最大的利润。我们不应该将传统农民排除在外的第三个原因是：如果他们在进行直接销售时对生产方式做任何改变，那么这些改变必然是朝有机绿色农业发展的。因为你绝不会遇到这样的消费者，他说："我很喜欢你的胡萝卜，但我希望你使用更多的有机磷酸酯类化肥。"

第四个不应该排斥非有机类食品生产者的原因是：有很多的绿色农业实践，尚不足以被定义为有机绿色。我希望农民们能为这样的绿色产品找到销路，而农贸市场就是一个很好的途径。我自己家在开始的时候几乎不用化肥，但还是会使用一些化学物质。接着我们停止使用任何化学物质，但我们没有选择将我们的农场定义为有机绿色农场，因为我们有了一种海水化肥，但弗吉尼亚认证标准和现行的美国认证标准都不允许使用这样的化肥，而我们情愿继续使用。我们认为这种化肥带给我们健康的植物和美味的蔬菜，这对我们农民和消费者来说都是有利的。我们不认为认证标准对我们来说是正确的。然而我们在直接与消费者在农贸市场的接触中得到溢价，并且他们表示对我们种植食物的方式感到满意。

我认为有足够的空间让数以千计的绿色花朵绽放。我可以很高兴地说有很多伦敦农贸市场的农民们正在走上有机绿色农业的道路。"我们的水果没有使用杀虫剂"这是比以前更加流行的标语。要记住，农民们有很多原因走向绿色农业。一些农民关注他们自己的健康，一些农民关注价格的越来越好，一些农民关注着环境和消费者的健康。在农贸市场中，所有的这些动机在不同产品、不同农民和不同消费者之间相互博弈。

我们希望看到更多运营良好的城市农场。有许多城市农场，他们拥有价值高昂的土地。但我认为，他们通常仅仅只是把这些土地用于教育。我很愿意看到那些农场能够生产农产品，然后卖给当地人。我知道在莫顿的迪安城市农场，还有我们的温布尔农场附近，大约有5英亩的耕地没有种植任何作物。那可是相当昂贵的土地。我知道这个城市农场每月会有5000英镑的酬金，但它不去生产任何可以出售的产品来增加收益。我还知道这块土地如果可以发挥种植商品作物的作用，那么假定每周只销往2个市场，就能赚取1000英镑，而这还只是保守的估计。

让我来向你展示需要多小的土地就可以获利。我的一位朋友在雅典的格鲁吉亚买了一个农场。第一年，他拥有半英亩的作物，制定了一个"箱子"计划，并参加每周一次的农贸市场。他雇用了一个兼职员工，作业季节是3月到11月，比在英国短很多。第一个夏天他的总销售额是半英亩20000美元，他将这些钱用作了农场的再投资（他在冬天做木匠）。在第二个作业季，比第一作业季少了2个月的时间，他用一英亩的土地带来的总营业额为30000美元，有10000美元的利润。安德鲁种植的作物有切花、罗勒、芝麻菜、四季豆、甜辣椒和其他一些蔬菜——这些都是量小、价值高的作物。我们希望看到城市农场也能种植这样的高价值作物。

我们还有一个目标是希望伦敦农贸市场能够容纳来自更多文化群体的消费者、生产者和食物。当然，所有的食品都会是当季和本地的。这种市场在美国发展得很好，且大多是自然发生的。中央政府并无相关政策来干预来自老挝苗族的生产商，在马萨诸塞州或威斯康星州种植他们自己的特有产品用以在城市农贸市场中销售。这些都是自发的——首先，是"少数民族"的消费者来到农贸市场，询问一些特定的农产品，接着那些"少数民族"的农民们开始种植这些消费者所需要的产品，接着，另一些少数民族生产者说道："我们为什么不种植这些特定的产品来卖？"，也许有其他的原因来鼓励他们进行生产。但重要的是，这是自发的，因为这里是一个市场，市场有促成人们互相买卖的魔力。

这样的情况发生在美国所有的农贸市场：在加利福尼亚州和德克萨斯州有墨西哥的农民和消费者，在东北部有亚洲人，在华盛顿有黑人。我们在华盛顿的一个市场中，那里的消费者大多是黑人，我们了解他们喜欢吃什么，并且习惯怎样吃。我们了解了羽衣甘蓝和其他的多叶芸苔，如芥末，这是南部地区的传统食物，我们了解到人们喜欢在吃了太甜的东西之后吃这东西。

在伦敦，东部有一个孟加拉妇女合作社。她们在那里种植蔬果，这像大多数女人所做的有趣工作一样，她们并不只种植足够自己食用的量，还会种植多余的蔬果。所以我认为，多种一点蔬果是因为在陶尔哈姆莱茨有一个农贸市场（在2002年4月开张），而周围的居民大约70%是孟加拉人。

最后，我们希望看到更多对于废弃土地和建筑的利用。我在城市农场方面提到过这些——看着未被使用的空旷空间让我疯狂。在哈瓦那种植项目的蓝图中，你会看到任何一片小空地都种满了蔬菜。在伦敦则有很多

空间。它是欧洲建筑密度最低的城市。我们的传统习惯让每家人都在自己的房子后面留有一块园地。但在我的设想中，它不应该仅仅是花园。它是在角落的公共空间。如果我们在英国使用巴塞罗那的城市公园模式将会很有趣。我并没有去过巴塞罗那，但我明白，在那里没有大型的绿色空间，而是有很多小巧的、精致的城市绿洲，人们可以坐在里面。这是一种城市开放空间应用的新模式。我希望在英国看到同样的空间处理方法。

所有这些目标都有一个共同点。在伦敦，联系这些目标的纽带和优势是一个现存已被人们熟悉的销售本地食品的系统。不仅仅是我们的市场，伦敦农贸市场还组织了10个每周一次的集市，还有其他类型的市场。例如，在萨瑟克区自治市镇的高质量食品市场。那里有出售当地食品的论坛。我曾经常看到当地种植项目的创始人无处销售他们的产品，他们要么只是为自己种植，并且拿出一小部分来卖，要么是没有资金维持下去，也因此没有收入。我认为零售是解决这些问题的方法。

我们非常高兴看到份田的种植者之间形成合作，共同在伦敦农贸市场出售他们的商品。此外，份田的产品进入市场将会促使当地政府践行法定政策，和履行规划指导17项要求的义务——当地政府要宣传和鼓励份田的生产。

人们对本地食物的需求量是巨大的。需求无处不在。我们无法满足这些需求。我们没有农民。我们花费了1/3精力去招募农民。我们正在为此努力。我们不需要做的事就是去寻找消费者。因为消费者就在那里。任何本地种植项目都会找到自己的出路。

社区园圃和城市农场的社会作用

杰里米·埃尔斯

英国有自己的城市农业模式吗？如果和古巴或一些非洲国家相比，那么答案就是没有。但是我们确实有一个蓬勃发展着的社区花园网络，城市农场、学校农场、份田和社区经营的种植项目，这些都组成了城市食品种植，参与到这些行业的总人数大约接近人口总数的10%。

这座城市可以用作生产性食物种植的土地在第二次世界大战期间就已经发挥过重要作用，当时，大面积的城市公园、花园和休闲用地被转为食物种植用地。然而，从1950年开始，"家庭种植"食物的重要性下降，因为超市和全球运输导致食物总量增加。

什么是社区园圃或城市农场？

首先我们以定义社区园圃和城市农场开始。这些都是由当地社区团体管理的当地项目。他们有时会成为政府的经营伙伴，但他们的本质特征是当地居民的高参与度。他们大多存在于高楼林立的地区，因为那里存在对社区绿色空间的需要。

城市农场也被称为都市农场、儿童农场或社区农场。份田并不总是社区管理的，目前使份田集体逐渐脱离当地政府管理的活动有增加的趋势，其目的是让管理权利由"法定"部门（法律保护）转向社区主导部门。在份田运动中，有意识建立社区管理的群体的数量也在增加，他们采取创新性的管理策略来带给社区更多的利益，从而让他们获得更多的支持。

没有"典型"的项目，因为每个项目都是根据当地条件和社区发展需要的特定项目。这些社区管理的项目可以提供广泛服务，来满足当地社区的需要。

所有的社区园圃和城市农场项目都由当地管理群体来经营，并且是自发自愿的。管理群体接受来自社区各个年龄各个领域的人群。

大多数项目提供食物种植活动、相关培训课程、校园访问、社区份田和社区生意。另外，一些项目还设有娱乐设施和体育设施以及为居民提供课余和假日的计划。

社区园圃或城市农场带来的好处

社区园圃和城市农场十分灵活，并且可以适应当地社区需求的变化。他们的共同点就是可以鼓励社会群体的参与，并且增强社区的可持续性。可以通过以下途径：

（1）对社区管理的绿色空间的创建和管理活动。

（2）个人发展——通过为人们提供多样的参与活动，学习种植满足自己及他人需要的食物，并让他们扮演管理角色。

（3）社会包容和凝聚力——为人们提供可以接触不同背景的人群和扩展交际网络的活动。

（4）强化和再生城市及其他社区——通过让人们加入社区活动。这样的参与培养了社区居民的自豪感，建立了社区的独特性，鼓励人们参与到公共事务中去。

通过社会群体的参与，社区园圃和城市农场帮助人们学习技术，获得自信。参与社区园圃和城市农场并不需要费用，这增强了人们参与进来的潜在可能性。

布拉德福德城市农场

一个由年轻人进行的工作项目，特别是从亚洲社区来的年轻人，这里显示出农场与种植活动带来的好处。

"你不必坐在桌子后面"农场经理罗布·达科（Rob Dark）说："去学一些以后在你生活中有用的东西！我们与年轻人一起做许多事，包括那些辍学的孩子，并且让他们发展成为一个成功的'预备工作者'，同时，我们也为即将毕业的学生准备实践项目。这里的耕作与种植活动和国家设立的课程之间有很多的联系，当地学校的学生都是这里的常客。"

该项目还可以安置长期失业的人群和有特殊需要的成人；这里可以为社区种植和园圃设计提供帮助；这里的产品在当地农贸市场出售。

希利城市农场，谢菲尔德

这是一个在城市内部贫困地区的项目，拥有34名员工，可以支持大约100名志愿者，并可以一年迎接10万名成人游客。

"我们的动力是，"希利城市农场的大卫·格雷（David Gray）说，"这里可使我们践行承诺，让我们出现在最需要我们的社区。我们对有障碍人群提供每天的照顾和培训学习，还提供园艺、农业、基础技术和英语方面的NVQs（英国的国家职业资格体系）教学。并且，每年我们为5000名学生提供食品与健康相关的教育场地。"

"我认为最伟大的成就是为当地人们提供了就业机会，这里83%的员工在之前是没有工作的，60%的员工住在1英里之内。"

这个项目也是希利发展信任机构和谢菲尔德环境培训的创建成员，共有60名员工。这使得他们自己可以参与到创建新希利千禧公园之中。

新的计划项目包括投入20hm^{2}的土地去为当地经济种植食物，并且作为谢菲黑人社区论坛的合作伙伴，处理当地居民的一些问题，并参与少数民族团体进行的环境项目。

这些项目通过增强社会参与性对社区发展作出直接贡献，并且促进城市更新，表现在以下途径：

（1）在城市环境中提供额外的绿色空间；

（2）作为一种"手段"，带给人们正式或非正式教育的机会；

（3）在成人教育，如花园、园艺、畜牧、英语、电脑技术的广泛领域有所作为；

（4）支持学校来访，提供学生教育活动；

（5）支持校外活动，提供娱乐设施与体育设施；

（6）为居民设立课余和假期的娱乐计划；

（7）对有学习障碍与特殊需要人群进行安置和照顾；

（8）提供社区份田和果园；

（9）提供社区企业发展和培训活动，如咖啡、骑马、园艺活动、社区生意。

城市农场和社区园圃吸引着各行各业的人们，并且为弱势群体和少数民族创造了就业机会。他们还可以促进当地经济活动和社区生意的进行。

社区居民的活动是衡量城市农场和社区园圃项目的标志，城市农场和社区园圃的基本功能是促进社区功能运转良好，发展建立可持续的社区。这反过来带给人们更大的信心和提供技术发展的支持，在当地社区的社会参与直接导致社会财富的增长。一个社区可以将居民感兴趣的东西引入，并拥有塑造自己的未来的能力。

维尔贝克路份田协会，德比郡
废弃份田成为城市再生的范例

"这一切都始于篱笆！"麦克·高斯内尔经理说，"土地的持有者会因为小偷的盗窃活动和管理中的琐碎事情而士气低落而采用篱笆，觉得篱笆可能会将麻烦挡在外面。我们申请了当地议程的21号基金，建起篱笆，并得到了当地孩子的帮助。委员会对于这些结果印象深刻。"

现在这里有一片小榛林，一间俱乐部。这里以前是一个野生动物池塘。他们种植了一个果园，并且建立了社区温室，并计划许多其他项目。他们的作为赢得了当地人的褒奖，并且得到广泛宣传。

"以前感到无能为力，依赖委员会，现在我们变得更加主动。我们开创思路，并且得到很多资源，还有资助。我们让无用的、污染的空地获得新生。"

食品生产和可持续性的相关政策

如果以社区为基础的园圃和农场活动中的社会参与可以带来人们对城市大多数食品生产的进一步理解，尤其是在乡村地区，那么这将对形成更广泛的社会共识和社会凝聚力作出贡献。相反，乡村农业人口需要认识到，在食品种植和环境问题上创造教育机会会带来对于农业实践和环境管理上的新需要。

政府已经认识到这一点，并通过教育和技术部门开展了一个新的"种植学校"，用来提供人们学习种植技术和进行农业活动的机会。城市农场和社区园圃以及份田和学校种植用地将发挥作用。我们通过从学校的学生开始进行教育，这样，人们会对食品生产有更好的理解，我们的下一代将会对食品的价值有正确的认识，并成长为社会新的希望，也让他们有了足够的知识储备在将来对有关食物方面的政策制定中做出正确的选择。

此外，内政部是促进更具包容性的社会的关键，交通部门和当地政府已经认识到，可以通过增加社区主导的园圃和农场项目的数量，来促进整个社会的参与性。从政策层面来看，我们希望看到这样的政策能够被采用，并以此来促生更多的社区园圃和城市农场，同样，学校种植项目和社区主导的份田项目也是如此。当然，相关资源的提供将另行论述。

鼓励现有项目和新项目

虽然当地部门想要尝试自上而下地建立"社区项目"，但更好的方式还是鼓励和动员社会中的草根力量参与社区活动，和为他们提供支持。通过在社区或学校组织中进行相关益处的推广与认知，将促使更多人有意愿参与其中，或是想要建立新的项目。

当地官员和议员需要得到这些民间组织的支持，以探索出能让这些项目强大、管理良好以及财务稳定的力量源泉。

伦敦库尔佩珀社区园圃

一个城市中的有机绿色社区园圃，由个人和群体共同经营。

"我们听说了很多社区参与和管理了园圃和农场。在实践中，它是最令人振奋的事情。"克莱尔·萨顿说。他是库尔佩珀项目的工作者，城市农场和社区园圃联合会的主席。

在社区园圃中有48块地，这是真正的本地资源。这里建有一个运动场，一所学校，一个心理健康服务站，还有一个帮助困难人群学习的组织。

这个园圃向公众开放，在当地工人的午饭时间会相当热闹。园圃的工人和志愿者将会帮助维持这里的工作，如孩子们的暑假艺术培训，老人的草莓茶，还有植物销售，这些活动都被组织起来，并让当地人参与。

像这样的项目是如何被资助的？

项目经费的来源取决于他们发展的阶段和成熟程度。

通常当地部门提供主要的资金与薪酬，其他资金来源形式如彩票，这可能对于研究和项目发展来说更加可行和灵活。另外，项目有时候可以得到地区发展基金、独立再生基金和欧洲基金的帮助。申请基金的同时，来自社会各界各种形式的帮助和志愿者为项目所耗费的时间都应该被算作与基金的价值相等的资助。

项目一旦建立，可以通过收取培训课程费用和人员安置费，还可以通过能够产生效益的活动，如咖啡厅、骑马、体育设施、课余和假日俱乐部来让项目的发展变得自给自足。提供这样的服务也通常会得到当地政府的补助。然而，成功的项目成为社会企业后，将不仅仅是财富的产生者，更应是一种社会参与的类型，以引领当地社区的进一步强化。项目也可以从当地社区或公司及慈善机构募捐。

成功经营由社区管理的项目需要什么资源？

一个项目最大的需要，特别是最开始的时候，是当地政府通过委员会和官方做出的支持。因为这样做发出了一个明确的信号，表明这个项目是有价值且受欢迎的。这些项目需要通过与委员会建立真正的合作关系来得到明确的支持机制。这将会帮助项目计划向前发展很多，并且增强了项目的可信度和明确了项目对于资金的需求。

当地部门还可以通过确认土地和为新的项目定一个较低的租金的方式来做出帮助。不用说，项目的发展需要财政支持，尤其是长期稳定的支持。

尽管项目的收益很难去量化，但当地部门应该认识到这些项目带来的社会参与和"社区利益"。这不是一个简单的营利或亏损的问题，也许项目对人们生活带来的帮助要远远多于金钱上的资助。

罗姆福沃尔盖特社区农场

郊区的一个小项目，这里的资源为当地社区的每一位成员所享受。

"这是以人为本的，"罗布·盖勒（Rob Gayler）经理说，"为群体和个人提供一个'种植空间'。人们来到农场是想要与动物一起劳作，但他们留下是因为这里的其他人。我们欢迎参观者，但重点是参与，我们的志愿者包含各个年龄段的人。"

这个项目为有特殊需要的成年人提供培训，并且有一个园艺理疗团队来帮助人们从精神疾病中康复。他们与年轻人一起工作，那些年轻人属于社会中的"非参与者"，或者是辍学的人，并且他们中大部分都会得到进一步的培训和长期雇佣。

学校中的学生们被鼓励去访问农场，并且农场也要访问学校。"有些时候，转移动物要比转移孩子容易，"罗布说，"所以我们把动物装在盒子里，带到学校操场与孩子们相见。"

对未来的展望

通过城市农场，社区园圃和其他社区主导的相关项目，社区参与所展现出的价值，从来没有被政策制定者很好地理解。因此，我们可以期待政府所能提供的帮助可以有一个渐进的增长，并希望他们能提供一些有价值的当地服务，这需要适当的资本和固定的资金投入。如果每个学校的孩子都能明白可持续性食物种植的意义，并且每个城镇都有城市农场和社区园圃的话，那么我们可以收获更多。这一愿望可能还需要很多路要走，但它是我们努力工作的方向。

城市农场和社区园圃联合会

城市农场和社区园圃联合会（FCFCG）作为遍及英国的城市农场及社区园圃的慈善代表有一个学校农场网络，一些社区主导的份田集体，还有在一些在公园中社区组织参与的项目。总的来说，我们代表65个城市农场，超过1000个社区园圃，75个学校农场，还有大约20个份田集体。另外，我们还有大约200个潜在的农场或园圃项目记录在案。

这些项目中，我们的会员项目雇佣了550名员工，并有数千名志愿者，我们经营的项目中有2/3是完全由志愿者管理的。我们的项目每年总共能吸引超过300万来访者和长期使用者，共有约600万英镑的营业额。

城市农场和社区园圃联合会提供了：

（1）对于发展社区园圃和城市农场的意见与相关信息；

（2）动物的福利、健康和安全保障，以及儿童保护的导则；

（3）建立新的组织或慈善机构的模型文档；

（4）优秀的实践案例研究；

（5）富有经验的实践者对于个人开始新项目的建议；

（6）关于基金资源来源和如何申请的建议。

另外，城市农场和社区园圃联合会可能与参与者签约，着手可行的研究或与当地群体一起工作，进行资金项目投标。

说明

每年的来访者数据根据以下估计：
35万份田平均乘以2人，那就是70万人
65座城市农场，每年5万来访者，那就是325万人

75个校园农场，每个1000学生，那就是7.5万人
1000多社区园圃，每年100人，那就是10万人
总人数417.5万人

12

城市尺度的循环系统

纳吉·莱昂纳特森博士

亨利双日研究协会（HDRA）是一个在最广泛的意义上，处理有机绿色园艺的相关问题的组织——从国内园圃到份田、景观以及商业有机绿色产品。我们担心的关键问题之一是有机废弃堆肥如何用于城市园艺。在过去的几十年中，我们已经看到了新的垃圾处理的美好前景。我们可以接受垃圾收集，然后直接把垃圾填埋入土地，或者用泵打入大海的日子已经就要不复存在了。取而代之，我们在全国各地看到的是可循环的工厂，包括堆肥设备。

对堆肥的进一步强调是在1990年，随着英国政府白皮书《这共同的遗产》的出版，为循环发展设定了清晰的目标。随着时间的推移，这些目标不断被更新和扩展。1999年，堆肥使用的发展出现第二个里程碑，英国引进了欧盟指令，在1995年土地填充总体积目标限定的基础上，对于多少种材料可以送到垃圾场填埋做出了严格的限制规定。如此，根据1995年的标准，到2010年，英国必须填埋不超过75%的废弃物总量；2020年不超过50%；2030年不超过35%。这意味着在我们依赖垃圾土地填埋的时代发生极大的转变。欧盟的土地填埋指令也涉及生物降解垃圾，这意味着2010年在英国，我们将采用生物降解技术来处理350万t垃圾，而不是采用填埋方式。现在，我们已经转移了100万t的垃圾，尽管我们已经在全国拥有70座大型的堆肥地点，但这仅仅是个开始。在我们可以有自信去实现预期目标之前，还有很长一段路要走。

为了避免了垃圾填埋带来的弊端——甲烷的无限制排放。甲烷是一种强力的温室气体。我们有很多降解垃圾的方法。一种是采用厌氧消化，这将会产生一些可用的能源，但这个方法仍会留下一些残留物需要处理。焚烧是另一种受到广泛支持的选择，但这个方法也不完美，由于潮湿的生物降解垃圾并不能充分燃烧，这会降低垃圾焚烧所产生的热值。第三种选择是堆肥，很多人认为（包括HDRA）堆肥是最高效、划算的垃圾处理的方式。

事实上，有很多不同种类的堆肥有待于我们选择。有不同地点的选择，包括家庭堆肥（即堆肥材料是在我们自己的园地中生产）、社区堆肥和农场堆肥。还有集中堆肥单元，这是现在最常见的，包括现在的开放空气系统，还有新出现的试管系统。让我们仔细来研究这些选择的利弊。

很多人，尤其是城市园艺工作者，都对家庭园地中的现场堆肥非常熟悉，从家庭园地中收集来的生物废弃物，还有厨房中剩下的蔬菜，把它们放在堆肥堆中。大多数当地部门都积极参与该活动，促进这种家庭堆肥的推广应用，因为这无疑是最好的一种转化生物废料的方法。整个过程并不需要运输，因为废料一直是待在家中的，家庭产生自己的堆肥，还可以代替一部分对园地的投入。在鼓励家庭堆肥的过程中，当地部门也得到了很多帮助，例如，通过HDRA和其他组织对于促进堆肥教育项目的努力，他们教会人们如何开始、参与以及递交信息。此外还有掌握堆肥的手册，以及成功实施家庭堆肥的方案指导。优秀案例有提供模仿样本的功能，如橄榄球自治委员会的"橄榄球无赖"和考文垂的"堆肥通讯者"。并且还有大量面向公众的关于家庭堆肥的实践信息（如HDRA组织提供的）。

另一个可供选择的是露天的料堆堆肥。并不是所有人都可以在自己家里用家庭废料来堆肥。总还是需要在路边收集一些废弃物来放在中央堆肥堆中进行堆肥。目前，这些设施通常位于城市边界，甚至在乡村地区。这些材料被大型的粉碎机打碎，打均匀，可以让它被微生物所降解。这些设施并不需要特别大型的，尽管目前很多是大型的。小型的装备对我们来说更便捷，可以在公园和园地中方便工人使用，也许仅仅需要把设备安装在卡车的后面。

分解后，材料被放在我们称为料堆的地方——长堆，通常2m高、3m宽。材料待在料堆中大约12到16周，就在这段时期，堆肥反应发生着。材料必须定期翻动，因为堆肥是一个有氧过程，需要补充新鲜空气。当原料被侵软后，微生物开始分解，产生热量，堆肥基本上是在高温下完成分解过程的。如果材料在一个稳定、不受打扰的环境中的话，温度很容易快速攀升至70或80℃。但是对堆肥最有效的反应温度是大约45℃，所以为了维持这个温度，材料需要被定期翻动，大约一周之后，需要精密的设备来跨过堆肥堆进行翻动，从而使得材料向下运动。

在堆肥反应过程完成后，材料通常被转移到一个更大的罐子中，在里面保留一两个月，可能会更长，让它经过酿熟阶段。此后，通过一个大筛子，把它分成各种不同的大小和份数，大块的材料取出来，木质的东西放回去，进行进一步的堆肥。如此，几乎像魔术一样，在这个过程之后，美妙的、腐质丰富的堆肥就完成了。

在城市背景下，管道系统可能会更加适合。在此系统中，堆肥过程在室内发生，需要做的主要是控制排放物。在一个运行良好的户外系统中，有时候会有废弃物的气味散发出来，在城市中，这显然是难以接受的。因此例如在荷兰这种人口密度很高的地方，管道系统就发展得很好，并得到广泛的扩展应用。

当在室内堆肥时，一般通过强制通风来替代翻转材料。所有排出的气体都要经过过滤和清洁才能排放，因此对于环境来说，它是清洁的系统。但它也是一个非常复杂的系统，因为处理废物要花费更多的代价。

不论它是如何做到的，都完成了堆肥过程，并将其提供给城市农业，确实，农业作为一个整体系统，堆肥在其中是最为有用的资源，特别是对于有机绿色产品。堆肥可以有许多用途，也通过丰富的市场渠道来进行销售。

大多数堆肥是由集中单元在国内生产肥料，并为国内部门所使用。这种堆肥适合提升土壤肥力，并且不需要进一步的加工。它可以在蔬菜种子下种前使用，亦可以在已经新种植的作物根茎周围的土壤中使用。它也可以与其他木质纤维、树皮根茎一起混合使用，为植物创造一个中性的环境。未经混合的堆肥很少能像盆栽堆肥适合直接使用。堆肥还可以与纤维材料一起混合，如树皮，用于代替泥炭。

如果我们考虑堆肥的用量，并且能够预计它的供应，大量的堆肥将需要被生产用以快速满足国内市场需要。尽管每个家庭都应被鼓励使用堆肥，但是这个堆肥市场对于消化所有可用的材料来说仍然不够大。确实，据估计，如果所有的生物降解废弃物能够被转为堆肥，那么家庭市场只能消费其总量的2%。所以，必须要进一步地扩大堆肥市场，需要让城市公园绿地的景观工业也使用堆肥。并且，更重要的是，这些材料中的一部分能够最终被农业生产所使用。农业生产是有保障的，是大规模的堆肥需求者，HDRA也一直致力于促进堆肥在城市农场的使用。

园艺堆肥的好处可以总结如下：堆肥的腐殖部分被分解为养分，它是应用最广泛的提升土壤结构的方法。重黏土可以被它减轻，它还可以增加水分渗透，并提高土壤的团粒结构。在沙质土壤中，它可以将沙子与其他部分结合，并保留水分。所有的植物行业——食品行业——都依赖于良好的土壤结构，对于促进食品种植中改善土壤结构这一堆肥最重要的好处被展现出来。堆肥还可以提供植物长期和短期所需的养分，这样就有效地替代了或者部分替代了人工化肥的使用，并且考虑到人工化肥对于能量的高需求，堆肥的可持续性更显著。

但也许最大的好处是存在于堆肥可以支持的那些微生物活动中。堆肥本身充满了微生物——一个丰富多样的有机组织——并且增加了这些微生物对土壤带来的好处。但这些微生物在堆肥中首要的作用是提供能量，这些能量是有机组织活动能量的来源。增加这个能量来源——有机物质——到土壤中，如此可以增强微生物的活动。这是改善了土壤结构的结果，因为微生物活动时分泌出的一种物质可以帮助土壤胶合在一起。更近一步来说，微生物活动可以实际上控制了某些病虫害和疾病的发生。

然而，在食品行业中大量应用堆肥仍有一些困难。至于在农业中使用堆肥的问题，尽管农业生产是堆肥潜在的最大市场，但也有一些与成本相关的问题。堆肥是低价值的产品，但它带来的主要相关价值在于节省环境成本，可以减少土地填埋所带来的环境损耗。但将堆肥从产地长距离运输来，意味着新的运输成本出现。所以我们应该鼓励在城市和城郊食品生产领域内的堆肥使用，也鼓励在传统城市市场中的使用，以此来最小化成本。

注解： 本章是一个讲座的记录，讲座人为马琪·莱昂纳特森（Margi Lennartsoon）博士，亨利双日研究协会的国际研究董事。本章由理查德·怀歇尔编辑。

第 3 章

连贯式生产性城市景观（CPULs）
的规划：开放城市空间

13

时间里的食物：作为欧洲案例的英国城市开放空间的历史

乔·霍威、卡特琳·伯恩和安德烈·维尤恩

图13.1

图13.1　1942年，英国伦敦皇家阿尔伯特纪念碑

在英国，同多数发达国家一样，在城市中种植食物的想法对大多数人来听起来是幼稚的，甚至是有悖常理的。相比之下，城市食品种植，在世界其他地方则可能是人们日常生活的核心。对于很多贫穷的发展中国家来说，城市农业是一个经济议题，而不是休闲的或审美上的好恶问题（乐维库克，1996）。城市农业在某些地方的规模，以西方标准来衡量的话会令人惊讶。在整个中国，城市作为一个整体，85%的蔬菜是由居民在城市内生产的，上海和北京在蔬菜上完全可以自给自足（霍夫，1995）。这些信息看起来可能与富裕的欧洲国家毫无关系。

然而，对城市农业的态度是由文化基础决定的，而不是富裕程度。富足的香港可以说明这一问题。在那里，当地蔬菜需求的45%都是种植在5%~6%的城市土地上的（加内特，1996）。

本节，我们将考察欧洲城市，去研究他们为什么以及什么时候可以适应城市农业。我们将通过考查英国城市食物种植的主要历史来进行研究。尽管这里的情况与在其他国家的发现并不相符，但广义来讲，他们遵从类似的发展模式，并且我们得到的经验也可以在其他地方应用。

图13.2

图13.2　羊群被赶上伦敦北部的街头，1940年11月

生活的地方即是我们种植食物的地方

在工业革命出现之前，没有高度发达的、大容量的运输系统，也没有冰箱这样的保鲜设备，这意味着人们只能在他们生活的地方附近种植食物。如此，数千年来，人们居住与耕作的环境总是一起存在：房子、市场、公共建筑、祭祀场地。这些场地都包含着厨房、花园、农场和常见的牧场，人们使用这些地方来为当地居民提供食物。城镇与城市有着不同的边界，通常由城墙或由地理特征来界定，如河流或沼泽地。在城市界限内的开放空间用于食品生产，这些地方小且零碎，但城市居民会依靠在城市周围的乡村地区的食品生产来补充城市的食物消耗。

城外的食物生产、定居点的界限及这些农产品运输与供应的问题决定了在工业革命之前定居点的尺寸。几乎所有的欧洲城镇，都不会出现超过3万人居住在平均面积为5hm²的城市区域中。甚至伦敦，在17世纪时，也仅有1.5英里的半径，这确保了几乎所有居民都生活在距离乡村不远的地方，意味着离他们的食物资源不远。

工业革命和郊区乌托邦：城市与食品生产地的分离

城市人口与食品生产的密切关系在维多利亚时代的工业革命中破裂。最初，尽管人口急剧增长，落后的交通意味着城市扩张的范围有限。这在19世纪中期，随着铁路的修建，有所好转，铁路允许人们可以住在离工作地点稍远的地方。到了19世纪末期，大规模的城市生产工业化，城市发展高密度化，

图13.3

图13.3　战争时期的伦敦屋顶花园

因为缺少绿色空间，使得数以百万计的人们与食品生产之间的直接联系被切断了。

极度不健康的生活环境让城市中的工人们难以忍受，与自然环境的隔绝引起了人们的忧虑。在19世纪下半叶（尼克尔森——勋爵，1987）（见14节），在英国引进城市开放空间的尝试是发展市政公园。在同一时期，另一种尝试是小块城市花园的广泛传播。

大多数欧洲城市的大型公园都可以溯源至19世纪。它们通常优美如画，以开阔的乡村风景为模板，具有森林和封建社会的特征，吸引着城市居民至此休闲。休闲是免费的，可以进行户外散步、小憩、阅读、野餐、球类游戏、滑冰等等，可以有选择地将小规模商业引入，如门票、冰淇淋。这个公园作为休闲的功能没有变，仍然是一些类似的活动，尽管可以加入的娱乐活动多种多样（详见第5章）。

小型的城市定居点经常遇到一些空间问题，在工业化进程中并没有发展出城市内部具有实际意义和规模的公园。在这些城镇中，是城市外围来为城市居民提供开放空间，其形成包括与定居点相邻，开阔的公园景观（经常是农业性质的）还有家庭花园，或一些在发展中城郊的小块份田。

份田制度起源于18世纪早期，作为对缺乏土地的乡村穷人的补偿，因为普通的土地都被富裕的地主所圈围起来了（克劳奇和瓦尔德，1988）。他们的作用是为失业的人们提供有营养的农产品和经济上的保障，为他们补充些许收入。对于城市份田需求量的上升成为19世纪的紧迫问题，缺乏土地的穷人像潮水般纷纷涌入大城市。在这一时期，大量的份田供应是私人之间进行的，采用了特别的形式。

但19世纪末，在第一次份田立法中，当地政府增长的权利和责任得到反映。在1887年和1892年的活动中，当地部门首次被要求向有需要的贫困劳动者提供份田。这些活动组合在一起，对政府要求份田供给，并加固了1908年小持有者和份田的法案。这个法案保留了立法管理份田的主要部分（克劳奇和瓦尔德，1988）。可供比较的发展情况出现在欧洲其他地方，例如，在德国引入自留地的案例。

广义的城市食品种植，或特指份田，是1898年出版的霍华德（埃比尼泽·霍华德）撰写的《明日的田园城市》一书的最重要内容。霍华德以伯恩维尔（伯恩维尔）的小村模型为例表达了他"回到土地传统"的理念，这个案例是由开明的工业家乔治.卡伯里（George Cadbury）为他的员工于1895年在伯明翰附近所建（马什，1982）。

霍华德的田园城市设想，将人口从英国过于拥挤的大工业城市疏散到新的城镇。这些新城镇是位于绿带之外的子城，与母城通过绿带分开。每个小城镇大约拥有30000人口，并在大城市中心周围环绕，形成流行的多核城市——它们一起形成"社会城市"。

在霍华德的田园城市周围或内部，可以进行食品生产是关键。在每个城市，六分之五的面积用于食品生产。住宅空间以130英尺（1英尺约合0.305m）分为20份，霍华德认为这样的尺寸能够满足一个5口之家的需要。另外，份田在定居点之外。20世纪的田园城市的衍生品，有维恩和林茨沃斯

（Welwyn and Letchworth），它们从没有能够像最初构想的一样，在食品供应方面发展得自给自足。尽管如此，33 座这样的城镇被建立（瓦尔德，1993），这至少表现出要将自然景观与居住空间融合的雄心。

尽管霍华德的理论在欧洲对城市规划的影响深远，但勒·柯布西耶（Le Corbusier）于 1924 年第一次出版的《明日之城市》中所阐述的城镇规划理论，对国际建筑与城市规划领域产生了 20 世纪中最巨大的影响。

勒·柯布西耶对霍华德理论的态度可以很好地被莫里斯·贝塞特（Maurice Besset）总结如下：

柯布西耶对于田园城市理论持非常肯定的态度。当然，田园城市代表着危险的"反城市化"，他认为这在城市规划中是一个错误的解决方法，并且只可能导致"个人与社会的隔绝，"是想要维持"资本主义下的奴隶制度"。他反对"长廊式街道"，因为那里会导致贫民窟的滋生，所以他也反对个人居所的空间占有并生成循环的"伟大的错觉"。他早在 1922 年就以他的再生的公寓建筑和垂直花园城市来反对水平田园城市。这个公寓，实际上是由叠加的别墅组成，他称之为 immeublevilla，减少了不同城市功能之间的交通距离与所需的设备。但不论这些住宅被垂直还是水平地排列，它们仍然是花园城市，这与霍华德及其同伴主张的要点基本相同，如在树林绿带上航行的巨大的混凝土公寓船——勒·柯布西耶称之为居住单元。

尽管名义上并不如此，但城市与城郊农业在柯布西耶的城市构想中起到关键作用。在《明日之城市》第 13 节中，以"关注花园城市"为分标题，他详细描述了城市农业可以在不降低总体城郊建筑密度的情况下适应城市。在一个 400m^2 典型的城郊居住用地分析中，他建议分配出 150m^2 用于花园。"这里应该有个农民来管理每 100 块这样的宅地，并且应采用密集的耕作方式，花园在房子和耕地之间（Le Corbusier，1971）。"

后来，勒·柯布西耶写到当今时代什么叫作城郊农业。在 1945 年，他定义出"三种人类基本单元"：农场单元、线性工业城市和同心圆辐射状的城市。我们今天关于这些定义的有趣发现是，它们用以表现这一系列覆盖网络的方法。在这样的城市观念下，农业用地成为一种地毯式的基底，而长度在 50km 到 200km 之间的线性工业在其上连接成网络，而网络的节点即是同心圆辐射城市。农场单元与城市之间的界限采用了具有代表性的通常手法来限定（Besset，1987）。如果我们今天来看柯布西耶的农场单元，它们可被理解为是城郊农业。他所勾画的三角形的线性城市网络可能将导致现行伦敦农贸市场的管理机制下的为城市服务的食品种植（详见第 10 节）。

与柯布西耶的立场不同，美国建筑师弗兰克·劳埃德·赖特在 20 世纪中期和他晚年发表了一系列文章，并最终被整理成书——《活着的城市》。赖特对"活着的城市"的观点可以是其立场的最好总结，将城市农业与分散的城郊定居点融合。"活着的城市"可以被看成赖特对非人性的"纯粹性"的激烈反驳，并直指机器时代欧洲出现的现代主义建筑。大部分的篇幅都表现了赖特对于非人性的集中经济所造成冲突的后果的绝望："取代民主实践的是……我们现在只为维护我们自身的利益。所以，我们战争连年。"（劳埃德·赖特，Lloyd Wright，1970）。

与柯布西耶的观点相同，赖特的活着的城市赞扬了个体的迁移，尽管从某种程度上来说是古怪的行为。但在赖特的命题之下，我们找到了一个与当下建筑思考方式的视觉共鸣，那就是景观意义的本质与再生能力："建筑与农业用地将被一起视为景观，就像曾经最好的建筑一样，彼此相辅相成。"（劳埃德·赖特，1970）

这种将"建筑与农业用地一起视为景观"的观点，也许是赖特对于当代建筑师与城市规划师的最棒的礼物。它让我们从城市与城郊的狭隘区别中解放出来，并且帮助我们去阐明一个由生态驱动的城市的新观点，这样，生产性景观可以与传统发展在构建环境中具有同等的地位。建筑师们已经开始处理景观与建筑的问题，使两者在建筑尺度层面互动，如地表建筑、匍地建筑、大地建筑或地下建筑（布莱尔和西蒙纳特，2003；贝特斯基，2002；理查德，2002）。而在城市尺度下，这些问题仅仅刚开始得到解决。

城市食品和冲突

但并不是建筑师的想法对英国和欧洲的城市农业产生了巨大影响，而是在1900到1945年间的战争。

在两次世界大战中，造成饥饿的真正威胁来自于封锁，这促进了本土的食品生产活动，食品多来自于城市农业。在一战中，严谨的英国政府在1917年出于恐惧，采取了食品生产活动，在沮丧的国民士气下，实行食物定量分配。尽管如此，运动的结果出乎意料。典型的为每块250m²的份田的数量，从1913年的45万到60万之间增长到1917年的130万到150万之间，共生产了200万t的蔬菜（克劳奇和瓦尔德，1988）。

战争期间，份田和其他形式的城市食品生产用地的利益在整个欧洲范围内减少，尽管从没有跌破1914年的水平。从20世纪20年代末期开始的大规模失业造成了份田的复兴，作为人们维持生计的有效手段。各种慈善团体以及在英国社会各界人士经营着提供肥料、种子与工具的项目。目前，类似的支持机制被引入古巴，用来支持他们的国家城市农业相关项目（详见17节）。

在二次大战爆发时，英国政府决心不会再重复前一场战争中的错误，即太晚实行保证家庭食品生产的准备措施。因此，著名的"为胜利而挖掘"运动在农业部的带领下于1939年10月份进行。在1917到1918年间，这项运动的结果令人印象深刻。在战争中期，一项调查显示超过一半的手工业从事者都在份田中生产食物，在战争结束时，有将近150万块份田。在1944年，这些土地连同花园一起，包括公园转变为田地，满足了当时全国食品需要的10%，以及一半的蔬果与蔬菜需求（克劳奇和瓦尔德，1988）。除了蔬果种植地，牲畜养殖所也随处可见。

图13.4

图13.4　1939–1945年，伦敦之塔

图13.5

图13.5 1939–1945年，周日早晨，克拉芬公园，伦敦

城市重建和食物产量下降

在英国，"为胜利而挖掘"运动结束之后，紧接着就是城市食品产量的锐减。在20世纪50年代和60年代，大量的土地回到了战前的使用功能，或者用于新的城市建设。受到新的福利政策的影响，就业机会增加且经济日益繁荣，让人们觉得不再需要自己种植食物。另外，份田存在一个问题：他们是战时紧缩和"凑合"的产物，如今当然不适应致力于科学发展的时代与新生的文化。

图13.6

图13.7

图13.6　孩子们在学校的花园中耕地
图13.7　"第二次世界大战"期间，剑桥大学格顿学院的学生们

为了解决份田失去作用的相关问题，威尔逊政府建立了由哈里·索普（Harry Thorpe）教授主持的调查。索普欣赏份田的价值，但同时仍深度批判了份田运动。他认为份田的希望在于，在富裕的时代变为"休闲花园"，从而避免了慈善机构关于"份田"的条款。索普还发现有关于份田的立法相当混乱。他提出44项建议，呼吁对份田建立新的、合理的法律条款。然而到今天，索普的这些建议并没有被政府采用。索普的建议并没有被广泛接受（详见第15节），相反，一些批评意见表示如果采用索普的建议将导致份田非正式的和自主的使用方式，而这是份田在城市的基本功能和特征。但是，否认索普建议中积极的部分同样是目光短浅的。实际上，据作者的观察，在布赖顿附近的Moulsecoombe份田已经作为休闲功能所使用。如果我们把份田视为生产性城市景观的组成要素，建立在连续性城市景观之中，那么索普的休闲观点可被视作促进了休闲性景观的发展。

城市食物种植的复兴和多样化

自20世纪70年代起，得到当地部门支持的环境保护群体、公共发展人员和社区活动家都在保卫或促进对于城市开放空间的改善利用。虽然这对已经建立的公园绿地空间来说并不重要，但它鼓励了对于开放空间的不同形式的设计——通常使用小规模的，或未被充分利用的，或旧的工业用地来进行设计。

20世纪70年代的早期，标志着份田命运的转变，并带来了英国城市食物种植活动的新形式。出现这一现象的主要原因包括在20世纪60年代初出现的人们对环境伦理认知的提升，对不同生活方式的向往以及通过使用再生替代能源的城市农业和自给自足的生活观念。由于这些文化观念的影响，遏制了份田在英国减少的势头（在1970到1977年间下降了84%），并且对于份田的需求在许多地方急剧增加。日益增加的环境意识也带来了城市食物种植活动的新发展、新形式——以城市农场和社区园圃活动最为显著。

在英国，第一座城市农场于1971年，在北伦敦肯特镇开始运营，到20世纪90年代，全国共有60座类似的城市农场（霍夫，1995）。城市农场不是简单地把乡村生产模式带到城市。它们一般位于较为贫困的地区，其成功之处在于以环境保护的理念实现城市再生。在这个总体框架下，尽管环境教育总是一个重要主题，大多数农场都是多用途的实体。农场中的家畜一般用来食用、教育和其他生产，同时，农场也经营花园和份田。许多农场有商业性的工艺车间、商店和餐馆，出售农场产品，并且提供如骑马这样的休闲活动。它们也提供会议场所和长期经营性的培训课程。

与社区园圃密切相关的观念于20世纪70年代早期在美国产生，如城市农场。社区园圃与传统份田的区别在于对群体活动的强调以及对社区再生的关注。它们与欧洲城市农场不同，总体规模较小，并且没有牲畜，但也有例外。这个运动在城市中的贫困地区最激烈，像纽约的布朗克斯和哈莱姆区，在那里，妇女，尤其是黑人妇女，是主要的活动者与参与者（海耶斯，1996）。1978年，美国社区园艺协会成立，社区园圃的运动大幅增长。在1990到1992年间，ACGA报道了在全美24座城市新建立的523座社区园圃（海耶斯，1996）。单单在纽约，绿色拇指社区园圃项目从1978年开始发展到20世纪90年代，就已建立700多个社区群体（加内特，1996）。社区园圃的观念现在已经在英国建立，并由城市农场和社区园圃协会作为代表（详见第11节）。

城市农业及其可持续性

可持续发展概念的出现，是1992年里约热内卢全球峰会的标志性特征，旨在提高环境意识并且提供一个对当代设计与发展策略的合理的重新评估。

在建筑中，主要的影响是找到降低建筑能耗的办法，以此来减少他们排放的温室气体。出于投资市场、宣传、竞争或示范工程等原因，目前欧盟、学术界、国家机构和投资者以及大多数建筑师，都意识到在建筑设计中应该考虑可持续因素。在国家层面上，建筑规范已经被修订，用来提高在新发展中的能源利用效率。

相比之下，可持续性景观设计带来的环境效益并没有得到广泛的宣传，尽管关于诸如生态廊道这样的概念已经建立完善。随着在可持续景观方面的出版物越来越多，其作为城市多向发展所具有的重要性已经被大家所赞赏（圣塔莫里斯，2001；汤普森和施尔维格，2000）。

在当代城市开放空间下进行城市农业的重要性，根据城市的发展需求而变化。城市农业带来的环境效益仅仅刚开始被人们确认，目前，它的重要性在发达国家与发展中国家完全不同。在发展中国家，城市农业主要由经济需要而驱动，而在发达国家，它更像是人们对社会或休闲娱乐需要的回应（详见第4章）。在欧洲，人们对份田、城市农场或社区园圃的兴趣在近些年持续增长，这是城市食品种植复兴的结果。

以英国为例，真的没有什么投资规模能大过19世纪对于发展大型市政公园的投资（详见第13节）。在英国，很少有对当代城市景观赞扬的声音。对于伦敦东部（Mile End公园和Thames Barrier公园，见第14节）新的干预措施现在得到了公众的支持。另一方面，重要的工作已经在米尔顿·凯恩斯着手进行，米尔顿·凯恩斯是根据霍华德的田园城市理论于19世纪新建的小镇。

以公众利益为前提，米尔顿·凯恩斯使用了新的管理方式，保留并再开发了一个公共公园旧址。实现公众利益是霍华德的志愿之一，避免土地价格膨胀，并以此来保留开放的城市空间。他的观点是新的城镇企业将会购买土地用于开发与租用，当成本被收回后，租金可被用于改善公共环境。在米尔顿·凯恩斯，将公园土地融于城市这一有远见的规划，以及支持在城市开放空间上利用当代金融与管理策略，都逐渐得到了认同。

据统计，这里已经种了2000万棵树，并且已成为英国任何城市中最大、最多样的公园系统，这些足以改变人们的观念。这个公园并不是单调的、矮小的、扁平的，像那些看起来由于资金不足而无法充分利用的地方。因为这座公园并不是由囊中羞涩的政府委员会经营，而是慈善信托。这个信托机构拥有价值5000万的房产，最初包括14个城市酒吧，和一个去年有310万英镑产值的工业园区（布朗，2003）。

该非营利性的慈善机构由米尔顿·凯恩斯在1992年建立，管理这里大片的景观，这要比委员会管理的城市开放空间好很多（Brown，2003）。米尔顿·凯恩斯提供了一个支持连贯式生产性城市景观的金融模型。

参考文献

Besset, M. (1987). *Le Corbusier: to live with light*. Architectural Press.

Betsky, A. (2002). *Landscrapers: Building with the land*. Thames and Hudson.

Brayer, M. and Simonot. B. (eds). (2003). *Archilabs earth buildings: radical experiments in land architecture*. Thames and Hudson.

Brown, P. (2003). Parkland. *The Guardian: Guardian Society,* 23 April, p. 8.

Crouch, D. and Ward. C. (1988). *The Allotment*. Faber and Faber, London.

Garnett, T. (1996). Harvesting the cities. *Town and Country Planning*, 65(9), 264–265.

Hough, M. (1995). *Cities and natural process*. Routledge, London.

Hynes, P. (1996). *A pinch of eden*. Chelsea Green, White River Junction.

Le Corbusier. (1971). *The city of tomorrow and its planning, 3rd Edn.* Architectural Press.

Lewcock, C. (1996). Agricultural issues for developing country city management. *Town and Country Planning*, 65(9), 267–268.

Lloyd Wright, F. (1970). *The living city*. Meridian Books.

Marsh, J. (1982). *Back to the land*. Quartet, London.

Nicholson-Lord, D. (1987). *The Greening of Cities*. Routledge, London.

Richards, I. (2002). *Groundscrapers + subscrapers*. John Wiley & Son.

Santamouris, A. B. (2001). On the built environment – the urban influence. In *Energy and Climate in the Built Environment* (A. Santamouris, ed.) pp. 3–18, James and James.

Thompson, J. and Sorvig. K. (2000). *Sustainable Landscape Construction*. Island Press, Washington DC.

Ward, C. (1993). *New Town, New Home. The lessons of experience*. Calouste Gulbenkian Foundation.

14

空间里的食物：当代城市开放空间中的连贯式生产性城市景观

卡特琳·伯恩和安德烈·维尤恩

欧洲城市的连贯式生产性城市景观

在大多数欧洲城市，城市中心复兴运动将城市开放空间的重要性展现于公众面前。城市开放空间满足了人们各种愿望与项目增长的需求。他们的主题随客户的不同而变化，表现在占有方式与位置的不同，最终带来对于开放空间的多样的处理方法。城市和城镇中充满了美妙的或新或旧的城市广场、城市公园、城市河流、城市舞台、城市森林和城市海滩。然而，却没有城市田地。

在连贯式生产性城市景观中将会嵌入田地，这样就能丰富城市生活，并对解决环境问题作出贡献。不论是变化的或是重复的，这些生产性景观将会与其他功能的城市开放空间共存（见图14.1~图14.11）。连贯式生产性城市景观作为城市设计策略，可以在当地使用者的愿望与规划方案之间、在社会与经济可行性之间、可持续性与城市生产力之间、短期收益与长期效益之间起到调节作用。

连贯式生产性城市景观可以像正规的城市自然公园一样，也可以设计为特定的空间功能。他们也可以像城市森林一样，再次展现出自然的魅力，尽管植被密度会更高。城市公园与森林在农业生产性上较差，但可以提供自由的使用空间，可以不受任何限制来进行活动，而在连贯式生产性城市景观中需要保护作物。在这方面，连贯式生产性城市景观可以像城市花园一样，遵循特定的种植序列和模式。连贯式生产性城市景观大多比城市花园大，不含有特殊使用空间或装饰设计。

城市广场与连贯式生产性城市景观差别最大。城市广场可以自由使用，服务于社会，可以作集会使用，连贯式生产性城市景观需要指导人们怎样使用，以防打扰工作环境及农作物种植。

城市河滩（海滩）被视为沿着自然边界的开放空间。对于城市生产性景观发展而言，它们在布局和功能上，比连贯式生产性城市景观更像是城市公园或广场。城市海滩和公园，可以转变为城市舞台，对空间的灵活使用体现着人们对于休闲娱乐活动的新态度。所有这些都与连贯式生产性城市景观有某些类似。

城市道路为城市生产性景观发展提供了便利，其形式、布局和尺度都可以成为独创性的设计。它们将在强调运动性方面，类似于连贯式生产性城市景观。

城市开放空间图册

为了和其他形式的城市开放空间做对比，我们总结了在我们看来是连贯式生产性城市景观最重要的3个特征：开阔性——作为内在的特征，使用情况——作为当下的表现，生态性——作为给未来的献礼。

开阔性

开阔是形容空间本身的，包括空间的延伸、空间的尺寸以及空间的气息。开阔远比尺寸意味更多，但尺寸是基本要素，是起点。对空间尺寸并没有定性的评判标准，小空间不一定坏，大空间不一定好。尺寸被认为是影响空间设计的要素，并且可以决定设计是否适用于特定的项目或使用者。尺寸在设计中具有很强的可操作性，对地形、景观轴、步行轴、植被种植方式及建筑形式的尺度设计是一种易于感知的、量化的实现开放空间的设计表现方法。开阔的感受与空间的使用功能有关，也和在城市网络中的位置有关。与城市路径的融合可以增强它在城市网络中的重要性。开放空间之间的连续通达性实现了空间的延伸性，并能逐步发展为优美而缓慢的内城运动布局。这种潜在的变化可能鼓励着使用者和开放空间的设计者与规划者，并为他们的工作带来灵感。此外，这样的空间还能够带来步移景异的效果，使得视觉连续变化。视觉刺激可以来源于许多方面，如使用形式（事件、活动或运动），但都与自然环境强烈相关：植物的季相变化，生长过程，变化的种植模式，水、风、太阳、雨等等。视觉刺激重塑了空间感，视觉下的空间更容易用适宜的尺寸来评判。

使用情况

规划当代的城市开放空间时，如何使用是主要问题。"使用"情况经常被用于检验新设计在新的标准下是否成功，例如通过人们在工作时间或晴天聚集的情况来评判（针对普通的公园、趣味公园、主题公园、传统主题公园或动物园），或通过现存设施的财务周转状况来评判（针对休闲中心、商店、餐厅、休闲餐厅、康复或美容塑体中心）。

对当前开放空间使用情况更全面的评判包括定性的长期标准，如对于教育、健康、促进交流与融合的潜力及提升个人（如个人于自身活动及其对于社区的重要性的满足感）。开放空间专注于能够让人们更好地进行交流，这是能让这些空间具有吸引力并留

住使用者的方法。

根据设计对变化的承受力，开放空间可以为当地居民的交流提供多样服务。根据调查，我们发现让使用者更感兴趣能让他们融入并参与活动，而不是空间自身的尺寸（详见第15节）。因此，我们认为开放空间使用者的种类和数量同样重要。后者暗示着开放空间需要特定的尺寸或布局以满足不同使用者娱乐的特殊功能。观察使用者的种类是很有用的，这不仅可以衡量开放空间是否具有持续吸引力，还可以让我们得到管理大量人群并从中获得收益的经验。

除了通过场地设施所产生的收益，土地使用所带来的经济回报是评判开放空间成功与否的关键因素。作为任何城市开放空间，土地都是出发点，并且土地是稀少的，那么如何去对待它就变得尤为重要。

生态性

在我们的研究中，"生态性"通过让人们在现有设计和项目中看到被广泛期待的可持续性的未来，从而体现城市开放空间的重要性。同时，这也提供了一个管理策略。

生态性在城市开放空间是伟大的，因为人们能在那里与自然接触。通常，"自然"意味着种类丰富的，大多是非人工种植的植被。在自然中有风霜雨露、太阳和动物。这些在人们印象中都是发生在城市外——在乡村地区。虽然表面上似乎是矛盾的，城市自然可以在城市环境中展现上述任何一种元素。城市自然可被用来衡量城市开放空间是否能够通过设计或指使，来满足人们亲近自然的愿望。

欧洲城市开放空间与连贯式生产性城市景观的对比

1. 巴塞罗那植物园
国家：西班牙
建筑（规划）师：Carlos Ferrater
建设年代：1989—1999年
面积：15hm²
位置：城市边缘
类型：城市公园
历史：转换自山坡开放地区

2. 科特莱克公墓
国家：比利时
建筑（规划）师：Bernardo Secchi 和 Paola Vigano
建设年代：1995年
面积：3.3hm²
位置：城市边缘
类型：城市公园（花园）
历史：转换自农场

3. 杜伊斯堡埃姆舍公园
国家：德国
建筑（规划）师：Peter Latz 及其合伙人
建设年代：1991—1999年
面积：210hm²
位置：城市边缘
类型：城市景观
历史：转换自工业园区

4. 吉贝利纳第五广场
国家：意大利
建筑（规划）师：Franco Purini 和 Laura Thermes
建设年代：1988年
面积：9hm²
位置：城市内部
类型：城市广场（路径）
历史：城市广场的重新设计

5. 柏林墙公园
国家：德国
建筑（规划）师：Gustav Lange
建设年代：1994年
面积：11hm²
位置：城市内部
类型：城市公园
历史：转换自棕地

6. 伦敦米尔安德公园
国家：英国
建筑（规划）师：Tibbalds TM2 和 CZWG
建设年代：1995—2000年
面积：36hm²
位置：城市内部
类型：城市公园（路径）
历史：转换自城市棕地和绿地

7. 卡昂老植物园
国家：法国
建筑（规划）师：Dominic Perrault
建设年代：1996年
面积：150hm²
位置：城市边缘
类型：城市公园
历史：转换自工业园区

8. 巴黎拉维莱特公园
国家：法国
建筑（规划）师：Bernard Tschumi
建设年代：1991年
面积：55hm²
位置：城市内部
类型：城市公园（城市舞名）
历史：转换自工业园区

9. 里昂白苹果广场
国家：法国
建筑（规划）师：Dominic Perrault
建设年代：1996年
面积：4.7hm²
位置：城市内部
类型：城市广场
历史：广场的重新设计

10. 巴拉卡尔多沙漠广场
国家：西班牙
建筑（规划）师：Eduardo Arroyo
建设年代：2001年
面积：2hm²
位置：城市内部
类型：城市广场花园
历史：转换自工业与居住用地

11. 巴塞罗那隆达德尔米格
国家：西班牙
建筑（规划）师：Tarraso 和 Henrich
建设年代：1996—1997年
面积：150hm²
位置：城市内部
类型：城市路径
历史：城市路径的重新设计

12. 鹿特丹伯格广场
国家：荷兰
建筑（规划）师：West 8
建设年代：1996年
面积：1.5hm²
位置：城市内部
类型：城市广场
历史：城市广场的重新设计

13. 伦敦泰晤士河坝公园
国家：英国
建筑（规划）师：Groupe Signes 和 Patel Taylor
建设年代：2000年
面积：13.4hm²
位置：城市内部
类型：城市公园
历史：转换自城市棕地

14. 伦敦动物园
国家：英国
建筑（规划）师：Decimus Burton
建设年代：1828年
面积：10hm²
位置：城市内部
类型：城市公园
历史：转换自城市公园

社区园圃　　　　份田基地

连贯式生产性城市景观尚不存在
在尺寸上，他们会和其他城市开放空间设计相同，在1~100hm²之间变化。他们可以位于城市内部或城市边缘，并连接两者为连贯式景观。他们可以在任何土地上产生，棕色用地则更好，即工业污染区，以此来让那里焕发新生。
类型上，他们将会是新的，是生产性的。

图14.1

尺寸对比研究。在伦敦维多利亚公园附近的连贯式生产性城市景观，伯恩和维尤恩（Bohn & Viljoen），2001年，可以看到城市农业实践的画面

图例

□
城市空地

◼
城市份田

◼
城市公园

比例

□ 100m×100m＝1hm²

10ha×10ha＝100hm²

尺度

大多数开放空间的价值是无法量化的。比如尺度，一种模糊的方式：从量化视角去衡量尺度即是必要的，也是多余的。这个图标描述了这些开放空间的绝对尺寸，以及其占地与城市网格之间的对比。开放空间表面看起来都是相似的（如连贯式生产性城市景观、城市农业或份田）或者都具有经济潜力（根据土地使用的财政回报，如连贯式生产性城市景观、城市农业或动物园）。两种在欧洲最流行的休闲空间——城市广场和城市公园的区别不仅是植被或地表覆盖物，也包括尺度。差异类型学使人们对这两种开放空间尺度的期待有所不同：广场在人们的意识中要是比公园小得多的（伯格广场，柏林墙公园）。

通过设计可以使开放空间的尺度感知与其真实的尺度差异很大。地形和比例可以在视觉上扩大空间，而高且（或）密实的边界能起到相反作用（米尔安德广场，巴拉卡尔·多沙漠广场，伯格广场）。所在城市的尺度也同样影响着开放空间的尺度感，在大城市，开放空间被吸收，而在小城市，它则被突出（柏林墙广场）。

当地的互动

记忆让空间充满活力。能留下记忆的空间是人们相遇的地方。尽管这里不一定会发生邂逅，但多数情况是这样的。这种交往空间可以吸引使用者并让他们再来。

每个经过设计的城市开放空间都被赋予一个特定主题。如果这种主题设定脱离公众，那么该空间只能与特定群体互动（如动物园或份田）。即使没有隔离措施，开放空间也可以通过位于特殊地区，或通过特殊方式设计限制特定的使用群体（如老植物园）。但是，这些空间通常也能运转良好，但这并不能反映出开放空间的本质。

只要城市开放空间具有某种不确定性，它就能允许各类人群在其中交流。如果场地用来集会，那么空间将随着人们出入而促生多种行为方式。大多数此类人们与空间的互相作用与空间尺度及布局并无太大关系（伯格广场，柏林墙广场，巴拉卡尔多沙漠广场）。新的空间特质在人们休闲或服务活动中的工作、交易、购物行为中生成（连贯式生产性城市景观，米尔安德公园）。

图14.2

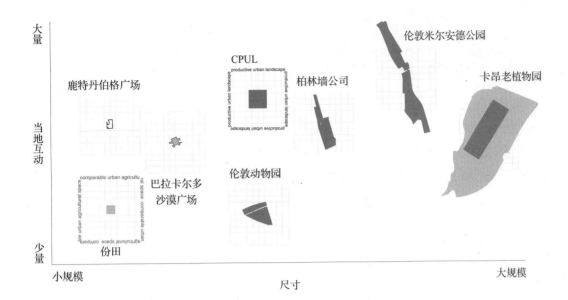

当地互动

伦敦动物园

一次性的相遇在旅游者、当地游客，还有工作人员及销售人员之间发生

份田

特定的两组人群相遇（份田主人与路人）

卡昂老植物园

在特定的一些使用群体中发生相遇（居民，游客，路人）

巴拉卡尔多沙漠广场

重复的和一次性相遇在多样的群体中发生（居民，游客，当地游客，路人）。集会场所

鹿特丹伯格广场

重复的和一次性相遇在多样的群体中发生（居民，游客，当地游客，路人）。集会场所

柏林墙公园

重复的和一次性相遇在多样的群体中发生。集会场所

连贯式生产性城市景观

重复的相遇发生在多样群体（居民，游客，路人）与交易者之间。集会场所

伦敦米尔安德公园

重复的和一次性相遇在多样的群体中发生（居民，游客，当地游客，路人）。集会场所

尺寸

鹿特丹伯格广场

1.5hm²，通常尺寸，平坦城市广场，在城市中部

份田

1.5hm²，通常尺寸，平坦或起伏的城市花园，在城市任何地方

巴拉卡尔多沙漠广场

2hm²，通常尺寸，阶梯城市花园，城市广场，在小城区中

伦敦动物园

10hm²，大规模，平坦城市公园，在大城市中

连贯式生产性城市景观

10hm²，大规模，平坦或起伏的城市公园，在大城市中。可以更小，如1.5hm²，伯格广场的尺寸

柏林墙公园

11hm²，大规模，起伏城市公园，在大城市中

伦敦米尔安德公园

36hm²，超大规模，平坦城市公园，在大城市中

卡昂老植物园

150hm²，巨大规模，平坦城市公园，城镇之外

图14.3　当地各类型场地的与尺寸有关的互相作用

图例

■ 建筑的硬质边界

■ 通透的边界
蔬菜，干道，水

—— 通透/半通透开放度

比例　□ 100m×100m＝1hm²
　　　□ 100m×100m＝1hm²
　　　□ 100m×100m＝1hm²

增加开放感。伦敦东街市场附近的连贯式生产性城市景观，伯恩和维尤恩（Bohn & Viljoen），2002年，可以看到农业实践的画面

空间开放感

空间开放的感觉是我们想要的。就如人们去海边，或者爬山登高时想要的感觉一样，去拥有花园与阳台也是出于同样的需求。空间开放的感觉既是表现在物理上的，也是听觉与视觉上的。

物理上的开放决定于空间的边界：建筑、篱笆、道路、河流或者密集的植被等。使用者如何感受空间的开放性程度依赖于他的经验以及空间的设计：边界、地面、地形、内部设施、轴线，这些决定着空间的尺度感受是大于还是小于其真实尺寸。

举例来说，一般建筑被用来限制边界，无论是对于视觉或是在运动过程中（拉维莱特公园，社区花园，伯格广场，动物园）。开放空间的尺度和地形可以超出边界，如对于一个小型城市开放空间来说，相邻的高速路是一个主要的边界，不论是在感受上或是在运动过程中（如巴拉卡尔多沙漠广场，埃姆舍公园）。不同的空间感受还涉及人们不同的文化背景：两个相同的空间，一个用金属篱笆围合，另一个用密集的果树围谷，将会吸引来自不同文化背景的人（植物园，拉维莱特公园，连贯式生产性城市景观）。

多样的功能

参与人群的多样性以及活动的多样性是衡量一个城市开放空间成功与否的标准，因为这能产生并维持来自当地人的兴趣、自豪感与满足感。城市开放空间的使用方式可以是短期和快速的，如穿行其中（如拉维莱特公园），也可以是慢节奏或精神上的，如让人们坐在那里倾听与观察（如埃姆舍公园，植物园）。对人群不具有广泛吸引力的空间通常是适于多种功能的需要的（如埃姆舍公园）。相关的功能可以是一次性的（动物园）或重复性的（社区花园）。不确定性的设计或未被使用的空间会鼓励使用者进行不可预期的个人活动（如伯格广场，巴拉卡尔多沙漠广场）。

当代的城市开放空间的主要内容是休闲（巴拉卡尔多沙漠广场，社区花园），提供服务（伯格广场）或教育活动（植物园）。所有这些活动都可以与特定的城市历史空间相关（动物园，拉维莱特公园）。但是开放空间包含"工作"的特质并无先例，这里的"工作"意味着在某种真实的空间中劳作，利用空间中存在的元素来谋生，如土地、植被和建筑（如连贯式生产性城市景观——城市农业，埃姆舍公园）。

图14.4

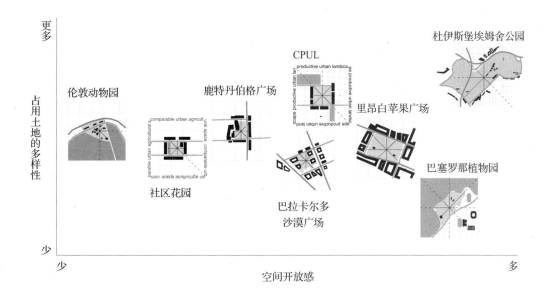

占用土地的多样性

巴塞罗那植物园
散步，聊天，观看，小憩，广场，聆听，学习

伦敦动物园
行走，谈话，观看，小憩，观察，聆听，学习展示，娱乐

巴拉卡尔多沙漠广场
行走，谈话，观看，吃，娱乐，会面，聚会

里昂白苹果广场
行走，小径，谈话，观看，小憩，会面，吃，娱乐，聚会

社区花园
行走，谈话，观看，小憩，会面，吃，娱乐，聚会活动，工作

鹿特丹伯格广场
行走，骑车，小径，谈话，观看，小憩，学习展示，会议，吃，娱乐，聚会

CPUL
行走，骑车，小径，谈话，观看，小憩，观察，学习会面，吃，娱乐，聚会，约会，工作生产，赚钱

杜伊斯堡埃姆舍公园
行走，骑车，小径，谈话，观看，小憩，观察，倾听学习，观看展示，会议，吃，娱乐，约会，工作

列表中的都是群体活动，多样的活动可以坐着完成。

图14.5 空间开放感与功能之间的关系

空间开放感

伦敦动物园
降低空间感：内部的建筑，内部的篱笆，篱笆边界，外部的道路，外部密集的树
增加空间感：较大的规模

社区花园
降低：篱笆边界，外部建筑和道路
增加：开放空间的可达性

鹿特丹伯格广场
降低：外部建筑和道路，道路噪音
增加：没有篱笆，平坦，可见天空

巴拉卡尔多沙漠广场
降低：外部建筑，道路和火车的
增加：地形，一边敞开

CPUL
降低：外部建筑和交通
增加：地形，两边敞开，视觉和运动连续

里昂白苹果广场
降低：篱笆边界
增加：视觉，地形，植物边界，尺寸

杜伊斯堡埃姆舍公园
降低：高速公路，高速公路噪声
增加：远景，地形，尺寸

运动和房屋。纽瓦克附近的城市农业场地，伯恩和维尤恩（Bohn & Viljoen），1999年，可以看到农业实践的情景

内城运动

欧洲城市开放空间的质量是从行人的角度来衡量其是否易于到达，包括是否易于进入、穿行或在其中休息、漫步，是否有各种各样的商店并能遇到当地居民（详见多种使用者）。不能提供这些特点的城市开放空间一般缺乏人气。

内城运动的特征与行人对于某块特定土地的可进入性有关。城市开放空间越接近城市中心，那它对内城运动的贡献就越大（如白苹果广场，老植物园）。

只有在城市开放空间中保证在其间的穿行安全且不受干扰，增加丰富多样的出入口才能激发更多的活动（如隆达德尔米格，米尔安德公园）。由于区位或功能的限制（如泰晤士河坝公园，老植物园），并不是所有的开放空间都需要很多入口。故有特殊功用的城市开放空间一般都远离城市道路（如墓地，份田），也因此无法为城市内各类运动作出贡献。

当可进入的空间是彼此相连的，城市开放空间就获得了一个前所未有的特征。城市开放空间提供了联系从城市到乡村的连续路径（如连贯式生产性城市景观）。

土地使用带来的经济回报

赚取收入并以此为生的能力是必要且令人满足的。使用土地、土壤本身来获取收入是最古老的生活方式之一——主要为食物生产。此外，它还满足人们在自然环境中工作的愿望。

不使用地面本身与空间设计以及其最终布局相关（如白苹果广场，隆达德尔米格）。从使用土地上以传统方式得到经济回报一般在规模相对大的土地上发生，但在欧洲也有例外（如墓地）。如果城市开放空间设计用于农业生产，那就可以得到额外的使用功能与空间性质。通常，这些开放空间包含份田区域，并能产生来自份田的微博收入和巨大满足感（如老植物园，米尔安德公园，份田）。

与尺度类似，在不减少其原本视觉与空间特征的前提下，大多数花园或者类似公园的开放空间都可以用来进行实际生产（如泰晤士河坝公园）。当土地用于生产且被商业化后，一个新的、前所未有的景观形式产生了。接着，可持续发展和对城市开放空间的良好保护将带来可观的经济回报（如连贯式生产性城市景观——城市农业）。

图14.6

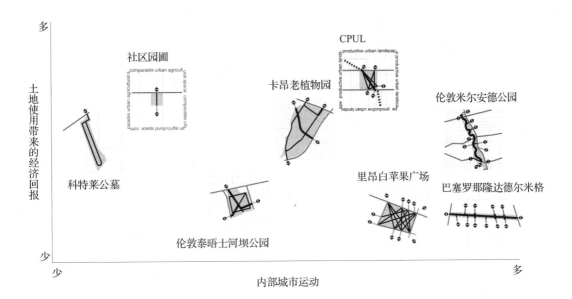

土地使用带来的经济回报

里昂白苹果广场
从土地使用事件间接得到回报，游客、商人、维修

巴塞罗那隆达德尔米格
从土地使用间接得到回报，游客、商业、维修

伦敦泰晤士河坝公园
从土地使用间接得到回报，游客、维修

科特莱克公墓
通过土地租赁得到租金

伦敦米尔安德公园
从作物的买卖中取得财政收入（生态公园），雇主

卡恩老植物园
从作物买卖中得到财政收入，还能通过堆肥得到经济效益，也可以用于自己种植产品中

份田
从作物买卖中得到财政收入，还能通过堆肥，种子零售，自我使用，生活模式得到经济效益

连贯式生产性城市景观
从作物买卖中得到经济收入，还能通过堆肥种子零售，自我使用，生活模式及短线经济得到经济效益，当地雇佣

内部城市运动

科特莱克公墓
单一出入口，没有连接的

份田
很少的出入口，非永久可达点

伦敦泰晤士河坝公园
很少的出入口，新的与已有路径的连接，改善地点可达性

卡恩老植物园
一些出入口，新的与已有道路和宅间路的连接提高了可达性

连贯式生产性城市景观
一些出入口，新的与已有道路的连接和与城市内部的连接，提高了可达性

里昂白苹果广场
很多出入口，新的与已有道路的连接和与城市内部的连接

伦敦米尔安德公园
很多出入口，新的与已有道路的连接和与城市内部不同部分的连接，新的人行路桥

巴塞罗那隆达德尔米格
很多出入口，新的与已有道路的连接和与城市内部不同部分的连接，新的行人移动和交通方式

图14.7 土地带来的经济回报

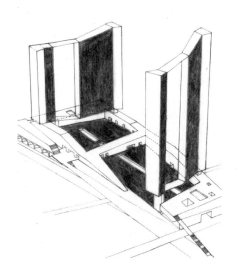

图例

塑造空间的植物

重要的孤植树

水

比例　　100m×100m＝1ha

100m×100m＝1ha

100m×100m＝1ha

水平和垂直的田地。伦敦肖尔迪奇的城市农业，
伯恩和维尤恩，2000年

城市自然

在"自然"中生活是让人向往的，"自然"是生活在野外、乡村或森林中，简单来说，就是非城市的。城市自然是将人们印象中的"自然"特征引入城市环境的一种尝试。它指空间产生感受经验的潜力，如从视觉、触觉、嗅觉、味觉、听觉上去创造愉悦、冲突或舒适的体验。可以在视觉和触觉上体验到丰富多样的植物，是城市自然最直接的象征（如植物园）。

作为非常平坦的表面，水也是城市开放空间中对视觉与听觉造成强烈冲击的自然元素（如拉维莱特公园），不论自然还是人工水面（如白苹果公园，埃姆舍公园）。通过多样的植物种植形式（如连贯式生产性城市景观——城市农业），农业植被通过增加更多种类的植物和种植形式，赋予了城市开放空间额外的维度。生态种植向空间使用者们显示出了生态循环的模式，这是城市中一切"自然"特征存在的基础（如埃姆舍公园）。

为小野生动物提供栖息地的开放空间不是规模较大就是致力于保护野生动物，这两类空间促进了自然特征的繁荣（如社区花园）。开放空间如果缺少上述特征，都会导致与自然接触感受的降低（如隆达德尔米格，第五广场）。

持久的视觉刺激

视觉是我们最常用的感觉器官，因此，也是欧洲当代生活中最多被考虑与满足的。视觉刺激是让人们保持兴趣的关键，也是对来访者的挑战。如果一个空间无法满足人们的视觉要求，那么除非必要，人们不会再来第二次。确保视觉刺激、运动与变化是必要的。虽然稳定不能形成刺激，但即使很小的改变却可以。所有我们在这里讨论的空间都是城市空间，光线与天气将会持续影响他们的光影效果。

人、车、城市生活的流动，这些运动就如植被带来的刺激一样多，尤其树与花木随着季节变化（如隆达德尔米格，第五广场，社区花园）。

在城市开放空间举办多样的活动不仅能持续吸引着人们，也能反复改造空间（如白苹果广场，拉维莱特公园）。将植入的事件与日常活动结合将会是最成功的方法：为各类使用者提供来自季节、交通和娱乐活动等带来的变化，而不是单一的刺激（如连贯式生产性城市景观，埃姆舍公园）。在开放空间中举办的展览，可以通过二次塑造空间，为空间增加了新一层的刺激（如植物园，拉维莱特公园）。

图14.8

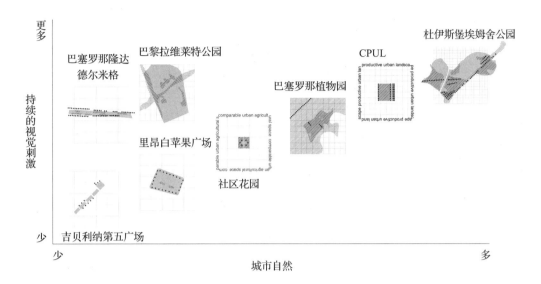

持续的视觉刺激

吉贝利纳第五广场
随季节变化的树。路人和反复来的游客。当地事件

里昂白苹果广场
随季节变化的树。路人和反复来的游客。当地事件

社区花园
随季节变化的树。季相变化的植被。游客。工作人员，当地事件

巴塞罗那植物园
随季节变化的树。随季节植被变化的游客。工作人员。当地事件。展览

巴塞罗那隆达德尔米格
随季节变化的树。路人，反复来的游客与交通。工作人员

巴黎拉维莱特公园
随季节变化的树，植被，游客。当地和区域事件。展览

连贯式生产性城市景观（城市农业）
随季节变化的树。路人，反复来的游客。工作人员

杜伊斯堡埃姆舍公园
随季节变化的树。路人，反复来的游客与交通。当地和区域事件

+持续的光线的变化（白天，夜晚，太阳……）
+持续的天气的变化（风，雨，空气……）

城市自然

吉贝利纳第五广场
小树

巴塞罗那隆达德尔米格
小树。灌木和花卉

里昂白苹果广场
大树。砾石。水

巴黎拉维莱特公园
小树。宽阔的草坪。花卉。水

社区花园
小树和大树，果树。灌木，花床，草坪，水，小型野生动物

巴塞罗那植物园
小树。各种灌木，花卉，适合季节的草本植物，苔藓，水

连贯式生产性城市景观（城市农业）
小树，果树，灌木，蔬菜，草药，水果，花卉，田地。草坪，水，砾石

杜伊斯堡埃姆舍公园
小树和大树。生态植物。份田。草坪。水。非人工干预植物。砾石。小野生动物

+太阳，风，雨，热空气，暖空气，冷空气……
+害虫
所有的开放空间

图14.9 城市自然与持续的视觉刺激之间的关系

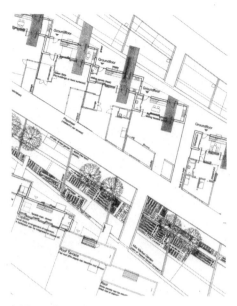

图例

低/中/高的
多样性和土壤质量

主要资源/较少的
噪音污染

安静的资源

比例　　100m×100m＝1ha

　　　　100m×100m＝1ha

　　　　100m×100m＝1ha

生活，工作和收获。谢菲尔德的连贯式生产性城
市景观，伯恩和维尤恩，1998年

环境愉悦

　　能让人们感到满足的空间所具有的特质往往相似。这里提到的特质特指环境愉悦。除了植被、水、天气或动物（详见城市自然），人在环境感受中追求平静的、清新的、生物的多样的开放空间。

　　城市开放空间通过远离噪声和城市交通为听觉与视觉提供了平静，即通过选择其在城市中的位置（如第五广场，柏林墙公园）或者通过纯粹的尺寸（拉维拉特公园）来实现。水面、开阔的视野增强了视觉的平静感受（详见空间开放感），不论是对于暂时使用空间的人（泰晤士河坝公园，动物园）还是那些永久生活在那里，或在附近工作的人们（份田）。

　　把肥沃、健康的土地与生物多样性结合在同一个图标内，以表明它们之间紧密的联系。拥有生物多样性和肥沃的土地的城市开放空间都具有丰富植被，这是通过空间上多样种植（如份田）或在时间上连续种植（如城市农业）来实现的。假如附近没有污染源，那在城市开放空间就极易享受到新鲜空气以及风（见尺度）与植被（如公墓，城市农业，柏林墙公园）。

各种使用者

　　城市委员会或使用者自己一直寻找着城市空间的一种特质即吸引各式各样的使用者，因为这个特质具有打破社交界限的可能性，如不同年龄、种族、社会地位、性别、国籍、宗教信仰、文化背景等等。多样的参与者并不是指使用者的数量（尽管数量多通常意味着种类也多），而是不同背景的使用群体。实现这个目标要依靠最初的主题设定，以及其后城市开放空间的设计。使用群体成员可以不受空间设定的约束，在以相同意图使用的同时仍然属于不同背景。

　　通过提供单一或多样的活动（见各种使用者），对某一空间的设计可以鼓励或限制使用群体的多样性（拉维莱特公园，柏林墙公园，公墓）。

　　通过经济手段来限制一个特定空间的可达性（见城市内部运动），以此来管理参与者的种类（如动物园，份田，拉维莱特公园）。

　　这种微妙的、开放的、关于空间"非经济"界限的越界设计以及功能安排将决定其对多样使用群体是否具有持续的吸引力（如连贯式生产性城市景观，第五广场，泰晤士河坝公园）。

图14.10

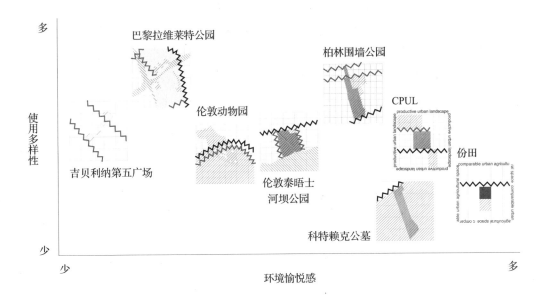

使用者的类别

- **科特赖克公墓**：吊唁者，工作人员。各年龄段的来访者，所有社会和种族背景。大多是当地人。
- **份田**：园地主人，路人。所有社会和种族背景。主要是当地人，各年龄段，但大多是35岁以上。
- **伦敦动物园**：居民，工作人员。所有社会和种族背景的来访者。所有年龄段的当地人，或国际游客，但多数是孩子和他们的父母/监护人。
- **伦敦泰晤士河坝公园**：普通和有专业背景的居民，路人。各年龄段，各社会和种族背景的来访者，大多是当地人。
- **连贯式生产性城市景观**：普通和有专业背景的居民，路人。各年龄段，各社会和种族背景的来访者，大多是当地人。
- **吉贝丽纳第五公园**：普通和有专业背景的居民，路人。各年龄段，各社会和种族背景的来访者，大多是当地人。
- **柏林围墙公园**：普通和有专业背景的居民，路人。各年龄段，各社会和种族背景的来访者，大多是当地人。
- **巴黎拉维莱特公园**：普通和有专业背景的居民，路人。各年龄段，各社会和种族背景的来访者，当地人和国际游客，但主要是成人。

环境愉悦感

- **吉贝丽纳第五公园**：降低的愉悦感：缺乏主要的植被
  增加的愉悦感：静谧
- **巴黎拉维莱特公园**：降低：与各项活动相关的噪音/交通，园址中建筑的数量
  增加：开放性，水面
- **伦敦动物园**：降低：主要道路交通/噪音。建筑数量。
  增加：通过植被和动物活动空间两方面，强化展示的自然环境。
- **伦敦泰晤士河坝公园**：降低：道路交通/噪音
  增加：静谧。植被的季相变化，水面
- **柏林围墙公园**：增加：静谧，开放性。植被丰富的季相变化
- **科特赖克公墓**：增加：静谧，开放性。通过植被和墓地，强化展示的自然环境。
- **连贯式生产性城市景观**：降低：可能的道路交通。
  增加：植被丰富的季相变化，开放性。肥沃的土地，可见的生态循环链。
- **份田**：增加：植被丰富的季相变化，开放性。肥沃的土地，可见的生态循环链。

图14.11 环境的愉悦与场地功能变化的关系

虽然当今大多数开放空间关注着类似的城市问题，但它们的差异性主要体现在：对于土地、地面、当地气候、植被与水源的使用方式的不同，这进一步导致了与"自然"互动的差异性。对于这些不同之处，并没有评判标准：城市开放空间由于各种各样的原因，一般主要与其设定有关，逐渐脱离"自然"。

尽管如此，城市自然的出现是针对环境愉悦程度建立一个衡量标准的尝试，从环境意义上看城市开放空间是否成功。城市自然着眼于植被、土地、空气还有声音的质量，包括大多数人亲近自然与开阔空间的愿望（详见第15节）。不论是听觉还是视觉上的平静，都是对环境是否让人们感到愉悦的重要评判标准，对于平静的追求是人们离开城市的原因之一，不论在假期或周末的郊游，或是居住在城市外。噪声，与之相反，是越来越被看重的环境污染源。尽管在究竟什么是噪声上还存在分歧，但总的来说，人们对噪声作为污染的一致认同令人惊讶。对于城市开放空间，噪声污染主要来自交通，而非工业生产，这可能仅意味着规划城市开放空间时的地点选择是最重要的。空气质量（未被列入城市开放空间图册）是指新鲜，洁净，未被污染的空气，二氧化碳和其他排放的废气含量低。一般，较高的空气质量存在于远离道路、工业区等污染源的地区。城市开放空间有提供较高质量空气的潜力，开放空间通常被安排在离污染源较远的地区。风和植被能够帮助净化空气，城市开放空间鼓励空气流动与植被种植，因此易得到干净的空气。植被——土壤质量在健康土壤（肥沃的土壤，未被污染和用过化学肥料的）与生物多样性之间的相互关系中被研究。可以预见，虽然具有同样的肥沃程度，没有用过化学物质的土地可以带来更丰富的植物和昆虫种类，这个使得它成为永续自然环境的基础。

关于城市开放空间的图册

图册旨在表现未来连贯式生产性城市景观在当代城市开放空间中的位置及其独特性质。这里面的比较是基于三项标准——开阔性、使用情况和生态性，以此来强调连贯式生产性城市景观相较于其他类型城市开放空间的积极影响和特质。

以上述"可持续性"导向的标准去衡量单个开放空间是粗糙的，但无论如何，结果显示了将连贯式生产性城市景观融入城市的明显效益。

每个图表有6个（14个中选出）当代欧洲城市开放空间被用以与未来的连贯式生产性城市景观，及与已经实施城市农业的社区园圃或份田案例做了比较。

参考文献

Charbonneau, J. (1995). Three squares in Lyon. *Bauwelt*, 25, 1428–1447. *(Place Bellecour, Lyon)*

Cheviakof, S. (2000). Barcelona Botanical Gardens. In *Ecological Architecture* pp. 56–59, Loft Publications. *(Botanical Garden, Barcelona)*

Engler, M. (2000). The garden in the machine:

the Duisburg-Nord Landscape Park, Germany. *Land Forum*, 5, 78–85. *(Landschaftspark, Duisburg)*

Ferrater, C. (2000). Jardin Botanico de Barcelona. In Carlos Ferrater pp. 250–263, *Editorial Munilla-Leria. (Botanical Garden, Barcelona)*

Gili, M. (ed.) (1997). Platform over the Ronda del Mig, Barcelona. *2G-Landscape Architecture*, 3, 60–67. *(Ronda del Mig, Barcelona)*

Groupe Signes & Patel Taylor (2001). Thames Barrier, London, (United Kingdom). *A&V MONOGRAFIAS*, 91, 90–93. *(Thames Barrier Park, London)*

Holden, R. (1996). Shaping open space. *Planning*, 147,8–11. *(Parque de la Villette, Paris)*

Holden, R. (2001). Greening the Docklands. *Landscape Architecture*, 10, 82–87. *(Thames Barrier Park, London)*

London – The Photographic Atlas (2000). pp. 19–20, 128–9, HarperCollinsIllustrated. *(Mile End Park and Zoo, London)*

Lootsma, B. (1997). Redesign of the Schouwburgplein andPathé multicinema, Rotterdam. *Domus*, 797, 46–57. *(Schouwburgplein square, Rotterdam)*

Lubbers, P. and Wortmann, A. (2000). Hoog Kortrijk cemeteryby Bernardo Secchi and Paola Vigano. *ARCHIS*, 10, 30–33. *(Cemetery, Hoog-Kortrijk)*

Marquez, F. and Levene, R. (2002). Eduardo Arroyo: Plaza del Desierto, Baracaldo. In *In Progress 1999–2002* pp.154–169, El Croquis SL. *(Plaza del Desierto, Baracaldo)*

Perrault, D. (2001). Park in an Old Siderurgical Plant, Caen (France). *A&V MONOGRAFIAS*, 91, 76–81. *(Old Plant Park, Caen)*

Pisani, M. (1994). Five Squares in Gibellina. *Industria Delle Construzione*, 273/274, 4–15. *(Five Squares, Gibellina)*

Purini, F. and Thermes, L. (1992). New squares for Gibellina. *Deutsche Bauzeitschrift*, 7, 1017–1022. *(Five Squares, Gibellina)*

Rossmann, A. (1996). Landschaftpark Duisburg-Nord – symbol of change in the Ruhrgebiet. *Bauwelt*, 37, 2128–2135. *(Landschaftspark, Duisburg)*

Rousseau, S. (2000). Schouwburgplein: Mehr Bild als Platz? *Topos*, 33, 18–24. *(Schouwburgplein square, Rotterdam)*

Uhrig, N. (1997). Mauerpark. In *Freiräume BERLIN* pp. 56–57, Callwey. *(Mauerpark, Berlin)*

Young, E. (2002). No walk in the park. *RIBA Journal*, 2, 58–60. *(Mile End Park, London)*

15

田地上的设计：份田在城市景观中的未来

大卫·克劳奇教授和理查德·怀斯勒

份田作为城市农业在英国独一无二的开放空间土地使用形式，当地政府部门给予了这些土地和自己种植果蔬的耕作者尽可能多的优惠。此外，大多数的份田在没有得到中央政府明确同意之前是不能被处理的，对于这些土地的处理需要通过当地部门对于份田供求相关标准的许可，而不是设计者或开发商。尽管商业开发压力为实现土地潜在货币价值而改变其使用性质，上述保护措施解释了为何这些生产性绿色空间能存在至今。最初的提供和保护这种土地的逻辑根源于一个世纪前的劳动力匮乏。然而，虽然份田可以在贫困社区补贴人们的生活，但是在其他地区，廉价超市食品、工作时间要求，以及多样的娱乐消费削弱了人们对份田的需要，这种需求从战时"为胜利而种植"运动之后急速下滑。这些土地现在不仅受到来自开发商的压力，还有来自于绿色空间使用者对于空间的要求，用以满足他们开展其他消遣活动的愿望。份田的未来依赖于去创造一种在份田文化和使用者对土地要求之间的折中模式——既可作为资产也可作为观赏和休闲资源。本节，我们将调查设计份田可能扮演的角色，确保其有一个新的未来——理性地保护份田并做出适当的改变。

在1998年的议会选举委员会上关于调查"份田的未来"的提案中（下议院，1998），大多数关于份田在21世纪定义的关键观点被提出，其中包括关于食品安全和饮食质量的深切关心；关于如何使老年人以及被遗弃的人拥有室外空间进行健康运动和放松；关于生物多样性和份田能促生城市自然；关于社区的包容性以及与居民们的共同利益密切相关的社区土地。但值得注意的是，在调查报告及随后的优秀案例导则《社区种植》中提及的相关设计实践内容却未得到了足够关注（本章作者克劳奇，塞姆皮克 以及怀歇尔也参与了导则编写，2001），即使导则采用了相当支持的语调。在对份田的论述中，对于设计的关注过低是由于历史变迁和过去份田的遭遇，以及份田持有者的法律需要及他们所信奉的文化与设计观念之间难以调和的矛盾。

份田所呈现出的设计挑战，可以通过关注份田对于城市三种最明显的贡献来理解：城市景观中的绿色空间（开放或不开放）；城市景观中用于公开自主的且具有创造性活动的空间；还有作为协调者的角色——在微观层面上，协调不同土地使用者之间以及为通过接触和共同兴趣而组成社区的来自不同背景的人们。

作为绿色空间的份田

《社区种植》（克劳奇等，2001）中涉及的为数不多的设计问题都聚焦于公众审美与自发形成的乡村份田景观之间的矛盾。作为绿色开放空间，份田并没那么诱人，有时候甚至表现得过于封闭和随意，这个问题在肯尼特区域委员会对较好实施规划要求的设计的评语中被突出——评语写道：……避免了对景观特征不利的影响，并使某种程度的几何规律成为自行建造行为的主题，以防止基地显得太不整齐……

份田建筑的乡土传统是使用可循环及重制材料，而不是如现今花园里随处可见的崭新而漂亮的松木小屋，这说明份田园艺最初是作为一种生存活动而不是一种休闲追求。并且，这些建筑具有一种内在的临时性，这通常伴随着对疫病的预测，无论是真实的还是想象的。《社区种植》（克劳奇等，2001）中关于重新定义份田的目的的内容中，阐述了大量使用可循环材料的优点，包括对当地可持续发展的贡献及对于《21世纪议程》中可持续发展的目标的实践，这是美学考虑可以与旨在可持续发展的逻辑融合的清晰例证。然而，从更深一个层面上讲，自己去创造空间的机会可以算作是份田对于其持有者的价值之一，这种自我表达超出了消费主义价值与快速设计花园所能涉及的范畴，是一种无需考虑大众形式的，实现亲密且私密尺度的体验的途径。对于一些观察者来说，这种乡土景观自身具有巨大的吸引力："这是摇摇欲坠的景象，却带来十足的诱惑"（米奇里，2000）。但这却精确地表述了份田长远发展所不可或缺的美学要求。事实上，美学并不总是主流文化帮助解释了的一系列《私人眼睛（Private Eye）》杂志里"伪装角落"中引证的最终表现形式。

对份田的美学争议可看作是开放空间和设计考虑在规划政策导则的竞技场内的交叉，表现尤其突出的是最近关于PPG17（运动，开放空间和娱乐）的再形成。PPG17草案呼吁创造"良好品质"的开放空间，并强调"应用设计标准来维护并提高公共领域的质量"的需要（环境部，交通部和地区部门，2001，p.22）。但令人担心的重点是，什么标准将被用于评判"设计良好"的空间（以及他们的美学欣赏水平），以及是谁去控制这些标准，和他们将什么因素优先考虑。

一个相关且重要的议题是份田基地的延展性，份田视觉上具有多少吸引力，甚至实际上可以做成"开放空间"，就有多少内在冲突存在于其作为私人财产的安全性与持有者视拥有感为份田价值所在。尽管份田通常是公有的，作物与耕作设施却是属于菜农的，而这些非常容易成为盗窃和破坏行为的对象。关于围栏不足及园圃大门没锁的抱怨十分常见，这便带来了开放性与私密性间的矛盾。

然而，可达性并不仅仅是带来打扰或观看自由的问题。份田租用包含了单独使用的权利，这种权利在现实中可以持续几十年，这限制了进入其中的权利，而这对于早期的租用者是有利的，尤其当园地规模很大的时候。通过这样的程序，份田转变成了半封闭的、半私有的公共开放空间。上述原因导致的土地"拥有权"的文化表达进一步加强了土地的排外性，年轻的妇女、孩子、少数民族都在这里感到不受欢迎。《社区种植》暗示这些地块需要优秀的设计以克服这种无益处的排外性，通过简单的措施实现人们对份田的潜在需求，比如让田地规模小一些，基地更安全一些，从而提高接纳各年龄段及各种能力的人群的能力。幸运的是，《社区种植》（克劳奇等，2001）确实列举了国内较好的实践案例，包括当地部门及份田协会采取各种各样的措施来促进份田土地的社会包容性，而好的设计可以巩固上述成果。

份田的场地与公共视觉的开放度设计应尽可能最大化在份田幸存过程中拥有利益

的人，如耕作者，以及观察者和经过者的数量。但是排外性仍然会存在，我们应该通过合理的调查，去确定份田是否被赋予其他功能后，其优点（与其他形式开放空间所共同拥有的），如提供在新鲜空气中健康锻炼的场所，是否可能不会对多数人更有效，即来自其他空间功能的威胁。这也是土地持有者谨慎对待设计的主要原因。

作为城市景观的份田

　　肯定能被肯定的是，份田对城市景观作出了独一无二的贡献，这种贡献挑战着传统城市规划和设计的观点。城市份田是对于乡村景观矛盾情感的回响，正如它曾经的样子——作为一种人为的景观，却能从市中心直接到达，创造了好似在"乡村"的假象，对于那些希望在土地上劳作，却不愿去真正地农业乡村的人来说，这里更"友好"且更具"亲和力"，体现了社会独有的"漫游生活方式"文化，以及"绿带"、"绿肺"内的乡村生活方式。作为一种人为的景观，却有着一种安定、静谧的感觉，是一种拥有独特安静感受的共享空间。与其他的城市农业相同，份田挑战了认为乡镇是生产性城市发展空间的观念。城市与乡村的融合一直以来是城市设计师的难题，因为它与被强加的城市景观理念，或应该是什么样子的理念相矛盾，这种理念一般表达为秩序、控制、纯净的形式和干净的边缘。但是对于不是设计师的人们来说，这仅仅是个概念上的矛盾而已（克劳奇和瓦尔德，2002）。在伯明翰西部城市汉兹沃思，一个叫强恩的农田持有者，感

受到了份田独特景观的价值："我们来这里获得了平静与安宁，这里就像是在城市中的乡村一样。在一个美丽的夏天，来到这里会让你觉得置身世外桃源"（克劳奇，2002）。很多生活、工作、行走或骑车于份田中的人们认为，这样做不仅是出于他们的审美价值，而更是为了与更多人参与到关于这块土地未来的讨论之中。保护完好却看似无序的景观提供了一种除此以外无法获得的文化与人群的多样性，这种多样性让这些景观在生态和文化两方面中都具有价值。

　　份田也提供了一种逃离城市的寄托，这是城镇公园和其他开放空间所无法做到的。然而，公园本来就是被设计用于休闲的，而不是作为一个生产性景观，让使用者能够在其中进行种植、创造并逐渐适应他们自己的土地，从而生产他们自己的景观。有机种植和四季变化，以及人们的关注能给行列种植带来舒缓和变化。当然，份田空间既是公共的也是私人的（克劳奇，1998）：私人土地的持有者对他们的土地有权进行投资，而路过或来访聊天的人则可以体验到它的公共性。这是一种结合规律与无序的景观，一种无政府主义的创造，一个永不停息的工作进程。

　　份田的价值看起来与罗杰斯勋爵的"城市复兴的伟大新世界"多么的不一致（怀歇尔，1999）。城市工作组的报告（1999）反驳了由"建筑主导的更好的城市"的专业自助式模型。报告诊断了为了获得高质量的生活，高密度的城市生活致力于恢复20世纪50年代的主义——一种关注建造形式，而不是人们的生活、社区以及他们的活动及相互作用的模式。这样的方法将我们带回到那些

30年前优秀的社区建筑。作为对20世纪中叶建造形式经验的回应，高密度的生活被认为可通过良好的结构设计来实现。虽然开放空间（包括份田）是被认可的，但只是作为一种辅助的角色。对于份田的倡导必须与上述对城市的理解竞争，并且给出它对于人们生活和社区个性（可通过开放空间的设计来实现）的价值。外部开放空间同内部空间一样，提供了让人们共享、自我表达、参与以及投入精力的可能性。当然，相反的情况也会发生，这时，服务者，包括专业设计师和社区建筑师，即成为重要的协调者角色。份田景观得到的经验就是空间可以因为人们的活动而活跃起来，他们的使用可以通过投入时间和精力产生"拥有感"以及"认同感"。这种"拥有感"不同于法律或经济投资上的所有权的复杂概念。份田景观提供了既能被人们接受的，无论是环境、文化或社会层面的，高密度的城市生活方式，又可实现城市可持续发展。

当代份田景观与新的城市现代主义的摩擦，可说是对之前一次份田设计革新的失败尝试的回响。这个尝试是由20世纪70年代早期的《索普报告》发起，倡导"休闲花园"概念（索普，1975），是一种设计师主导的关于英国份田的解决方法。借鉴一些在欧洲其他国家非常成功的份田（休闲类）设计案例，索普的设计顾问们相信这样的模式在英国也适用。这个报告建议使用螺旋路径和"扇形"的田地造型，并以混凝土的建筑楼群替代英国人所熟悉的独立棚屋。在这一方面，这些设计比其他欧洲国家走得更远，在其他国家，主要的地块形式仍是采用直角线

形的，这也是当时英国最常见的风格。欧洲许多园地的关键特征是大棚屋或只容一人睡觉的小木屋。在这些农田上分布步行小路也成为了开放空间要素之一，但是景观效果被农田持有者沿着边界种植的树或其他植物逐渐弱化与侵蚀了（克劳奇和瓦尔德，2002）。

当然，以索普的理论为基础的再设计的代价是很难被接受的，除了一些为展示而建造的案例。但还有另外一个关键的原因解释了为什么根据索普理论而设计的份田从未在英国实现，因为他们的文化对于在英国发展的份田来说是外来的。但这并不是否定变化，事实上，在过去的30年里，也的确有越来越多的不同方式被人们用来改变他们份田的外观与功能。更重要的是，在任何地方，对于几近被遗忘的份田的支持都很少。其次，混淆份田景观"随意而适用"的特征与"疏于管理"的做法是错误的。对份田的再设计一直是某些操作手册里的关键内容，也早从20世纪30年代开始，政府就出台了相关建议，这些甚至比田园城市理论中以传统模式布局的整齐排列的农田设计内容更早出现。但是，田园工作者们坚持要软化它们的边缘，消除直线，并将他们自己的文化带入景观设计中。

从份田与那些强加其上的设计理念之间的不和谐中，我们得到的教训是，以人们实际使用份田的办法来设计是更为明智且实际的。对于份田设计原则的应用需要首先认同使用者的工作方式，并理解这些份田对于其所在社区居民的意义；简而言之，即需要尊重份田景观作为一种活着的城市文化的自发表达。

作为社区之间的协调者的份田

　　份田景观在持有者们的耕作活动和建筑风格之间也扮演着极具价值的角色。拥有份田的意味比种植食物要多得多：

　　　　在户外工作对身体更好，比在家天天待着更有精力，更丰富刺激。有时会有微风带来的意想不到的气味，空气给皮肤带来的感觉总是不同。有时会在你的手和膝盖上注意到昆虫或其他小奇迹。我的份田是我生活重要的中心，我强烈地感觉到在我们周围的环境充满更多的人造物之前，每个人都应该能去拥有土地，去建立与土地亲密的关系。（卡罗，达勒姆，引用自克劳奇，2002）

　　在份田工作可以通过简单的实践而让居民产生对于社区的归属感：

　　　　如果你给某人一些农产品，他们会说，你是从哪里得到的，那么我会说这是我自己种的。你会觉得为此而感到骄傲。（西尔维斯特·伯明翰，ibid）

　　物品交换可能是微不足道的，但却意义非凡，并且这个过程也会建立起自信：

　　　　我们互相学习。你非常友好而善于交际。你让我感觉良好，你不会来拜访我……你的花园中的东西，那些水果，足以让我感激万分。

　　约翰，70多岁，正在与艾伦谈话，一个50多岁的妇女。她说：

　　　　我从他那里学到了很多。我学会了种植的方法和真正的种植技术。我学会了牙买加的种植方法和烹饪方式，有时你可以看到一个非洲加勒比式的份田，一个亚洲式的份田，一个英国式份田。并且，我学到了耐心和感恩，还有与之有关的宗教。

　　他们很少交流；他们只是安静地在两块相邻的土地上工作，有时候同时在那儿，但这都没关系。这种表达与交流就是份田的景观。这是通过人类自身的经验、关系和实践来理解景观。一个人或是与他人一起，耕作者创造景观的过程是他们对自己文化的表达。

　　然而，这并不是说所有份田持有者可以完全按自己想法来工作，尽管少数时候可以。与之相反，其实份田工作是多次协商的结果。当然，也有规范来明确什么可以在份田中做；但是过程中总会遇到一些难以说服的人，或者在小区域内有政治利益的人。同样，也有与自己的协商——像卡罗，如何选择自己的价值和态度。关于协商的价值和实践，有一个有趣的案例：大约十年前，达勒姆城中心的马杰里·拉尼的份田土地受到了关闭和变卖（由教区所有者）的威胁，份田持有者发现他们不得不为此在彼此之间开展非常战术性的协商。一些持有者想要保住他们破旧的棚屋，其他人想要在保留份田公共运动中回应对于基地日益增长的关注（克劳奇，1994）。在长达数月的时间里，持有者们举行了讨论，有些时候是争论，最终几间棚屋被拆除了，但大多数被修复和重新装修了。在达勒姆城市协会和城市委员会的大力支持下，结果是这些土地被挽救了。

用于设计的地块

什么才是设计师合理的角色？对新现代主义的批判意味着，从建筑专业的角度去设计份田需慎之又慎。份田景观自身有很多积极的特征值得被继承与保护，但作为活生生的遗产，最好的方式还是由从业者自己维护。当然，必须承认的是，一些地点还是有潜力复苏的，从由于持有者的不作为，或土地拥有者的不关注，有时甚至是有意的忽视造成的萧条中（克劳奇，1998）。份田中有设计师的用武之地，但它又是非常复杂的，需要与众不同且具有洞察力的设计技巧：需要设计师去倾听而不是诉说，去催化而不是指挥。至关重要的是，设计师需要形成与份田景观的文化共鸣；设计中所体现的文化最好是原生的，而不是强加的。从好的社区建筑中吸取经验，设计师便可以通过转译来完成一个想法，例如，空间利用的效率、包容性，还有特殊材料所具有的潜力。地块持有者有时会想到将份田与其他开放空间和建设使用结合，但最终他们没有，因此，设计师对于怎样激发地块潜能的认知是极具价值的。然而，设计师需要意识到份田持有者的知识有时是外行的，并且很难很快明白，并要甄别哪些是能指导工作的，而哪些会导致重蹈索普的失败。设计师必须与景观生产者以及地块持有者一起工作。

我们认为设计师合适的角色是充当一个协调者，在《社区种植》（克劳奇等，2001）定义的对于份田未来最基本特征的逻辑框架下，寻找活着的景观与份田文化相协调的办法。例如，在考虑出入口的时刻，使份田成为更为开放和更具有广义价值的绿色空间，刺激观察者去思考买一个耙或加入的好处，同时可以以适当的安全手段来保护作物与财产，如在低矮的铁线网后面的荆棘。在地块中，设计标准也许要和新的租赁协议相融合，应对可供观赏的地块设计独立的条款，或者针对一些情况减少租金，如保留了可以增加花季装饰效果的树木或在秋季可以提供水果的树木等。土地也可以通过创新的分划方式，来适应忙碌的人们，将生产性的微小空间与共享的设备如长椅，和公共艺术相混合——这些可以在份田以及附近增加人们之间亲密接触的机会。

在更上的层次，作为城市规划师，应该以创造性的方式帮助份田融入城市景观，从而获得有价值的协作效应。Crouch et al.（2001，p. 25）举例说明了地块与游戏活动场地相邻的好处——这样他们的父母就可以在他们的孩子厌倦了蠕虫与泥浆后安静地耕作，而其他人也能在耕作者离开的时候看管田地。区位的接近也可以在需求产生变化时，使份田与其他的绿色空间的使用功能进行转换，与此同时，对于份田的其他位置的考虑也可以将其带入到一种与可持续发展的原则相协调的生活模式的中心。正如霍尔和沃德（1998，pp. 206–7）对份田与新住宅协同发展的呼吁："将份田设置在大型街区的中部是理想的，园地被住宅和他们的小型私人花园所围绕。这将满足人们从这个日益复杂而令人担忧的环境中获得机绿色食物的迫切要求。"

但是，不论是新的还是以前的份田空间，最基本的还是需要让园地耕作者投入到设计过程之中，从而使设计结果能与他们对于地块的拥有感相融合。换句话说，通过与份田文化的特征及其体现这些特征的知识协作，从而获得更好的设计方法，这种方法是被赋予的，而不是强加的——通过社区自豪感获得的可持续性设计，在这里，细节处理可以留白以便让人们在微观层面上表达他们的创造力成为可能；在这里，每天上演着耕作的艺术以及有关份田生活的点点滴滴。

参考文献

Crouch, D. (1994). Introduction to Crouch, D. and Ward, C., *The Allotment: Its Landscape and Culture*. 2nd Edn. Nottingham: Five Leaves.

Crouch, D. (1998). The street in popular geographical knowledge. In *Images of the Street* (N. Fyfe, ed.) London: Routledge.

Crouch, D. (2002). The *Art of Allotments*. Nottingham: Five Leaves.

Crouch, D., Sempik, J. and Wiltshire, R. (2001). *Growing in the Community: A Good Practice Guide for the Management of Allotments*. London: Local Government Association.

Crouch, D. and Ward, C. (2002). The *Allotment: Its Landscape and Culture*. Nottingham: Five Leaves.

Department of the Environment Transport and the Regions (2001). *Revision of Planning Policy Guidance Note (PPG) 17 Sport, Open Space and Recreation: Consultation Paper*. London: Department of the Environment Transport and the Regions.

Hall, P. and Ward, C. (1998). *Sociable Cities: The Legacy of Ebenezer Howard*. Chichester: John Wiley and Sons.

House of Commons, Environment Transport and Regional Affairs Committee (1998). *The Future for Allotments: Fifth Report of the House of Commons Environment, Transport and Regional Affairs Committee*. Volume I. HC560-I. London: The Stationery Office.

Midgley, S. (2000). Finding the plot. *The Guardian, Higher Education, 4 April*, p. 12.

Thorpe, H. (1975). The homely allotment: from rural dole to urban amenity: a neglected aspect of urban land use. *Geography,* 268, 169–183.

Urban Task Force. (1999). *Towards an Urban Renaissance*. London: E&FN Spon.

Wiltshire, R. (1999). Towards an Inedible Urban Renaissance. *Allotment and Leisure Gardener,* 3,16.

第 4 章

连贯式生产性城市景观（CPULs）
的规划：国际经验

16

在哈瓦那的城市农业：带给未来的机遇

乔治·佩纳·迪亚兹和菲尔·哈里斯教授

这一章将集中介绍城市农业和城郊农业（UPA）在当今古巴的优秀经验。它在城市范围内发展出一种全新的、综合的、使用自下而上的反馈与自上而下的管理相结合的食品工业支撑模式。

古巴，是安地列斯群岛中最大的岛屿，也是西方国家中仅有的社会主义国家，在过去的几十年中，经历了完全不同的两种极端状况。一方面，在1990年，它见证了历史上最严重的，由于苏联社会主义模式崩溃后产生的经济危机；另一方面，它遭受着美国严重的经济封锁。这些危机迫使古巴政府做出了一系列创新性的回应。在这些回应措施中，第一个从事城市农业的个人，到自发从事的群众，和后来政府支持下的城市农业和城郊农业（UPA）逐渐形成。在过去的几年中这些措施已经富有成效，表现在部分地区已恢复其国内主要经济指数，以及维护其他方面的社会成就。这些改进是伴随着将市场导向作为古巴的社会主义计划经济的一部分而引入其中的。严重的危机使得已经消失了的城市农业再次出现，新的经济力量与经济焦点现在也重新形成。与此同时，城市农业的发展过程本身正在向一个更为复杂和成熟的组织形式演变。

本章作者将展示目前城市农业在古巴的一些主要特征、产生的原因、作为城市农业之前的土地应用、人们和政府在其中所扮演的角色，还有其他一些在哈瓦那这个特殊案例的研究中所强调的关键因素。他们提供了在古巴发现的城市农业和生产合作方式的一个总览，还有将城市农业融入进哈瓦那的规划政策中的概况，及一些在改革过程中出现的一些斗争的评论。最后，他们讨论了最重要的一个，那就是从中吸取到的经验及影响，还有其在其他地方的可复制性。

挑战

古巴，110860km^2，拥有1122万人口和日益增长的城市化比率。超过75%的人口居住在城市。1990年东欧社会主义国家瓦解，由于这些国家占据古巴80%的对外贸易额，因此造成了古巴巨大的经济混乱和严重的社会影响。同时期，古巴遭受美国逐步加强的，长达40年之久的金融、经济、政治封锁。而这些情况叠加起来导致了最紧迫的问题，即食物的供应。据估计，在1994年粮食减产了67%。然而，为了解决这些社会问题的持续而系统的关注已经卓有成效。例如，拉丁美洲高质量的免费教育和医疗为古巴所有居民敞开大门。这些行为也出现在其他领域，如科研、体育和文化方面。例如，尽管只有2%的拉丁美洲人口，古巴却占有拉丁美洲11%的科学家，并且已经拥有世界先进的科研网络和机构。女性的社会参与程度很高，古巴在2000年联合国开发计划署公布的人类发展指数中排名第58。

自1820年以来，古巴的农业就以糖为主要作物，在1860年，古巴是世界上最大的糖出口国。在1959年革命及土地改革之后，糖继续发挥着主导作用，并且大多数农业生产机械化，力求培育一种具有异域风情的产品，其次，也有一些其他的作物用于出口。为了实现国家农业生产高度机械化，古巴人民做出了许多努力，同时，也开始大量在农业生产中使用化学产品。非糖农业也在很大程度上是依托于国有农场和大型合作社而进行发展的。古巴的农业和食品工业严重依赖进口，包括全部的小麦、90%的大豆和57%的能源。农业部门所需使用的化肥，其中48%来自进口，所需使用的杀虫剂82%来自进口。动物饲料大部分是利用玉米和其他谷物，其中97%的饲料来自进口。1989年起，这些进口物资大幅减少，古巴农业面临着迫在眉睫的危机：小麦和其他谷物的消费下降50%，其他产品的消费，除了奶粉，跌幅更大，超过80%，尤其表现在化肥和杀虫剂方面。发电量大幅下降，影响着食品储存的能力；影响着燃料使用，交通工具的维修，对于石油和其他稀缺商品的影响接踵而至，使传统农业系统崩溃，对国家食品生产带来一系列影响，对食品进口量减少的影响也同时出现。

实现经济复苏的关键在于建立总体的、有效的机制来满足人民对食物的需要，同时又能履行政府对这一社会问题所做出的承诺。考虑到危机的规模和其表面之下的隐患，什么样的策略能够满足食品需求，在古巴占大多数的城市人口要去依赖生产力低下的农村来填饱肚子吗？

人们及政府的回应

经历危机之后，古巴失去了75%的进出口业务。作为应对，一个全国范围内的一揽子紧急措施被推行，称为Período Especial en Tiempo de Paz（在和平时期的特殊时期）。面对这些问题，包括削减食品供应和农业投入，政府采取的改革计划中包括对外贸易方向的重新定位，引进一些市场经济模式来进行国内经济改革。此外，这一进程包括采用旨在削减中央政府和行业种类的创新政策；采用地方分权和重组策略；想办法用其他物品替代所需的进口物资，在很多领域转变生产方式。

作为这些改革的一部分，国家从1990年就开始转变农业生产方式。转变后的模式的一个重要方面是采用自主产品替代占生产所需物资高比率的进口农业产品，自主开发、研究病虫害控制和土壤肥力等领域的新方法。其他方面，包括土地产权的重组，大型国有农场转变为小型生产单元，以合作社的形式，并允许市场[1]进行自由交易。这场危机在一些市民和团体中已经产生了直接的个体回应，同时，鼓励在城市和城郊的个人与合作社从事蔬菜生产。多种形式的开发开放空间策略，在城市范围内，鼓励一些其他可用于生产和服务的土地，用于从事包括教育、娱乐、医疗等服务。在1990—1994年间据估计有超过25000人在大约1800hm²被称为流行果园的地方从事生产。这些都是由个人出于对食品危机的应对措施而自发建立在城市开放空间中的。目前对于城市食品生产的经验是，在这个进程中，如何对一个组织进行逐步调整和项目协调。城市农业应该作为

---

1 在20世纪80年代，类似的允许农产品售卖的事情曾发生过。多方的因素导致这些实验中止。从这层意义上说，在之前的尝试中，自由市场是一个传说。

更长远进程计划中的一步，而不是一个孤立的应对措施。

古巴的乡村农业和城市园艺

国家转变农业生产方式（NAAM）的终极目标是发展低机械化，从而由当地人口进行劳动密集型和低外部输入的可持续食品生产业。作为古巴，以转变生产模式作为快速回应危机能力的一个重要特征是，成功运用科学技术和社会中对教育的投资与重视。古巴在更早的时候做出提高科技水平的决定，例如，农业生物技术和生物控制。针对古巴的环境，许多新的技术正在被研究，约在十年内，或是更早使这些技术实现是势在必行的。这使得转变生产模式后的方式更容易实施，避免了技术转移问题，或在其他地方被人们所接受的问题。在研究层面，是以支持有机绿色产业为原则的。在研究机构和推广机构之间会有很好的联系，这样就能在一个较短的时间里，做到把研究创新的成果在实际中运用并检验。

生物肥料的使用，是在任何检验标准下都具有优势的。于是用于供整个国家的豆科植物使用的根瘤菌菌剂被生产出来，还有可以自由存活的固氮微生物，例如固氮菌，和可以溶解磷的微生物如细菌，都在被政府推行的低技术的生产单元中批量生产。水泡丛枝菌根菌剂，真菌这些从植物根部复制而来的菌剂可以帮助植物根部从土壤中吸收养分，这样的菌剂同样被大量生产和推广使用。为了维持土壤肥力，甚至在大型农场，现在也严重依靠一系列的管理实践，包括减少耕作，作物轮作的方式，采用结合绿肥，如田菁、间作和低投入循环放牧系统，用来在奶牛场构建土壤肥力的可持续性。有机物的投入包括牲畜肥料，其他的农业废物和堆肥生产工业大规模的蠕虫堆肥。例如，古巴在1992年生产了93000t的蠕虫堆肥。

在这个模式转变中，城市农业被快速确认，作为一个可行的、大规模的第一应对措施，首要目的是部分地缓解受到威胁的食品安全问题。自1989年来，数以百计的大面积国有土地被授权给愿意耕种他们的市民使用。农业部改善自身结构，为市民提供建议、材料支持和在管理农业生产活动中的鼓励措施。1993年农业部爆发大规模的运动，联合地方政府，组织了一个官方机构，将注意力覆盖全省各行政部门和当地基层部门的农业生产上。几个国家的非政府组织也在不同平台参与其中，还有一些国际组织也声援并支持这一运动。

作为近期对古巴现象的研究（至少是最新的经验），几个对城市农业的不同定义被研究者和不同的城市农业股份持有者所给出。刚塞雷斯和墨菲（González Novo[1] and Murphy）定义古巴的城市农业为密集的、高投入（有机农药和有机化肥）和高产出的，在全年都能保证作物和动物多样性的系统。他形容哈瓦那城市农业的主要内容为：在社区生产，由社区生产，为社区生产。另外，城市农业更多地被看作把生产者和消费

1　1998年之前，马里奥·刚塞雷斯·诺氏任哈瓦那农业部城市农业局局长。

者联系得更加紧密，他们为了一个共同的目标，那就是获得稳定供应的新鲜、健康和种类繁多的农产品，并可以直接从产地购买。后者抓住了大多数利益相关者在社区紧密结合的关系，以此作为确保城市农业成功的关键。同时，达兹佩娜断言（Peña Díaz[1]）（2001）城市农业是使用有机结构的密集型生产，意味着在周边的居住区外围基础上，能够最大化地使用这一区域的生产潜力。它包括使用可用土地、文化水平高的工作力、作物和动物的相互关系以及城市基础设施的优势。它鼓励多样化的作物和动物以确保一年四季都有丰富的农产品。其他定义提供了更多元素，然而，一个务实的观点断言"在古巴，城市农业发生在省会周围10km处，主要市政城市周围5km处，小城镇周围2km处"（格瓦拉捏斯 Guevara Núñez, 2001）。一般人，从另一方面说，只能认出城市农业最著名的生产形式，那就是organopónicos（流行的有机城市果园）。这些定义中大都无法对一些关键问题进行定位，对一个活动缺乏相对准确的理解，例如地点、销售摊位、生产活动、存在时间等。它们大多数在某种程度上是被认可的，因为它们提供了城市农业是什么的观点和想要成为什么的愿望，但有的太务实，有的太模糊，以至于无法给出一个对城市特征，及之后进程和对城市发展启示的准确理解。如城市和城郊农业之间的差异，乡村农业和城市农业的识别，这些问题已经很少去被关注了，但要是去研究，就应该在古巴的城市农业背景下讨论。

不论定义如何，古巴关于城市食品产业的模式已经在全国范围内实施。和其他国家根本的不同是相同的技术、组织模式、病虫控制方式可以在全国任何地方找到。这些元素赋予该模式这样的特征，那就是采用一系列生产形式和吸收当前属于乡村农业的混合模式，来自农业部科学网络的支持，来自各级政府机构支持的承诺，和采用与基层群众紧密联系的结构。这个国家项目目前由国家城市农业工作组来协调开展，这个工作组由农业部门的科研代表和其他一些从事者组成。它对26个所谓城市农业子项目进行推广、实施、评估工作。每一个子项都是对某一产品专业的细分，或工业生产中的某个方面。例如，有一个鲜花子项目，蔬菜产业的子项目和一个生物种群的子项目，一个环境问题的子项目。这个国家工作组根据各个子项目的实施情况和所取得的成果，对每个地方政区的表现进行评估。其中最优秀的表现就是他们推广实施的选择。全国169个行政区参与这个项目，由此发展形成了全国范围的城市农业。

有几种生产模式，分别和相应的农业技术种类相对应。每一个模式的生产效率指标不同，在8kg/m²到25kg/m²之间变化。其他重要组成部分是实体的产品，同样也属于子项目，尽管它们不能直接生产食品。它们提供咨询和建议服务。生产者以不同的合作方式分组，已经建立了特殊的付款、商业化和税收制度，从自己支付薪水，本地商业化到提供旅游设施和税收、土地的使用权。这些

---

1 国家城市农业机构前副主席。

形式的联合很大程度上再现了乡村农业所表现出的典型生产结构。

主要生产方式有流行的有机果园（所谓的organopónicos）和高效的有机果园（organopónico de alto rendimiento, OAR），流行和密集型果园，国有自给自足的地区（autoconsumos estatales），流行果园分为组群型和集约型（huertos populares parcelas y huertos intensivos），以及屋顶种植（casas de cultivo）。产品供应商的实体是有机材料产品中心（centros de producción de materia orgánica），农业诊所和商店（consultorios agrícolas, afterwards tiendas consultorio agropecuario），及苗圃（casas de posturas）。农民们以类似乡村农业的结构方式被联合起来，不同类型的合作社如UBPC、CCS，还有CPA[1]。很明显，城市居民无法筹划建立农民俱乐部，这样的做法可以支持城市农业政策更为广泛的观点。

哈瓦那城和城市周边的农业

古巴首都哈瓦那占地面积为727km²，占古巴总面积的0.67%。它的人口增长率是1.8%，并有220万常住居民，占古巴人口总数的20%，城市人口总数的27%（DPPFA，2000，冈萨雷斯和墨菲，1999）。平均人口密度为3014人/km²。尽管发生在过去40年的地方分权政策有利于内部省份，但由于哈瓦那城的扩张，服务设施和工业基础设施都增加了3倍（Palet，1995，DPPFA，2000）。

2000年，哈瓦那仍然占据全国工业总产量的34%，也是主要的管理和行政部门所在地，是大部分专业的医疗、教育和文化服务机构集中的地方。此外，哈瓦那也是科研活动的中心，也是最吸引外国游客的一座城市（DPPFA，2000）。1990年的经济危机影响到了哈瓦那的就业指数，尽管复苏带来了新的劳动力需求。哈瓦那也存在一些供水基础建设的问题。

哈瓦那的农业有很多为人称道之处，例如，有一个对扩展服务的支持，就得到了全世界的羡慕。农业部中的城市农业部门，有很大的人员扩展，并针对有机农场方面提供免费的推广和培训服务，经常走访、鼓励和建议使用有机绿色农业技术。

哈瓦那：历史和发展现状

中国农民在20世纪头十年中出现在哈瓦那的周边，仍然是古巴人民的集体记忆的一部分。这样的行为可能造成中国人社区减少的结果。它表明，在哈瓦那不论任何形式的UPA，都有可以选择的存在方式，尤其是在过去的40年里。这段时期里，它总是表现出对一种特殊情况的回应：在20世纪60年代，古巴首都哈瓦那弥漫着古巴社会激进转变的强烈气氛。哈瓦那绿带是在1964年的总体规划中所提出的。这是设想一种避免首都在食品提供上同内部地区分裂的方法。在短暂的兴奋之后，这个计划破灭了。后来，在20世纪90年代，面对着重大经济和金融短缺，

---

1 UBPC：生产合作社；CCS：服务信贷合作社；CPA：农业生产合作社。

UPA再一次出现，在"特殊时期"完成了一组创新举措。在首都，许多人开始在后院种蔬菜，这是有着悠久历史的行为，甚至是在房子的前院。当国家和行政省政府鼓励人们在每一块空地上种植作物、蔬菜，甚至在农业部的前面和国会大厦的后院被种植。

在20世纪60年代早些时候，关于建造哈瓦那绿带的建议代表了基础农业的一个显而易见的转变，此举一来改善人民生活，同时又增加了为首都居民提供的食物。在我们的意识中，认为城市是乡村的寄生虫（塞格雷等人 Segre et al., 1997）。建造这一绿带的目标是给城市提供生产性的地表，以此来加强在食物方面自我满足的能力，同时，也为在这座岛上最大城市的居民们提供一些休闲娱乐之地。

这个计划在哈瓦那附近构想了一条果树带，接着是牛奶生产带，提供了额外的美丽环境，也更加健康安全，实现了更有效的土地利用（大多数使用的是废弃土地，或是以前用于投机目的的），通过公共与私人区域的结合（庞塞德里昂Ponce de Leon, 1986）。大约21566hm²土地被用来开发，其中5032hm²用来放牧，16533hm²用来做果园，种植柠檬、咖啡和森林。森林区域被构想为微型森林和公园，例如（国家）植物园、（国家）动物园、都市公园、（所谓的）团结公园、列宁公园。在构想中，利用一些苗圃生产一亿单位的植物，用来种植绿带。它同样包括："建造80座小型堤坝和微型堤坝用于灌溉，超过180km的农业公路和通道，供农民和工人居住的1000座房子和8个小村庄，种植咖啡的山间梯田和防风林"。

（庞塞德里昂Ponce de Leon, 2000）

这项计划推出后，在1967和1969年间，数以百万计的不同种类的植物在苗圃中种植。41%的种植地保留至20年以后。在1986年，它在这个省南部有大约2416hm²的果树园区，主要由芒果树组成，在南部和西南边有940hm²的咖啡种植园、268hm²的柠檬树、3019hm²的牧场和超过1721hm²的森林。还建造有52座微型堤坝和一座拥有5200万m³容量的Ejército Rebelde大坝，用于灌溉和休闲。2850座房屋在1967到1973年建成，包括独立式住宅和12个居住小区中的住宅。同时，大约200km的公路被建成，还仍然有余下的防风林未建（庞塞德里昂Ponce de Leon, 1986）。

20世纪90年代的经验

1991年，通过强大的信息宣传活动，哈瓦那城政府鼓励市民们尽可能利用每一块空地来耕作，生产直接用于消费的食物。对此的回应立即产生，在城市框架下一些形式的空地被开发，用来建立生产、服务、教育、休闲、医疗设施。大多数区域面积小于1500m²，可以提供临时的，未被定义功能的使用，由一个或多个家庭，或邻居、学生、文员、工人等各行各业的人来开发。最初这些区域用来种蔬菜、根茎，饲养家禽和小型家畜。这些区域大量饲养的猪被非法地扩展到城市中心区域，包括房子和公寓里。这个过程在发展中向更好的生产组织形式迈进。

古巴整个首都地区，被自然规划办公室

认为是城市，连同哈瓦那全部农业生产领域，都被GNAU认为是城市。最近被通过的一项城市规划项目（土地使用计划）认为，有史以来第一次，城市农业被作为永久存在的城市功能。这是研究机构对城市农业重要性的默认。然而，它包含一些灵活的位置选择，比如城市农业被禁止出现在城市最中央的区域。

由农业部建立的哈瓦那都市园艺公司，经营着哈瓦那的蔬菜和草本植物产品。它控制和提供该省大多数城市农业产品和管理服务。另外，它增加了来自个人和合作社所支付的税收。

在哈瓦那有一个省级的农业部代表团，拥有3级结构，由一个代表主持。15个行政代表在结构上同自治区代表相等，还有一个民间代表，以"延期 extensionista"为名在这些地区被人熟知。各省代表和各市政分级属于各自政府，以这种形式来组合，以便参与制定进程的决策。在13个自治区[1]有13个城市农场，属于创业分支，但和最低级别的代表建立了紧密联系。另外，他们在这一级别上与政府紧密配合，所谓的 Consejo Popular（热门会议）。这是一个重要的机会去提高他们为自己从事工作而做出选择的可参与性。

在哈瓦那与城市农业有关的矛盾是与用水相关的问题，还有如何维持土壤肥力，把城市农业嵌入封闭的循环产业之中，不至于产生其他损失。缺水并不是最主要的问题，老化的基础设施造成超过50%的饮用水流失。有几个地区一直抱怨供水不足。相比

之下，城市农业的灌溉用水主要来源是自来水，在供水不足的情况下更突出了水循环这一问题远未解决。至于土壤肥力问题，由于我们种植活动的有机特征，是从偏远地区进口有机物和在当地生产堆肥。所以土壤肥力的保持需要投入动物粪便，对根系的保护，还有堆肥。堆肥分为静态堆肥和蠕虫堆肥两种。通过增加投入和持续的密集生产或采用集约化的生产，土壤肥力可以维持或增强。在经济危机期间，在一个提供重要食品供应的系统中降低生产强度的做法是不具有吸引力的，增加有机物的投入是对危机更有帮助的选择。这导致了可以使用的废物资源稀少。更进一步，城市农业发展为在土地投机活动中，建立市场时不受任何限制。许多流行有机果园（organopónicos），在市场上会有很高的价值。这样的市场交易的发展如果不采取额外措施的话，会影响到城市农业的发展，如果没有融入新的规划政策，城市农业很难取得进一步的发展。

作为首都哈瓦那已经发展了所有所谓的城市农业子项目，哈瓦那的有机城市农业特别成功，在农场大门前提供的新鲜产品要比从乡村买来运到城市自由市场的便宜很多。实际上，和其他把注意力放在城市农业发展上的地区相比，哈瓦那已经将注意力放在提供就业上，在哈瓦那，食品价格与产量关系对价格变化的影响看起来是相反的。哈瓦那有机蔬菜是最便宜的选择，这是一个特例。城市农业产品与社会机构相联系，例如幼儿园、医院、学校和可以接受新鲜有机食品的

1　密度最大的两个区，哈瓦那旧城和哈瓦那中心区没有城市农业生产。

餐厅。这是强化城市农业信息运动的一部分，为了促进蔬菜的摄入量来获得良好的营养，并尝试推翻传统的，对蔬菜摄入量没有帮助的习俗。这项运动包括电视广播课程，教人们怎么用蔬菜准备有营养的食物，还有给农民一些技术或培育方法建议的节目。另外，初等、高等教育系统都设有一门新的课程，叫城市农业。这些课程像年轻人展示了什么是城市农业，以及实践案例。学生可以经常在学校后院和花园培育一些作物来进行实践。

结论

在古巴，城市农业的生产模式适应了经济危机带来的问题，德瑞斯和一些作者说到。促成城市农业的动力来自经济问题，由激烈的经济政策修改造成。危机之后，一项变更的模式被推行，在它之下，城市农业早些时候被认为是保障食物的重要手段，最近被认为是提供工作的重要平台。食物供应的相关问题已经作为古巴政治议程自1960年来是被优先考虑的，然而这样的经历也同样会在城市农业中出现。

目前，自最初的城市农业实施以来，已经过去10年，这项进程已经演变为高度复杂的结构和关系。在社会经济维度，一个重点被放进去，即食物的产量和营养价值；第二位的是，城市农业可以作为工作提供的平台和降低食品售价的保障。从环境的角度讲，城市农业的有机特点是它最主要的价值，但其他方面被忽略或看重了。很大程度上（至少最初）是因为缺少资金购买化肥和杀虫剂，许多生产个人开始使用废弃的城市空地，并使用有机生产方式，这在之后却成为了一个对大多数城市农业生产者的要求。也有越来越多的人意识到由传统耕作技术所造成的环境危害。这些现象表明政府正急于推动城市有机食物生产，这是出于经济和社会原因，也有环境原因。

就其社会经济情况和政治系统而言，古巴是独一无二的。没有发展中国家投入如此多的人力物力，也没有发展中国家获得同样的社会指数。或许没有国家经历过如此大的经济压力和1990年的经济危机，也没有经历来自美国的金融与经济制裁。一方面，这些正在古巴经历的问题是经济压力所推动的独立所造成的，1990年，古巴鲜有合作伙伴，农业策略是由于出口作为主导造成的，是由食品安全没有保障造成的，是由食物产量无法满足需要造成的。毫无疑问，成功一方面是由于采用改变后的农业模式，可以归于中央对市场的影响，可以归于中央政府对经济社会各方面的切实调整。尽管具有独特性，但我们从古巴经验中能学到重要的一课。

让它表现优异的首要原因是它的综合性。第二是它的规模。在很短的时期内，古巴实现了产量的巨大提升，在那些致力于发展城市农业的区域，人们营养习惯的改变得益于每天可以吃到的新鲜蔬菜数量的增加。冈萨雷斯和墨菲（González Novo and Murphy）(2001)把古巴经验形容为世界上第一个全国协调合作的农业项目，包括获得土地、扩展服务、科研和技术发展、新的供应形式和新的营销计划、为城市生产者组织的销售网络。

农业发展，地方政府和地方民主机构之间有一个完善而紧密的联系。在社区发展的基层，参与性使得政府与基层之间以一种自下而上和自上而下的方式成功结合。时间短，但它的实施程度却令人惊讶。早期在人力方面的投资，特别是面向本地农业的研究，发展技术，基础设施都被分别投资，紧密联系的研究组织和出色的扩展服务，有效、及时地获得准确的研究成果都是能够取得惊人成绩的保证。创新与果决的融合使古巴经验今天作为一个很好的成功故事。这样做的必要性促使古巴在农业生产上，在城市和周边城市农业中扮演一个相反角色的条件下，采用大量有机绿色生产方法。与这些有机方法并存的还有稳固的政权，保障了对一切拥有巨大影响的食物生产的稳固。政治上的意愿是确保发展类似经验的关键之匙，就算我们意识到全部优点是有限的。例如，早期重点强调食物产量，后期则是提供工作，保证营养质量，和关于超出城市农业基本有机特征外的对环境损害考虑的问题的相关教育。

哈瓦那代表了一个有趣的研究案例，因为它经历了相关产业最艰辛的时期。结合其在城市规划政策的水平是逐级独立的，从对城市农业积极潜力的更好理解和其潜在的对大宗政策的贡献，我们可以得到一个更为灵活主动的方法。

古巴的有机实验究竟能到达怎样的程度，当国家经济恢复，农业投入的前景回暖，古巴的经济完全与世界市场接轨，真正成为现实之时，包裹着美国农业对古巴的影响，这些实验成果还有待观察。然而，城市农业在这项进程中有独特的位置，它看起来在这些影响下生存下来，及时扩展并转变生产方式，减小国营农场至小块土地，甚至消失的情况下。同时，这也是对全世界具有重大影响的一组课题。

参考文献

Cruz, M. C. (2001). Agricultura y Ciudad una clave para la sustentabilidad, Fundación de la Naturaleza y el Hombre, Havana.

Deere, C. D. (1992). *Socialism on one island?: Cuba's National Food Program and its prospects for food security.* Institute of Social Studies. The Hague.

DPPFA (2000). Esquema de OrdenamientoTerritorial 2001 (Master Plan). Dirección Provincial de Planificación Física. La Habana.

Dresher, A., Jacobi, P. W. and Amend, J. (May 2000). *Urban Agriculture: Justification and Planning guidelines.* http://www.city farmer. org/uajustification.html

González Novo, M. and Murphy, C. (1999). Urban Agriculture in the city of Havana a popular response to a crisis. In *Growing Cities, Growing Food Urban Agriculture on the Policy Agenda.* A Reader on Urban Agriculture. Deutsche Stiftung fuer internationale Entwicklung (DSE), 329–348.

Guevara Núñez, O. (2001). Demostración de que si se puede. In *Granma,* (official newspaper of the Cuban Communist Party) 1 February, 2001, p. 8.

插页 1

插页 2

插页 3

插页 4

插页 5

Palet, M. (1995). Estructura de los asentamientos humanos en Cuba. Doctorate Thesis. Institute of Tropical Geography, Havana. (Not published)

Peña Díaz, J. (2001). *The integration of urban and periurban agriculture into the planning policy of Havana.* Master of Science Thesis, Department of Infrastructure and Planning NR 01–169, Royal Institute of Technology, Stockholm.

Ponce de Leon, E. (1986). El sistema de áreas verdes de la Habana. Primera Jornada Científica del Instituto de Planificación Física. IPF. La Habana.

Ponce de Leon, E. (2000). Personal interview at the Grupo para el desarrollo Integral de la Capital. September 2000. Havana.

Rosset, P. and Benjamin, M. (1994). Two steps back, one step forward: Cuba's National Policy for Alternative Agriculture, Gatekeeper series No. 46.

Segre R., Coyula, M. and Scarpaci, J. (1997). *Havana: two faces of the Antillean metropolis.* World cities series. Chichester.

古巴：城市农业的实验室

安德烈·维尤恩和乔·霍威

在某种程度上，具备基础设施的支持和古巴当前对城市农业的依赖，意味着研究古巴城市农业拥有了丰富的信息（布尔克和卡尼扎瑞斯，2000）（凯利达·克鲁兹和桑切斯·麦迪娜，2003）。因此，可以认为古巴是一个实验室，我们可以观察到未来城市生产性景观的形态和模式。

如哈里斯和帕纳（Harris and Penna）的文章所言，城市农业在古巴的引进是必需之物（见第6章）。大家在古巴看到在有限时间内，可以作为回应城市农业策略的一个独立系统。仔细观察古巴所做到的，可以帮助我们理解连续性城市景观产业。接下来的部分描画了作者在2002到2004年，在古巴旅途中的见闻，并集中探讨了其与城市农业相关的一些特征。

自从在1990年城市农业引进古巴，许多不同范畴的相关概念已经被定义，它们是由用地的尺寸、选址、使用者和产量来决定的。表17.1是哈瓦那的情况，但在这里的状况却是这个国家的典型。

鉴于城市农业中的环境问题依赖于有机绿色的，本地的食品产业（见第3章），我们集中研究高产量的城市花园，在本书中称为"organpopnicos"。

Organpopnicos在城市农业的各个形态中能够提供最高的产量，因此在同一行业中贡献最大。他们在城市规划结构中的定位，与其在农场门前销售的实践，为消费者提供了便捷，这也解释了他们为何在偏远城镇的存在。

为了在人们心中建立城市农业良好质量的图景，它的空间特点将在3个不同规模下进行研究：

（1）城市；

（2）有城市农业的地点；

（3）人类。

通过研究，去了解规划一座城市的诸多含义，包括城市农业，我们研究了支持它所需的各类基础设施。我们也想要找出有机绿色农业是否已在古巴践行。

尽管我们在古巴研究的案例受到当地条件的影响，但世界范围内适用的相关结论也可以从中得到。古巴当地的气候、地形地貌和土壤类型可以影响作物的种类、产量和对应产量所需的土地面积。土地所有权、社区和市政边界和各种合法的社会边界都会进一步影响城市农业选址的位置和面积大小，取代了有时我们认为城市农业的选址和他们边界的确定是"随机"的。这些特殊情况下的选址将会影响连续性城市景观设计的总体策略，而这些情况不是被理解为消极的，它们是能够在当地产生变化的要素，这些活跃的因素可以增加人们对连续性城市景观的兴趣。

表17.1

	尺寸	位置	农民	作物使用	产量
供消费者生产的国有农场'Autoconsumos Estatales'	1hm²或更多	城郊	由工作的人们自愿耕种	供养国家工作的人们，提供日间护理中心，为老年人提供住处、育婴设施，剩下的卖给工人们。	1996年产量：0.34kJ/m² 2000年产量：0.6公斤每平米
社区花园（地块）'Huertos Populares(Parcela)'	1000m²以下	城市或城郊，空地，教育或医疗单位中未开发的土地，国有或私有	一个人或一个家庭	供耕作者自己使用，或供家庭使用	1996年产量：1-2kJ/m² 2000年产量：8-12kJ/m²
社区花园（密集耕作）Huertos Popular（Huerto Intensivo）	典型的一般在1000m²到3000m²之间	城市或城郊，国有或私有	个人或家庭，或几个家庭合作，或合作社	生产者自用和销售	1996年产量：1-2kJ/m² 2000年产量：8-12kJ/m²
城市社区花园'Organopónic os Populares'	典型的在2000到5000m²之间	闲置的城市用地，不可持续的农业直接使用土地，需要进口土壤和被污染的用地	个人组成的联合体。技术机构的支持和建议	小部分由生产者自己消费，大部分用来销售	1996年产量：3kJ/m² 2000年产量：20kJ/m²
高产量的城市花园	典型的超过1000m²	政府分配的闲置城市土地，不可持续农业的使用土地，需要外来土壤的污染用地	商业工作中心或合作公司	生产用于观光旅游和销售	1994年产量：12kJ/m² 2000年产量：25kJ/m²

来源：卡里的克鲁兹和桑切斯麦迪娜（2003）

古巴城市农业的空间特征

从整个城市的角度来看，我们可以观察到城市农业的选址分布是相互联系的，也同其他用途的城市土地相互联系。从一个孤立的城市农业作业点来看，布局、形式和材质都能被观察到，最终在人的尺度下，这些作业点边缘与人们生活的区域相互交错，与人们发生联系，与耕作者，与被耕作的农业景观，这些都是可以直接观察到的。

关于这些的一个问题是我们想要建立多大的城市农业用地，以便在经济上可行的情况下提供给人们全职的工作。另外，我们对可以适于高效机械种植的规划布局的准确程度感兴趣，还有以作物的轮作模式来评判作业点的季节性反应如何。

从较小规模来看，我们想观察城市农业用地和城市住宅区之间的相互作用。我们对找出城市和它的居民如何与这些城市农业用地发生联系很感兴趣。

我们的研究从哈瓦那开始，接着我们来到西恩富戈斯，这是哈瓦那南部的省级城市，被称为古巴城市农业之都（索科罗·卡斯特罗，2001）。最终，我们来到了罗达斯，一个西恩富戈斯附近的小城镇。

城市农业的规模

城市农业的选址往往是在城市边缘，或市中心主要街道的周围，见图17.1。当地的条件改变了城市农业作业点的相对分布。随着人口密度的增长，比如在哈瓦那城市中心，城市农业作业点减少，同时，在西恩富

■ 有机农业用地
● 城市区域
= 道路/小径

古巴的城市可以用被围合的边缘来作为特征
城市农业大多被发现于主要大街的旁边或城市的边缘

图17.1

戈斯，相对低的人口密度意味着这里的城市农业选址可以更靠近市中心一些。

哈瓦那具有欧洲城市的特征，具有一个简洁的核心，和较低的建筑密度，以及分散的城市边缘。这座城市的历史区域建筑密集，大多数建筑不会超过四、五层，以广场作为城市中心的标志，以海来作为城市的边缘。这个模式是城市随着时间发展的典型，并有许多不同的规划策略明显地表现在城市布局中。与其他很多城市一样，城市中心存在着废弃的土地，通常没有建筑在上面，这些土地被转变为小规模的城市农业用地。这些小地块是分散在城市中的历史片段，可以被看作生产食物新方式的一种形式的宣传手段，这在与"二战"期间伦敦把公共空间转变为食物生产空间的计划相同。

从哈瓦那中心走出，向着城市边缘，我们发现了一些更大的城市农业作业点，看起来像是被城市包围，这些作业点通常毗邻

西恩富戈斯地图

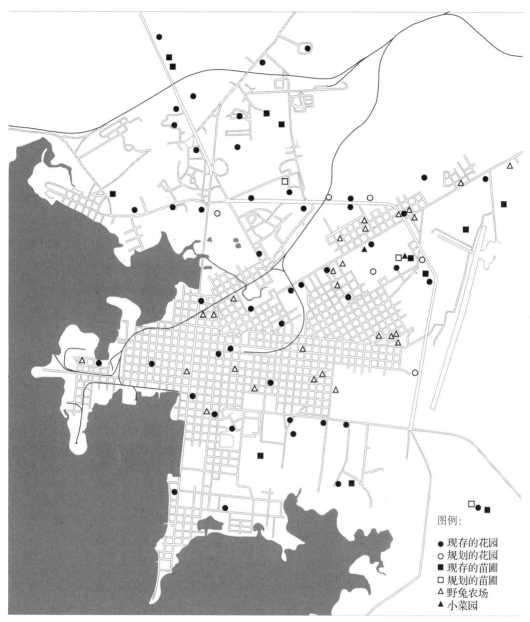

图例：

● 现存的花园
○ 规划的花园
■ 现存的苗圃
□ 规划的苗圃
△ 野兔农场
▲ 小菜园

图17.2

图17.2 西恩富戈斯的城市农业作业点

工业区或新的住宅区周围。最大的城市农业点，也是城郊农业的典型例子，位于城郊边缘，在通向城市的主要道路旁边。

西恩富戈斯和哈瓦那两地的城市农业情况形成对比。当哈瓦那城逐步成长时，西恩富戈斯还处在规划之中，规划是由法国城市设计师完成的，遵循严格但丰富的方格网规划。就相当于是省级城市版本的19世纪巴塞罗那，低密度，一到两层的建筑，但有了有自己特点的兰布拉大街。西恩富戈斯的城市农业规划反映了城市的布局。其中许多用地尚未开发，街道方正严格的像是矩阵，城市农业的用地可以按设计意图任意插入这些街道中的方块。相对低的城市密度，土地的可使用性，导致了人口和城市农业的分布密度。

尽管在西恩富戈斯每一块土地被设计成为对应的城市农业作业点之前，需要遵循严格的标准。在对赫克托·洛佩兹（Héctor R. López Cabeza）的采访中，我们得知西恩富戈斯的城市农业省级选址要求如下：

（1）场地必须空旷；

（2）场地并没有被用作其他目的；

（3）场地必须适合可持续发展，有市政部门制定的将农业生产与自然、健康、资源相融合的规划；

（4）场地内须有水电供给，耕作所需要求不能对城市造成负面影响；

（5）很重要的一点是一定要让消费者容易到达，以降低运输成本；

（6）如果上述任一条件未满足，那么该场地不能作为城市农业使用。

对于城市农业的规划指导是由当地决定的，除了西恩富戈斯之外的其他城市，此前有过使用选址尺寸来决定的。例如在罗达斯，La Terminal城市农业作业点在农业使用之前是作为一个老公交枢纽的。在这些例子中，土地可能已经被污染，土地的表层结构可能被破坏，需要从别处运来土壤，并又用堆肥补充其土壤中的养分，接下来便可以种植物。在西恩富戈斯，要求土地未被使用过，这样要求的原因我们尚不清楚。可能是由于土地被污染，或者是一种避免农业所需的未知建筑形式确定之前，不被其他不适农业生产的建筑所占据。这些选址标准的影响是显而易见的，在西恩富戈斯，$1500hm^2$的开放空间被确定为潜在的城市农业用地。但其中只有$50hm^2$的土地能够满足所有选址标准。如此少的可以满足要求的土地，被分为城市农业适用地，部分地反映了古巴资源短缺的一些相关问题。例如，很难扩大水电的供给网络；缺乏需要来为污染地区进口土壤所需的费用；短途运输货物的困难。类似困难很可能在世界上其他许多城市发现。这些影响和重要的困难将会以替代资源的形式来解决，或由城市农业与现有环境的融合程度来解决，或将城市扩展规划到新的绿地。

调查城市农业在哈瓦那实践、发展的研究项目在1995至1998年间开展（凯利达·克鲁兹和桑切斯·麦迪娜，2003）。研究项目的一部分内容是调研其土地管理方式和在哈瓦那城插入城市农业作业点的标准。这项研究的重点是在阐明城市农业的好处是合法的土地使用。而不是为优先城市农业选址而淡化技术和法规约束，它强调了开发与设计策略相一致，以及其融入城市的必要性。

罗达斯地图

图例：
• 现存的花园
■ 规划的果园

图17.3

图17.3 罗达斯的城市农业作业点

自古巴"特殊时期"开始出现，罗达斯一直在积极寻求发展城市农业。除了能够生产果蔬，鲜花也是城市农业中的主要产品。2002年，这个城镇开始在主要道路旁和一条贯穿罗达斯的河流侧面开发社区果园。这是我们所意识到最早的例子之一，它说明了城市农业可以被有意识的发展成为更广泛的城市景观策略中的组成部分。这可以同哈瓦那在1960年的绿带规划相比较，那就是提供一个微型的生产性景观，用以提升环境和生活质量。

城市农业作业点

在古巴城市农业作业点的大小，和在城市中的位置与城市农业类型有关（见表17.1和16章）。

Organopónicos populares 是城市农业最显著的类型，尽管不是最大型的，也不是产出量最大的。他们是具有高产量的城市商业花园，由经营者市场化运行，在所谓的"农场大门"销售农产品。在蔬菜产业已经建立的区域，常有花园（floral organoponicos）生产鲜花和园艺植物。这种花园的大小变化是由地点的可通达性和在这里工作的人数决定的。耕作完全是人力的，通常使用自制的耕作工具。最小的花园（organoponicos）的耕作区域要求不小于500m²，这是出于一个人的耕作能力考虑而确定的，用来对比的是，在英国对于这样区域面积的标准要求是不小于250m²。在罗达斯的此类花园非常典型，3个人耕种面积达1200m²。更大的花园（organoponicos）也存在，例如4 Caminos这

个地方，耕种区域有3400m²，同时也需要更多的劳动力。

在花园（organoponicos）中，垫高土地，用来把作物和被污染的土壤层隔开，并且把有堆肥部分的土地包括进来。垫高的保护性土床也能提供更健康的工作条件，一些由于工作压力带来的问题减少了。小型道路和附属建筑所需的空间要求十分巨大。一个1000m²的耕种区域需要3000m²的用地，这样的情况是很常见的。可能选址的总面积最初并没有规划，经常随着耕种时间的增加，这块土地的工作效率才会增加。

"Autoconsumos estatales"和"organoponicos"相似，但包含一些工厂或研究机构，并为这些工作人员提供自产的食物。"Huertos"和"Parceleros"形成了另一范畴，是由一个普通家庭耕作的小型土地；他们相当于英国的小块花园，尽管每个耕作者的工作区域通常比英国更大些。

在现实中，这些类别的区别是模糊的。然而他们确实提供了一些关于城市农业不同形式之间更为深入的观点。

2000年，仅在哈瓦那就有22000名生产者耕作着8778hm²的土地。表17.1显示了传统形式农场和高产的城市花园在产量上的区别和变化。在古巴的特殊时期，各种形式的城市农业使食物产量大量增加，如1994到2000年间，出现了双倍增长，高产的城市花园将产量从12kg/m²提高到25 kg/m²。

苗圃，在organoponicos或其他地点都种植果树，培育幼苗。他们的产品为当地人们园艺种植和城市农业点耕作所使用。

通往城市中心的主要道路

生产性城市景观作为连接要素

河岸和休闲空间

图17.4

观察和推测

只需要几句话我们就能让你明白如何建造一个花园（organoponico）。将一处土地分为交替的条带状，其间有65cm宽的小路，120cm宽的抬高土床。将土床向下挖掘至地下30cm，填进石头，石头中间用来埋给排水管道，两侧修建挡土墙，并突出地面20cm高。再将土床用土填满。

从表面看，我们无法区别每个花园（organoponico），它们看起来都一样，但步入其中，亲临其境，就会发现它们是不一样的。每个地点的特殊之处随弯曲和变化的地表而不同，也使单调的地表丰富起来。

接下来阿特拉斯城市农业，将呈现作

者在2002年2月测量调研的10个城市农业作业点。书中所附的调研图纸描述了这些发现的一些内容，还有一些可能会对未来设计策略起到暗示的现有特征。对于这些地点的调研之后，是关于建设花园（organoponico）中的植被床所使用的材料记录。在调研过的十个地点中，一个拥有24种材料的混合物被发现，用来限定出植被床的边缘。在所有调研地点中，发现的这些材料都是可循环使用的，一些是方便组装的，构建的较松散一些；一些是永久安装使用的，就构建的相对牢固。这些材料的丰富性，和随着季节变化的作物模式，在视觉上让城市农业产生了变化，能够作为一个随季节变化的相册。

城市农业点的边缘在街道公共空间和私

图17.4 西恩富戈斯市的La Ca.Lzada花园（organoponico）

城市农业空间为相邻的学校提供教育资源

图17.5

图17.5　哈瓦那Gastronomica Playa花园（Organoponico）

半透明的围合，暗示着这种空间可以在连续生产性景观中发展

图17.6

人市场以及花园之间。它们也可能在日后被占据。安全对耕作者来说是首要问题，可以看到围绕在古巴城市农业点外的一圈篱笆。尽管这些篱笆沿着边界造成了物理上的分隔，但它们不能阻止路人观察和感受城市农业。不同作业点的边界呈现出不同的特征，通常是由边界的不同用途决定这些特征，比如，有的篱笆用来晾晒衣服。在古巴的观察展示了边界如何提供一个新的使用方式，和关于城市新的经验。

一条小路或道路，通常可以作为城市农业点的一条或多条边界。循环分布的道路网络被建立，在一些案例中，独特的作业品质是由最简单的要素，或简单的耕作活动所产生的。一堵墙可以作为路线和边界的象征，它的影子则创造出三维的舒适空间，一个提供温暖、愉悦、鼓励的空间，让人们有着不同的步调，让人们或在此谈话，或看着连续变化的美妙景观。

从一扇窗或阳台看着城市农业的累累硕果，会感到对这片美的拥有。环境变得亲切易懂，一种与城市结合的自然诞生了，个人的空间扩张向自然，从你的窗，抑或别人的窗。

基础设施和城市农业

在本节中，三种情况被考察：第一，对

图17.6　西恩富戈斯的苗圃

可以适用于空间功能临时变化的场地

城市农业的基础设施的支持要在市政层面上得到执行；第二，一个哈瓦那独立基金会所扮演的角色和作出的观察（Fundacion Antonio Núñez Jiménez De La Natualeza Y El Hombre）；最后是对某个街区城市农业实践活动的总述（Consejo Popular Camilo Cienfuegos）。

罗达斯展示了一个小城镇如何鼓励发展城市农业的例子。"为城市农业发展特殊项目"这个项目提供了一个可以帮助农民管理他们的用地和生意的团队。这个团队2002年2月16日在罗达斯举行的会议中阐明了当局和城市农业顾问所扮演的角色。

在1994年，城市农业引进罗达斯行政区的主要城镇（有33 600人口）。最初，只生产蔬菜，但随后目标扩大至为所有居民提供新鲜水果和蔬菜。目前，所有29个自治区定居点均有生产性的城市农业作业点。

在基于不使用化学物品的基础上，兽医给城市农民们在畜牧业上提供建议，园艺家对有机病虫害控制给出建议。还有一个项目从两座制糖厂为城市农民提供有机肥料，和从事畜牧业和养鸡业的机会。

城市农业办公室将为每个家庭提供10只母鸡和1只公鸡，用于生产鸡蛋。另外，在食物种植点，有花园（生产鲜切花），种子培育田和苗圃。先前也建立过普通的花园，还有在私人花园中种果树，建立小型菠萝种植点，提供给旅游业（后接188页）。

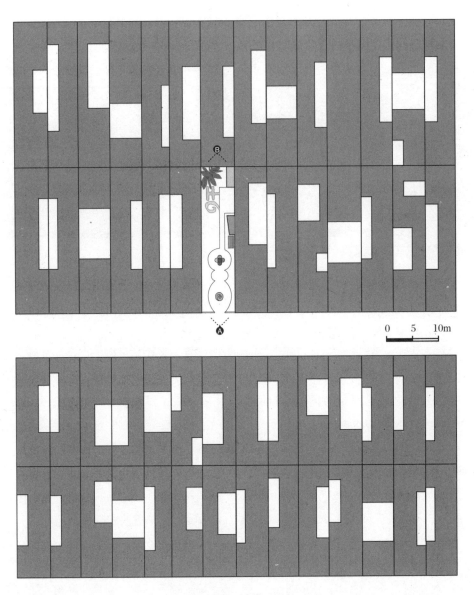

图17.7

特征   哈瓦那中心某社区

微孔隙 围绕 地面   一个社区花园，由当地一群妇女们建立。这是在古巴
墙体 天空 坐的地方   永久花园的几个例子之一。设计运用非线性几何手
泥土的芬芳   法，将人流从入口引导向可以休憩的空间。

作物   材料

鳄梨树，豆子，南瓜，香蕉，   石头，土壤，砾石，
芦荟，豌豆，茴香，辣椒，草药   轮胎，平铺的小路

图17.8

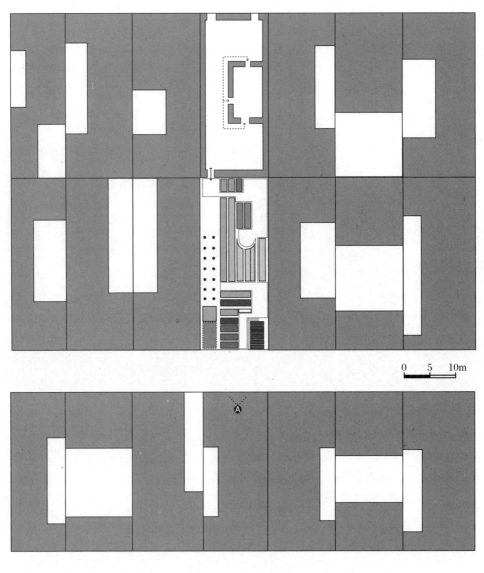

图17.9

特征　　哈瓦那某密集果园

微线性花园，户外教室，会议室，谷地，阴影下的空间，共享可视设备，梯田，窗户，阳台

这个地方在哈瓦那的历史名胜区，由阿尔伯托（Alberto de la Paz）管理。作为一个教育设施，它为当地来访问和工作的孩子提供食物和教育。在一棵大书的阴影下，就是室外会议室。

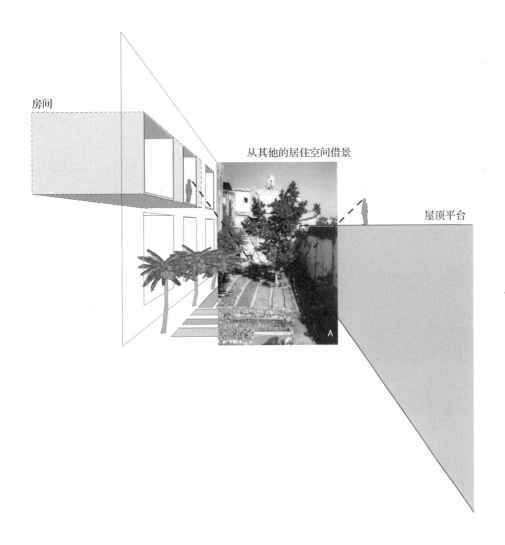

作物　　材料

西红柿，卷心菜，香蕉，洋葱　　预制混凝土梁板，连锁屋顶瓦片，西班牙黏土瓦片，木材，石材，土壤。

图17.10

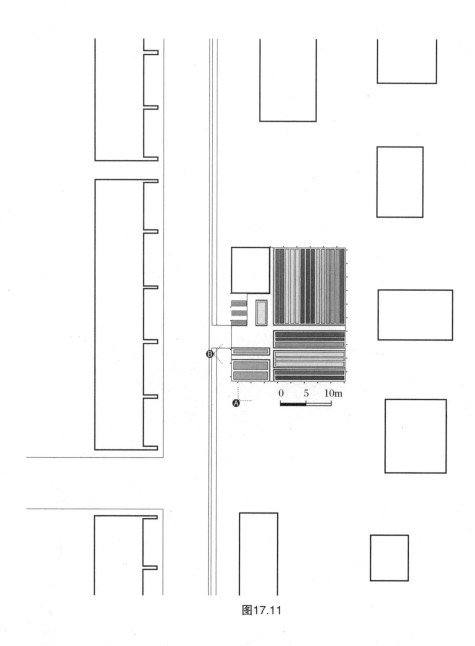

图17.11

特征 西恩富戈斯的PUEBLO GRIFO VIEJO花园
（ORGANOPONICO）

生产性景观片段，城郊地块作为花园市场，在主要通
路的一侧，加宽的边界，分层的边缘

这是一块供家庭工作的地方，这个小花园（organoponico）
在郊区一处宅地内。它小到一个人就可以耕作。这样
的规模，我们在附近辨别出它没有什么困难，这个花
园是出于对周围杂乱无序条件的回应。

作物 材料

生菜，西红柿，洋葱，玉米 可回收预制混凝土梁，40cm一段，5m长，土壤

图17.12

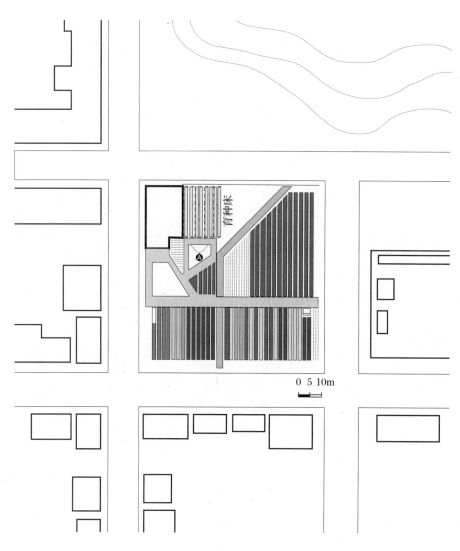

图17.13

特征　　罗达斯终端花园（ORGANOPONICO）

棕地地带，城市化区域，耕作的街区，水平面，
街角小店，健康咨询，透空围合

这个花园所用的地址之前是一个公交车终点站。坐落在一个城市街区中，在一个叫作罗达斯的乡村小镇的边上。这个花园像一块小溪中可以停脚的石头一样放在那里，它最终将形成第一个这样的社区花园序列，在两条河侧面，重新定义了罗达斯镇。像是由镂空的篱笆围成的神秘空间，里面有一个培育种子的苗圃。

作物　　材料

生菜，洋葱，萝卜，豆子，
西红柿，胡萝卜，药材，木槿

石材，木材，混凝土砌块，混凝土柱子，沸石，
土壤，黏土，钢筋，列柱扶手，支撑网架的强杆。

图17.14

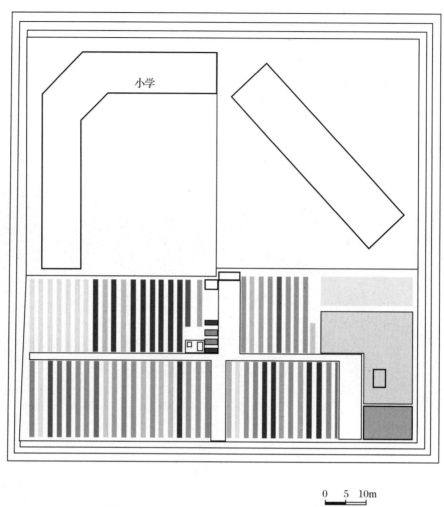

图17.15

特征　　　　　　哈瓦那海滨GASTRONOMICA花园（ORGANOPONICO）

高原，共享资源，中间空间，边界和边缘，　　这个河岸花园（Playa organoponico）主要为居民区服
城市地毯，教育资源，堤坝人行道　　务。它建在一个斜坡上，这是由人工修筑的高原。行
　　人在其周边行走，感受与城市农业的关系不同而带来
　　的变化。选址在单层的初级中学和多层的高级中学之
　　间，看起来像是一席地毯的一边到另一边。

作物　　　材料

西红柿，生菜，欧芹，卷心菜，香葱，韭菜，　　石材，混凝土芯，混凝土瓦砾，波纹水泥薄板，
洋葱，芝麻菜，辣椒，茄子，豆子，菜花，南瓜　　铁丝网围栏，土壤

图17.16

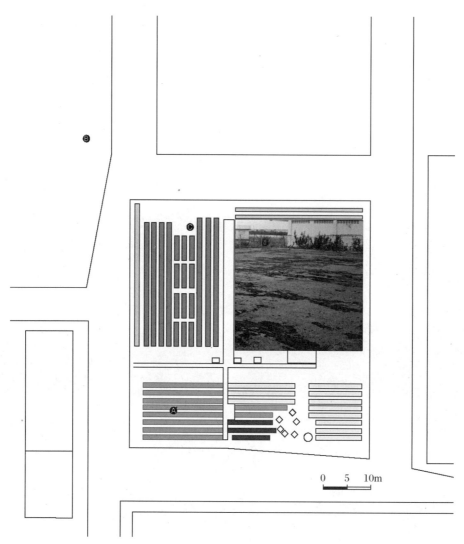

图17.17

特征　　西恩富戈斯大学

运动平台，表演和培育。在平地和斜坡上玩耍。建造场地，发现场地。宽阔的视野。穿过远方的视线。一个视觉邀请。片状景观

这个市场花园提供的蔬果满足了西恩富戈斯大学的要求。这说明了生产性景观如何创造不同功能区域之间的联系。通过将其环绕，占据或是介入。例如这里采用钢筋混凝土框架做成了一个800m³的表演空间。

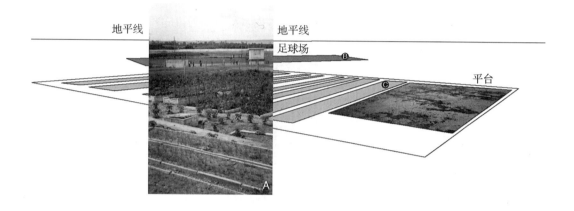

作物　　材料

辣椒，黄秋葵豆，生菜，西红柿，韭菜，茄子

预制混凝土板以金属箍固定，一些可回收的凳子腿，柏油碎石路面，土壤，铁丝网围栏，预制混凝土柱

图17.18

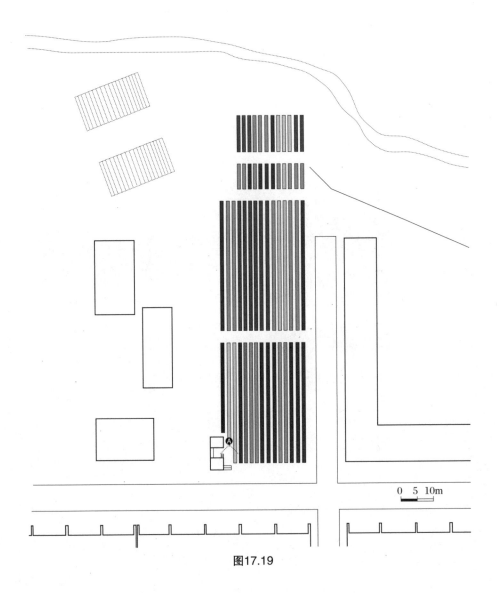

图17.19

特征　　　西恩富戈斯CALZADA花园（ORGANOPONICO）

景观地毯，密集视图，变化的城市表面，通达性提升，连接，新的城市轴线，市场摊位

一个有潜力引进连续景观策略的花园（organoponico），道路以环状相连，在贯穿整个城市的河边组成连续的休闲景观。穿过或是沿着城市农业区域的小路，将带来一个新的对于城市体验的维度，可以成为加强生态建设的一个例子。

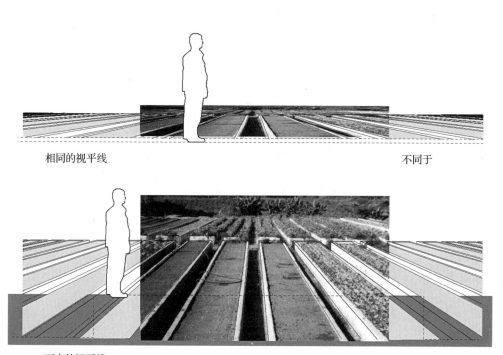

相同的视平线　　　　　　　　　　　　　　　　　　不同于

更高的视平线

作物　　　材料

生菜，豆子，洋葱，休耕土地，　　　底层混凝土砌块，土壤，黏土。
种子床，西红柿，香菜

图17.20

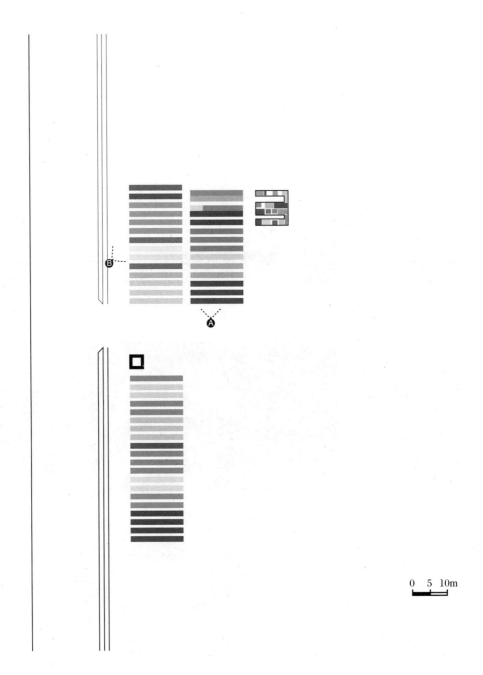

图17.21

特征   罗达斯植物花园（ORGANOPONICO）

增加的占有量，限定水平场地，色彩和气味，
不确定的中心，游乐场，市场，婚宴接待场

这个地点在罗达斯镇的入口，为该镇提供鲜切花和
园艺植物。它是以水果蔬菜作为特色的生产性花园
（organoponicos）。重要的是考虑到提供鲜切花展示出
在生产性景观中生活的态度，松散的土地架构安排，
定义了一个未被耕作的中心区域，等待着人们的随心
使用。

作物   材料

鸢尾花，罂粟花，雏菊，芙蓉花，果树   石材，土壤，木柱，编织塑料薄膜，热潮

色彩

红，橙，绿，浅红，紫色，白色，绿白相间，
深绿，石灰绿，灰色，灰绿，红绿

图17.22

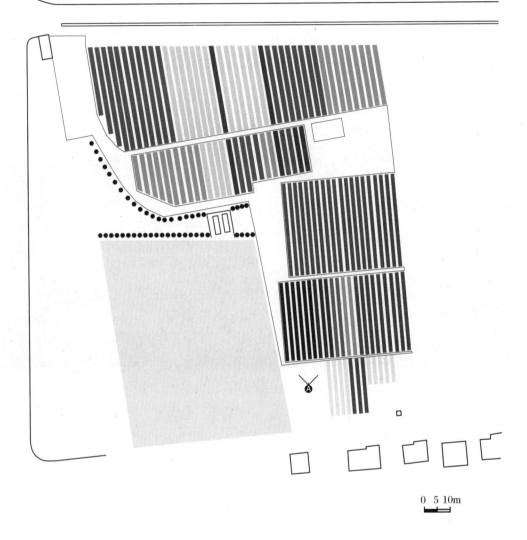

图17.23

特征　　西恩富戈斯的CUATRO CAMINOS花园
　　　　（ORGANOPONICO）

大量的，城郊城市农业，明确建造边界，可耕作环境，有标记的人行道和自行车道，灰空间，市场摊位

一条主要道路为这座花园限定了界限，一边是人行道，另一边是自行车道。一座3m高的墙将这个花园和西恩富戈斯大学校区分隔开，并显示出两个不同区域代表不同的含义，一个城市环境，一个乡村环境。在这座墙下形成了环形小径。毗邻建筑的上层，可以看过这座墙，使得高层的室内和代表着城市农业的乡村环境在空间视线上相连接。在地上，这座墙分隔并定义了校园内部空间。

作物　　材料

生菜，西红柿，豆类，甜菜，土豆，香葱，秋葵，水萝卜，茄子，大蒜，玉米，洋葱

石材，混凝土墙，铁丝网围栏，土壤

图17.24

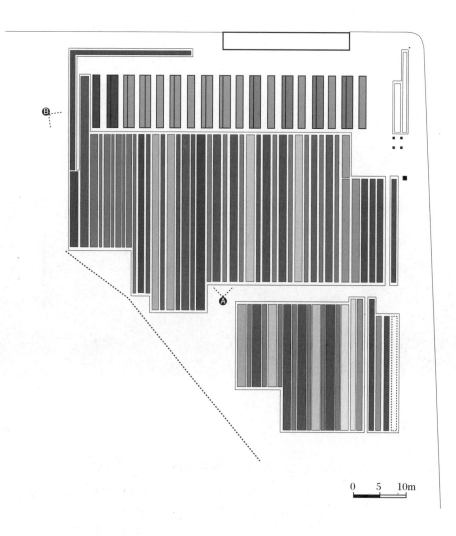

图17.25

特征　　西恩富戈斯PASTORITA花园（ORGANOPONICO）

波动，标记地形，做出新的表面，俯瞰，过渡性区域

这个地方是我们从上面发现的，从私人公寓或相邻学校的阳台上可以看到。可循环使用的5m长的预制混凝土梁在植被床外围环绕，明确了地形变化的地方，如此一来，界定了耕作区域的边缘。目前这里的风貌只能作为视觉景观资源，也可以变成可以身临其中的物理资源，如果可以修筑一些通达的小径，开出一些空间，并且增加人可以停留的地方。

作物　　材料

芦荟，薄荷，南瓜，生菜，菠菜，欧芹，豆子，甜菜根，西红柿，胡萝卜，香菜，柑橘树

预制混凝土板，400mm×400mm预制混凝土梁，混凝土砌块，混凝土篱笆桩，铁丝栅栏

图17.26

材料

❶ 混凝土芯 ❹ 空心黏土砖
❷ 预制混凝土板，加强钢筋条 ❺ 预制混凝土板，黏土砖
❸ 空心混凝土砌块，预制混凝土板 ❻ 现浇混凝土墙

图17.27

材料

❼ 预制混凝土板，混凝土砖 ❿ 粗糙混凝土铸板
❽ 预制混凝土梁，现浇混凝土转角 ⓫ 预制混凝土板，钢腿加固
❾ 塑料"生长"包裹 ⓬ 自然石材

图17.28

材料

⓭ 连锁陶土瓦片　⓰ 粗糙混凝土铸件，现浇混凝土
⓮ 石材和碎石混凝土　⓱ 预制混凝土，现浇混凝土
⓯ 预制混凝土梁，混凝土砖　⓲ 陶土屋顶瓦片

图17.29

材料

⑲ 碎石混凝土和砖 ㉒ 碎石混凝土
⑳ 橡胶轮胎 ㉓ 混凝土芯
㉑ 石灰水处理过的石头 ㉔ 预制混凝土柱子

图17.30

边界发展，强化边界

短时间的土地利用使人们可以看到用地边缘的变化。一个晾晒衣服的篱笆展示出怎样利用边界，这会改变路人观察城市农业的感受。有些人看向这里，注意力会集中在前面和后面所见的材料变化上。在这样的情况下，人们观察阅读相邻的表面，晾晒的衣服在前，接着，土地和作物出现在远处。随着质地和材料的变化，新的视觉关系在前景和后景之间建立，一个连续的垂直方向挂着的衣服和水平方向的土地之间的对话便如此形成。

西恩富戈斯市La Calzada 花园（organoponico）的围墙被用来晾晒衣物

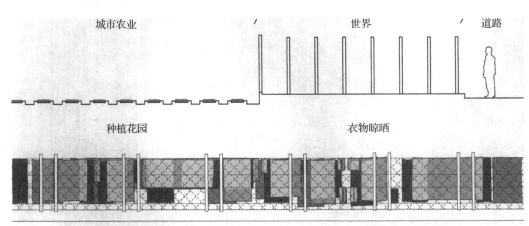

强化边界内的层次

强化边界（单边）

想象一下在城市农业用地的边缘挂着几排衣服带来的影响；这就是一个强化边界印象的例子。强化边界可以适应不同类型的居民，用它分隔出私人与公共空间，这样也加强了我们的城市体验。强化边界可以接受多样的利用形式，例如，一边用来娱乐，一边用作休闲花园，或野餐平台。

边界发展规划
（第一阶段）

农田

强化边界

图17.31

184

楼梯上所看到的不同景观，一边是西恩富戈斯市的Pueblo Grifo Nuevo 花园（organoponico），也是相邻的建筑

边界发展，边界双重性

在边界上的建筑中，透过窗户，可以看到城市农业的不同特征。向着城市农业的窗呈现出乡村特征。面对着其他方向的窗户则呈现了城市特征。如此，在一幢建筑中，可以有不同的环境体验，建立了人们在不同空间中的不同情绪。

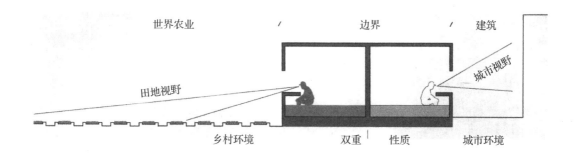

双重性质

这种由乡村自然环境向城市环境的转变，是在计划中的，而不是像传统的连接空间的方法，放一架钢琴来显示出高贵，有阁楼的房子则意味着乡村。

边界发展规划
（第二阶段）

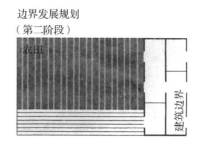

图17.32

边界发展，淡化边界

这有一个对空间较小的干涉，引入一堵3m高的墙，形成了空间上的一些重要分隔。这座墙的位置和尺度将周围的建筑与花园（organoponico）几乎隔开，又相互联系。在地面上，墙与建筑之间的空间被看成是城市区域，像是城市广场，或集会中心，以周围的墙和建筑为界。这个空间具有城市的品质与城市的建筑密度。在墙的另一边，人们感受到可以从邻近建筑中得到保护，他们的视野则是一片花园市场。这个墙加强了城市与乡村环境之间的对比。行人走在墙的两边，体验着这样迥异的风景。

沿西恩富戈斯市Cuatro Caminos 花园（organoponico）的一条环形路被一堵墙的阴影覆盖

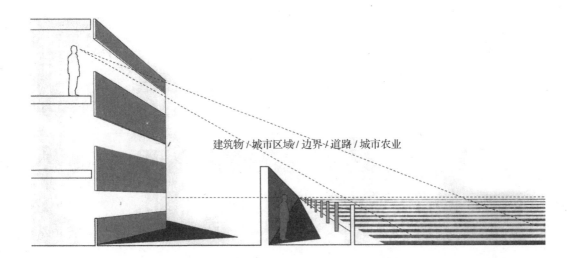

建筑物 / 城市区域 / 边界 / 道路 / 城市农业

淡化边界

体验上的变化可以被理解为一个标记，记录着忙碌与轻松的生活之间的变化。乡村与城市环境日新月异的变化是城市密集性的另一个佐证，这是由当地的生产性景观带来的。它可以用来同每周末住在乡村别墅，工作日住在城镇家中的人群来产生对比。

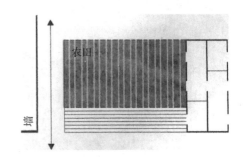

图17.33

186

边界发展，边界地形

在一些案例中，地表已经被平整，以便于耕作。水平的表面强调出周围景观的波动和人们看向这个花园的方式。这些水平面上的变化使得行人在走过这里时，看到若隐若现的花园。这引起了行人对其中景色的期待。

古巴西恩富戈斯Pastorita有机农业园和哈瓦那Gastronomia Playa 有机农业园的人行道和市场园地之间的路堤。

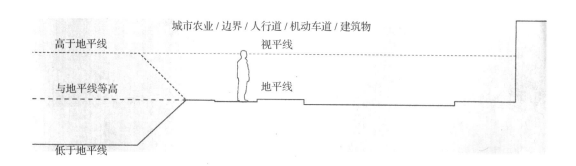

城市农业 / 边界 / 人行道 / 机动车道 / 建筑物

高于地平线

视平线

与地平线等高

地平线

低于地平线

线性边界

水平面代表着人工地形。由于强调了自然地形的变化，行人对于这个平面的特征感受增强，并有了自己衡量这里景观的看法。

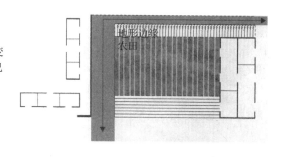

地形边缘
农田

图17.34

城市农业点与学校、医疗中心、老人合作，共同促进健康饮食项目的服务。学校里的俱乐部也已经建立，有一些提供学生间咨询的发展项目。

它计划在花园（organoponicos）中集中生产蔬菜，而不是在密集农场里，因为花园产量更高。密集型农场的产量据测算为每平方米每月生产1kg的蔬菜，而在花园（organoponicos）中，产量则是2.5kg。高产是因为花园（organoponicos）受古巴气候影响，部分地区可以每年复种。

2001年，罗达斯镇在水果和蔬菜上的生产可以自给自足。产量从1994年的每人每天350g果蔬（127kg/a）增加到2000年的每人每天1600g（584kg/a）。目标是增长到每人每天2000g（730kg/a）。同这种产量相比，哈瓦那在2000年的产量是每人每年115kg（凯利达·克鲁兹和桑切斯·麦迪娜，2003）。

罗达斯10年内的目标：

（1）在水果和蔬菜生产上自给自足；

（2）有能力出口有机农作物；

（3）在镇里有很多树用来净化空气。

在哈瓦那，州政府和市政府对于城市农业的支持被Antonio Núñez Jiménez De La Natualeza Y El Hombre基金会所称赞。这个基金会的创办者是古巴科学院，他们相信只有通过文化，人与自然的关系才能够得到改善。这样一来，在环境与社会可持续性这一更为广泛的层面上看，促进城市生态化是城市农业许多活动的目的，因此，城市农业能够得到支持（凯利达·克鲁兹和桑切斯·麦迪娜，2003）。永久培养和有机城市农业在当地社区的工作中，还有当地研讨会中以及网络中被支持（见第22节）。

2002年2月18号在哈瓦那的一场会议，有罗伯特，桑切斯和麦迪娜（Roberto Sánchez Medina），他们是Antonio Núñez Jiménez De La Natualeza Y El Hombre基金的管理者，管理着其关于城市可持续发展的项目，展示了城市农业在哈瓦那的深入作用。

现在，哈瓦那在水果和蔬菜的生产上仍然无法自给自足。还有28000hm²土地具有作为城市农业用地的潜力。到2000年，不包括国有企业，大约8000hm²土地被用作城市农业。这其中大约1500hm²在哈瓦那城，但大多数城市农业点位于城郊。

古巴政府以距城市的距离来定义城市农业。这个距离在普通城市为10km，在小城市为5km。哈瓦那则是特例，在城市中所有种植食物的都称作城市农业。

在哈瓦那有4座大型公园，但自特殊危机时期以来，由于资源短缺和缺乏管理，无法维护这些公园。其中最大的一个，都会公园中已经包含了一些城市农业，并有计划在未来扩大在这些公园里已有的城市农业。

1994年以来，哈瓦那的城市农业由于得到农业部的支持，现在已经有17个城市农业指定商店在城市中开放。这些店可以为有希望建立城市农业作业点的个人提供支持。国家会给这些签订生产特定作物的个人或团体提供土地，可能会是在市场上交易的土地。土地的租金是需要交给中央政府的。

随着经济情况的好转，在有限的情况下允许使用杀虫剂，但大多化学物品是被法律禁止的。一些特定的化学物品允许在控制虫害中使用。显而易见的是，在哈瓦那我们所遇到的人比罗达斯居民更关心城市农业的未来。他们观察经济规律的变化，这些可能改变他们的处境，并看到了城市农业的重要性。在未来需要面对的一个主要问题是土地的价值和所有权。目前这个问题并不存在，因为还有足够多的国有土地。

我们的感觉是，如果大家认识到城市农业带来的好处，那么城市农业将会有机会获得成功。

在居民区的城市农业

为了更好地理解城市农业在居民区起到的作用，Antonio Núňez Jiménez基金会邀请我们去参观西恩富戈斯的Consejo Popular Camilo，一个在哈瓦那东边的大型居住区，它是在改革之后建立的，为11600人提供居所。居民委员会监督在这里的城市农业实施。

2002年2月，大约有8hm²的已耕作的土地，组成了"厄尔·佩德雷加尔集约耕作花园（El Pedregal Intensive Cultivation Garden）"（其中2.5hm²的作物是直接种在土地上，而不是种植床上）和厄尔·帕瑞森农民组，是一个拥有45个分支的团体。每个分支生产的食物有时出售给公众，但他们最初的目的是为个人提供食物。

接下来有4.4hm²的土地由分散的农民耕作，由个人操作，与居委会无关。

西恩富戈斯的Consejo Popular Camilo有大约6km²的面积，分为9个区，每个区选出一位当地代表作为居委会成员。当地代表直接和农民一起工作，并记录情况，反馈给农业部和规划设计者。这个系统提供了在政策制定者与城市农业作业者之间有效的反馈机制。

参与城市农业是自愿的，是由个人或组织向该区代表申请种植食物之后，便可直接参与到城市农业之中。

如果一个居民想要一份土地耕作，或一个组织想要土地开展集约型农场，只要满足种植作物的要求，就是被政府允许的，但禁止建造建筑或砍伐树木。商业运营的项目像厄尔·佩德雷加尔集约耕作花园，与非商业的花园之间有明显的区别。

花园（Parcelas）往往是由退休的人耕作，不需要租金；大型的花园占地2500m²，需要一家人来劳作，但200m²的花园更为常见。

在大哈瓦那新鲜蔬菜合作公司的集约型耕作花园这个例子中，产品或经许多生产者之手分销，他们征收的销售税由农民来承担。

2002年，剩下的土地仍可用于城市农业。西恩富戈斯的Consejo Popular Camilo地表周围都是岩石和盐水，作物灌溉所需的地下水是无法使用的。饮用水被用来灌溉，这更加剧了国内现存的水资源短缺，但是我们并没有发现用饮用水灌溉的家庭和用地下水灌溉的家庭之间直接发生摩擦的证据。农民们和他们的支撑者，调查了很多水循环和储存的方法，其中最具雄心的一个是使用附近一个奥林匹克泳池，将其每年所排出的水用来灌溉。所有这些建议都需要大量的基础设施投资，并且还没有被实施。

一个关于堆肥的计划正在推出，使用国内的有机废物，从家庭使用推广向城市农业使用。在其他地方，这些计划是自愿采纳的，在2002年已经取得了部分成功。一些工作组被鼓励采用这些策略。

Antonio Núñez Jiménez基金会采取了详细的学习计划，学习在西恩富戈斯的Consejo Popular Camilo城市农业，这暴露了一些农民在与他们绑定合约的安排上存在的一些担心。例如，农民们担心大哈瓦那蔬菜公司供给他们种子的质量问题，这是在他们的雇佣合同中无法控制的问题。另一方面，这些合约为农民们提供了一份抚恤金，大哈瓦那蔬菜公司市场的一些产品，还有为农民们在农场门口销售提供多样的蔬菜。

农民们对管理厄尔·佩德雷加尔集约型耕作花园有着不同于他们给非商业花园（parcelas）工作的态度。后者没有利益，但在厄尔·佩德雷加尔集约型耕作花园则会更积极地提升产品质量。

尽管有这些缺点的存在，但其并不被视为特例，大多数农民仍然愿意继续这样的工作，并尽可能长期从事。更进一步的研究发现，因为条件不理想，土地都是岩石与盐碱地，西恩富戈斯 Consejo Popular Camilo 的产量是哈瓦那典型城市农业点平均产量的91%。

有机城市农业

我们对于找出有机产品是否可以成为城市农业的组成部分很有兴趣。

我们的研究显示出，许多生物控制方法同样在很多农业作业点中提高了生产效率。例如，香蕉树在很多城市农业点均有种植。我们一旦切开香蕉树，引来蜂蜜，它们就变得非常能够吸引昆虫，否则昆虫会被其他农作物吸引去。这样的技术被证明在控制甘薯象鼻虫上很有效。

另一个区域生物技术的发展是蠕虫堆肥中心的出现（用蠕虫来生产堆肥）。虽然很多城市农业地区使用自己的堆肥，最近却出现了专业致力于生产有机堆肥的地方。在1995到2002年间，大约200个这样的堆肥生产单元被建立，每年的有机堆肥产量，在这段时期从3000t提升到100000t。其他有机农业技术也出现了，例如广泛的作物轮作、间作、施绿肥和土壤保护。

一个在西恩富戈斯大学主办的城市农业会议上，我们得到了一些存在问题的答案。2002年，在我们的访问期间，古巴并没有签署任何关于对有机生产认证的方案。然而，大多数古巴的城市农业却可以被认作有机农业。从1989年，因为经济环境的影响，人工杀虫剂和化肥很难得到，而得到化学试剂却相对容易，如此，化学试剂便被用来防治病虫害。

使用有机绿色手段，或自然的虫害防治手段，对城市农业来说，能明显提高产量。这导致了知识主体的延伸积累，城市农业可以提供多样的工作给人们，并且这些手段积极传播向种植者们。

生态病虫害控制系统正在发展。2004年，新的捕捉小型飞虫的技术被引入西恩富戈斯。在这里，50加仑的桶和类似金属或塑料的光盘已经被涂满油脂并固定在端点。这些设备被安装在土床上抓捕会袭击作物的昆虫。这些构筑的"植物"具有超现实的诗意，造成了实用的城市农业景观——开始被解读为米罗的三维安装物。

然而，重要的是要意识到，尽管成果显

著，但仍有许多障碍和困难需要去克服。我们在访问中发现，农民对有机种植方法的使用仍然存在疑问。同样在科学界、政策制定者和政府圈子里，认为新的生物技术的发展速度不够快。这些官员通常陈述他们对于杀虫剂可能影响有机控制手段的担忧。

本章中很多材料都是来自于我们在2002到2004年间的行程中遇到的古巴从事城市农业方面的专家。我们想要感谢下面的人们，谢谢他们付出的时间与对本章作出的贡献：

（1）雷内·帕德雷恩和罗伯托·桑切斯·麦迪娜（哈瓦那Antonio Núñez Jiménez la Natureza y el Hombre基金会）

（2）豪尔赫斯·迪亚兹教授（城市研究中心，CUJAE，哈瓦那）

（3）索科罗·卡斯特罗教授和Rene Padron Padron教授（西恩富戈斯大学）

（4）赫克托·洛佩兹（西恩富戈斯省首席城市农业专家）

（5）利利亚娜·梅德罗期·罗德里格斯（省级农业代表：罗达斯）

（6）阿莱娜·费尔南德斯和阿如拉·巴斯克（城市农业建议者，罗达斯和西恩富戈斯）

（7）胡贝尔·阿方索·加西亚（Delegardo Municipal de la Agricultura）

（8）佩德罗·莱昂·阿蒂兹（Jefe Granga Urbana 罗达斯）

（9）甘德·伊格莱西亚斯（Jefe Producion Granga Urbana）

参考文献

Bourque, M. and Canizares, K. (2000). Urban Agriculture in Havana, Cuba. *Urban Agriculture Magazine,* Vol. 1, No. 1, 27–29.

Caridad Cruz, M. and Sanchez Medina, R. (2003). *Agriculture in the City: A Key to Sustainability in Havana, Cuba.* International Development Research Centre.

Pretty, J. (2002). *Agriculture: Reconnecting People, Land and Nature.* London: Earthscan.

Ponce, F. (1986). *Sustainable Agriculture and Resistance: Transforming Food Production in Cuba.* Oakland: Food First.

Socorro Castro, A. R. (2001). Cienfuegos, the Capital of Urban Agriculture in Cuba. *Urban Agriculture Notes,* published by City Farmer, Canada's office of urban agriculture. www.cityfarmer.org/cubacastro.html accessed May 2001.

18

非洲东部和南部的城市与城郊农业状况：
经济层面、规划层面和社会层面

贝根·米巴博士

本节旨在通过由奥布迪欧和福根（1999年）编纂的文献作为出发点和主要数据基础，找出非洲南部与东部的城市和城郊农业研究的关键部分。城市和城郊农业（UPA）在非洲东部和南部的主导地位反映了20世纪70年代以来该区域城市经济的一次重组（和瓦解）。这吸引了越来越多学者们的关注以及当地非政府组织与国际发展组织的兴趣，这些国际发展组织希望将城市和城郊农业作为城市环境管理扶贫和食品安全的一个切入点。然而，这些干预措施的成功将取决于我们理解城市内部农业的动力和产生背景的程度。后者包括土地使用权和控制的问题，以及更广泛的城市治理问题。尽管城市和城郊农业很盛行，并且有非政府组织与捐助机构的支持，但是似乎没有获得地方当局和规划机构的优先考虑。

20世纪70年代以来的研究模式：区域和重点聚焦

重点聚焦

非洲东部和南部（地区）城市和城郊农业（UPA）的研究呈现出了几种模式，其中一些已经在之前提到（罗杰森，2001；米巴，2001）。而其中最关键的是城市经济瓦解和贫困与城市和城郊农业的联系。在奥布迪欧和福根（1999）参考资料和数据的基础上按照主题和国家对出版物进行一个简单的统计，我们注意到，最早的研究是在20世纪70年代。这些研究来自赞比亚（1972、1978、1979）和肯尼亚（1977）。但是它们的数量很少（如图18.1、图18.2），并且只将

城市和城郊农业作为当时国际劳工组织活动的衍生部分。

进一步的研究一直延续到了20世纪80年代，加入了对环境的关注，如土地退化、植物破坏以及森林砍伐。在这方面，肯尼亚（Mazingira研究所，1987年）和津巴布韦（Mazambani，1982）的研究较为显著。其结果表明，城市环境恶化不仅是种植活动的结果，也与建设活动以及贫困人口燃料和能源的需求有关。直至20世纪80年代中期，城市和城郊农业还不是一个普遍的主题。在赞比亚，由于大量研究的主力是一些外国研究人员，他们关注的是理论问题，例如城市和城郊农业与疟疾、经济以及性别问题的联系等。

然而，城市和城郊农业的研究成果在20世纪90年代初大幅增加。家庭层面上的贫困和粮食需求与经济尺度的联系对研究起了决定作用。与此同时，瑞典发起了GRUPHEL计划，Mazingira研究所推动了城市农业部门内的性别分析。IDRC进行了一项区域范围的"城市供养市民"研究和宣传计划。到1995年，城市农业与如食品安全和营养、政治、治理以及反馈机构等其他方面相结合。在该地区，食品安全和贫困在世纪之交成为了关键课题。

国家聚焦和区域布局

就国家而言，赞比亚虽然起步较早，但很快就被肯尼亚（20世纪80年代）超越，接着是坦桑尼亚（20世纪90年代初）和津巴布韦（20世纪90年代中后期）。如上所述，赞比亚的研究主要是由外国研究人员进行的，

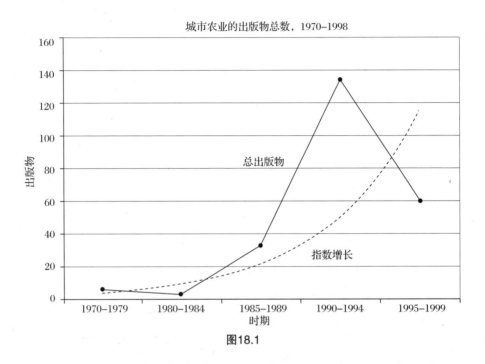

图18.1

而在肯尼亚、坦桑尼亚、津巴布韦和南非，本地科研人员已能够占据一席之地。但是，越靠北的国家，研究对捐助资金就更依赖。与捐助计划无关的纯学术研究是几乎没有的（见STREN，1994；米巴和赫克扎梅尔，2002）……

到2000年，一些特征更加明显了：

• 南方国家占据了主导地位，尤其是津巴布韦和南非。现在，南非正从退出津巴布韦的主要捐助者身上吸引资金。即使是为一个小型的学术研讨会，吸引捐助资金到哈拉雷也变得日益困难。

• 其他学科领域、土地、技术、技能培训及一些扩展需求正在涌现出来。

• 南非的相关成果也在增加。原因一为这个国家正变得更加贫困，其二是目前捐助支持较多的是基于大城市（如德班、开普敦、比勒陀利亚、约翰内斯堡、伊丽莎白港）中大学开展的大量不同的研究。因此，技术、新理论解释和切入点方面的研究极有可能在这里出现。

• 在该地区的大部分地方，研究将在较长时期内依赖捐助而进行。

• 在较小的国家，研究成果在这一年仍然很少（莱索托、马拉维、卢旺达、博茨瓦纳、纳米比亚）。在刚果民主共和国、莫桑比克和安哥拉，语言差异和冲突局势阻碍了这些国家的城市中一些正在进行的研究材料的共享（如图18.3所示）。

如果奥布迪欧和福根（1999年）参考书

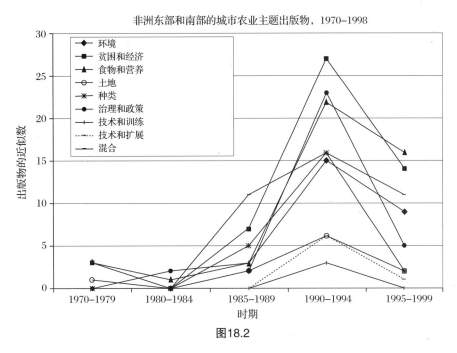

图18.2

目现在重新更新的话，出版物的数量当然会比记录中多得多，但其中的很多部分仍是这些国家或地方运营项目的捐助机构办公室的灰色文献。

城市和城郊农业在非洲重要研究领域的背景概要

虽然学术研究表明，城市农业或城市和城郊地区的粮食种植（UPA）对于非洲来说并不新奇（弗里曼，1991；米巴，1995；格罗斯曼等，1999；罗杰森，2001），但是这个现象现在已经有所改变，并需要我们注意以下几个方面。首先，由于20世纪70年代非洲正规城市经济的崩溃，以及经济结构调整计划导致经济衰弱的影响，非洲城市中无论是富人还是穷人都不得不寻求另一种生活方式。新的发展表现为城市和城郊农业的空间尺度大幅增加，而其对家庭经济的贡献也已大大超出预期的想象（MDP，2001年）。也许，以上情况产生的最重要的结果是"城市农业"升级为非洲城市发展政策和规划上的一个概念，而之前其从未被纳入到正式的政策之中。这与越来越多领先的国际发展组织（如开发计划署、粮农组织、德国技术合作公司、MDP、国际发展研究中心和国际开发部）是分不开的。这些组织将城市农业发展成为城市扶贫和可持续发展方案的一个重要组成部分（例如，巴克等，2000；布鲁克和达维拉，2000；www.ruaf.org；www.fao.

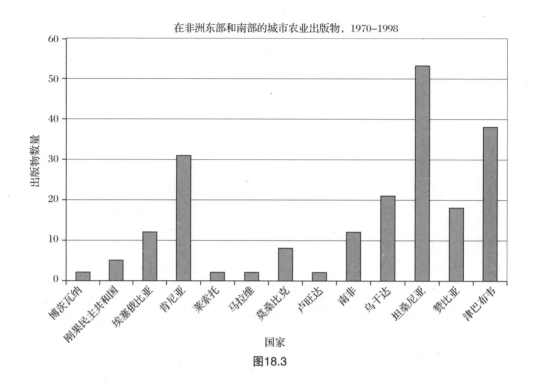

在非洲东部和南部的城市农业出版物，1970–1998

图18.3

org；www.cityfarmer.org ）。

然而，城市农业的推进与整合过程仍然受制于一系列背景、概念和体制层面的冲突以及能力缺陷，这些都需要更深入的了解和回应。首先，根据观察，城市与城郊农业的新概念以及这项活动本身在实践中常常面临着一个冷淡的、受限制的，甚至敌对的当地政策环境。当地安置政策和体制对这个现象在很大程度上仍然是模棱两可的，政策制定者不相信将城市农业整合到城市发展中所能产生的潜在益处。在某种程度上，城市和城郊农业的支持者也加深了政策制定者的怀疑，支持者在全球层面上的项目方法体现区域和当地的多样性，也无法回应优先性问题和地方政策制定者所面临的复杂要求。

其次，在地方权威部门、政客、专业技术人员或者中央政府各部门之间，矛盾的政策和研究结果已经成为常态的事实。尤其是地方政府、农业以及环境部门之间的摩擦更为常见，这加大了地方当局制定政策的困境。

第三是有关城市和城郊农业与其他土地用途之间的冲突，以及城市和城郊农业的拥护者还没有认识到这项活动的成功以及其被官方正式接受与否取决于当地各种力量的关系，特别是对于土地资源的控制和获得权利的竞争。

目前，这种土地资源的获取是以冲突为特点的，集中表现为社会局势紧张、财产和环境破坏、行政纠纷、肢体冲突以及经济生产力损失。不幸的是，现有的政策（主要是城镇和区域规划手段）和机构都不够健全，不足以以一种可持续的和有利于地方社区的方式来解决这些冲突。在某些情况下，城市和城郊发展的政策和体制是不存在的。

第四是城市和城郊农业带来的经济机遇的问题。与研究证据相反，城市和城郊农业的整合一般被认为是关乎贫困人口的领域，这个看法也削弱了企业或市场潜在的作用。由所谓"精英"和私营部门参与的城市和城郊农业具有创造更多就业机会以及扩大城市地方当局基础收入的能力。

对非洲的许多城市来说，以园艺生产为主要城市生产性农业的形式并不属于传统的耕作系统。然而，如果大规模地推广城市生产性农业，会在提升单元土地生产力的同时扩大部分土地的所有权冲突。缺少相关政策的指导导致土地经济潜力的流失，难以解决小面积土地所有者和跨国组织之间的矛盾，以及某块土地的需求与城市扩张之间的矛盾。在全球化背景下，这些问题亟待政策的支持和关注。

实施者和机构

作为发展政策的一部分，人们对城市农业的关注度有所增加，这在上文中已经提及。虽然城市农业与扶贫计划相结合，并且已被所有重要的城市发展组织采纳，但是目前对如何将城市农业融入城市多样化的发展体系仍不清楚。在坦桑尼亚，GTZ（德国技术合作公司）连续多年支持达累斯萨拉姆城市蔬菜种植促进计划，并且联合其他支持者举办会议，宣传城市农业（详见Bakker et

al.，2000）。为了使城市农业被合理定位，FAO（联合国粮食农业组织）近期在南非进行了多次专家研讨会。在与城市发展计划的协调的基础上，联合国粮食农业组织在南非投入大量资源在乌拉维、肯尼亚、坦桑尼亚和乌干达，研究土地所有制与城市农业之间的联系。在这个领域，最著名的研究组织可能是IDRC（加拿大渥太华国际发展研究中心），它从20世纪70年代就开始从事相关研究工作。这一组织与大学专家、当地的非政府组织，例如津巴布韦的ENDA，以及其他不同的组织联合。不同于哈拉雷代表的东非和南非地区特色的城市发展计划，加拿大渥太华国际发展研究中心在此地区实行了全新的具有创新性的城市农业发展计划。此外，它还支持CGIAR（国际农业咨询组织）的工作并与其协作，并与内罗比国际马铃薯中心（CIP）合作研究非洲的城市农业。

在每一个国家都有许多当地组织与城市农业耕种者互相协作。随着对于国际捐赠者关注的增加，当地组织积极地争取潜在的捐赠资源，投入大量的准备时间以适应捐赠框架。在学术界，相关研究活动也在逐渐增加，相关成果的主体是为了对捐赠者的贡献负责，而不是为了在国际杂志发表论文。后者对于研究者的激发作用正在逐渐减小。

结论

这一章回顾了东非和南非的城市和城市周边地区农业的调查研究数据，伴随着每个国家的经济困境，相关研究也广泛地流行起来。在前几年，城市和城郊农田的发展主要受环境因素的驱动，而在近几年，经济问题和食品安全问题逐渐占据了其发展动力的主导地位。在艰难的经济背景下，城市农业主要是一种生计活动，即市民利用城市空间生产粮食满足自身所需。这便引起了复杂的、难以解决的法律问题，即土地的获取、土地的所有权以及土地规划的问题。

因此，很有必要理解并多次讨论有关城市和城郊农业的定义；城郊土地冲突的本质；并通过制定创新性的介入政策使当地居民受益，解决食品安全、市民营养和工作的问题。而在非洲，不同于欧洲，城市农业尚未加入对城市生态、城市设计和城市更新的关注。

同时，我们也需要了解现今城市发展政策的本质，确定适合和不适合发展城市生产农业的地块，并将其融入到城市发展计划中（包括空间和经济两个方面）。其工作体系应该包含如下机构的协同合作，即规划当局、培训研究中心、非政府组织和社会团体。对于城市农业与其他城市问题的结合研究在城市农业杂志上有所提及。

20世纪80年代初以来，由于贫困，非洲基本丧失了研究能力，城市政策和管理也是大不如前，因此，相关研究和培训需要被投入更多的关注，从而支持并引领可持续性城市发展。我们的研究网络PeriNET力求解决这些问题（http：//www.pidces.sbu.ac.uk/BE/UES/perinet/）。

参考文献

Bakker, N., Dubbeling, M., Gundel, S.and Sabel-Koschella, U., de Zeeuw, H. (eds.) (2000). *Growing Cities, Growing Food: Urban Agriculture on the Policy Agenda.* DESE/ZEL, Sida, CTA, GTZ, ACPA, BMZ, ETC.

Brook, R. and Davilla, J. (2000). *The Peri-Urban Interface: A tale of two cities.* School of Agricultural and Forest Sciences, University of Wales and Development Planning Unit, University College London.

Freeman, D. B. (1991). *A City of Farmers: Informal Urban Agriculture in the Open Spaces of Nairobi, Kenya.* McGill University Press: Montreal and Kingston.

Grossman, D., Van den Berg, L. and Ajaegpu, H. (eds.) (1999). *Urban and Peri-Urban Agriculture in Africa.* Ashgate: Aldershot.

Mbiba, B. (1994) Institutional Responses to Uncontrolled Urban Cultivation in Harare: Prohibitive or Accommodative? *Environment and Urbanisation,* 6, 188–202.

Mbiba, B. (1995). *Urban Agriculture in Zimbabwe: Implications for Urban Management and Poverty.* Avebury:Aldershot.

Mbiba, B. (2001). The Political Economy of Urban and Peri- Urban Agriculture in East and Southern Africa: Overview and Research Settings. *Paper presented at a Regional Workshop Organised by the Municipal Development Programme (East and Southern Africa),* Bronte Hotel, Harare, 27th February–3rd March 2001.

Mbiba, B. and Huchuzermeyer, M. (2002). Contentious development: peri-urban studies in sub-Saharan Africa. *Progress in Development Studies,* 2 (2), 113–131.

Municipal Development Programme (2001). The Political Economy of Urban and Peri-Urban Agriculture in Eastern and Southern Africa. *Proceedings of the MDP/IDRC workshop,* Bronte Hotel, Harare, 28th February–2 March 2001.

Obudho, R. A. and Foeken, W. J. (1999). Urban Agriculture in Africa: A Bibliographical Survey. *Research Report 58/1999: Leiden African Studies Centre and Nairobi Centre for Urban Studies.*

Rogerson, C. M. (2001). Urban Agriculture: Defining the Southern African Policy Debate. *Paper Presented at an FAO Sub-regional Conference on 'Simple Technologies for Crop Diversification by Small Scale Farmers in Urban and Peri-Urban Areas of Southern Africa',* Stellenbosch University, South Africa, January 15–18.

Smith, D. W. and Tevera, D. S. (1997). Socio-Economic Context for the Householder of Urban Agriculture in Harare, Zimbabwe. *Geographical Journal of Zimbabwe,* 28, 25–28. Urban Agriculture Magazine at www.ruaf.org

缩略语

DFID：英国国际发展署
FAO：联合国粮食与农业发展组织
GTZ：德国技术合作公司
IDRC：国际开发研究中心
ILO：国际劳工组织
MDP：马尔科夫决策过程
RUAF：国际都市农业基金会
UNDP：联合国开发计划署

19

新发现的微型生产性城市景观

安德烈·维尤恩和卡特琳·伯恩

图19.1（Moulsecoomb的照片）显示了Moulsecoomb的一个果蔬园，Moulsecoomb是英格兰南部海岸布莱顿边缘的一个郊区。这块地比较小，位于朝南的斜坡上，内有9个面积为250m^{2}的标准小园地，而其总面积大约为3200m^2。

这块地属于Moulsecoomb森林公园和野生动物保护项目，该项目服务于一些不同的群体，包括社区花园志愿者、失业人员以及儿童。这个项目实行自主管理并有一些地方组织提供财政支持（Carter，2001年）。上述各种用户群有着不同的背景、愿望和利益，他们共同创造了一个使用模式，借此模式，

一个公共空间网络与常规的城市农业地块重叠。这种"重叠"是连贯式生产性城市景观的主要特点之一，而在这块面积极小的地块，这种"重叠"以最亲密的方式被呈现。

图19.2显示了Moulsecoomb果蔬园的原始布局，它由9个相等的长方形地块组成，并有窄径分介于其中。图19.3和图19.4显示了其被使用者改变后的格局，小径被延伸并环绕部分种植田埂，一些空间被放大以供人们作其他使用。原始小径的延伸发展出了许多构思灵巧的、可供娱乐的私人空间。这整个布局可以视为把一个网络重叠到原始分布（如图19.2）上（如图19.3），它伴随着人们

图19.1

10m

图19.2

图19.1　布莱顿Moulsecoomb份田 2002
图19.2　布莱顿Moulsecoomb份田 2002：出租给使用者的地块

201

成长和生活的空间形成了最终的不同用地的混合形式（如图19.4）。

在公共空间的重叠范围内，使用者建造了用于遮蔽的围墙、用于休憩的南向斜坡草坪以及可提供避难用的森林花园。这个空间促进了当地社区中农耕者和其他土地使用者之间的社会交流与互动。它可以被定性为一个社交空间，在这里社会景观与生产性景观可以得到很好的结合。

Moulsecoomb代表了一个具有大城市意向的微缩模型。它为连贯式生产性城市景观如何在城市规模上构建提供了一些线索。同时其也显示了已用空间是如何同时包涵种植功能的。在城市规模中，Moulsecoomb中的小路可以想象成主要的步行道和自行车道，种植床可以想作是城市中的果蔬农场用地。通过以Moulsecoomb作为探究对象，同时将果蔬园地想作是城市街区或大城市农业区，一种城市发展的模式便浮现了出来，在这种模式中，"网络重叠"原则以及连贯式生产

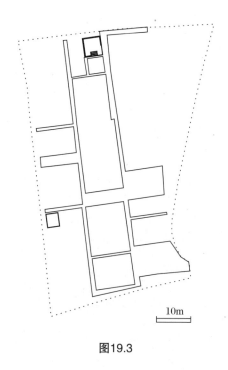

10m

图19.3

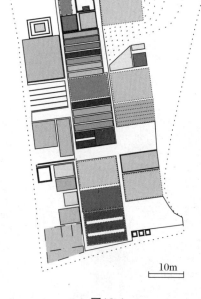

10m

图19.4

图19.3　布莱顿Moulsecoomb份田 2002：路网和由使用者引入的共享空间
图19.4　布莱顿Moulsecoomb份田 2002：土地功能使用显示了道路、共享空间和耕作地块的综合使用

性城市景观可以应用于不同规模的城市。

　　除了显示了如何将种植土地以严谨的几何图形组织社会活动空间，Moulsecoomb还显示了生产性城市景观可以作为一种景观资源，并强化四季变化。

　　从火车站附近的一座桥上向外看，Moulsecoomb地块为行人提供了一片美景。这一景象对于理解城市农业的另一存在意义至关重要，它展示了农业用地是如何使城市居民与园艺和农业产生联系，进而让人们开始认识、理解人与自然的相互作用。这种可以看得见的联系满足了人们一个很大的渴望，即同时生活在城市中，又能与乡村环境产生联系，或者至少是对自然和田园这一概念的需求。这一意愿的重要性可以从城乡结合区的郊区住宅和富人的度假别墅中看出。而对于一个城市居民而言，经常从事城市农业就如同在乡间拥有了一座房子。

　　试想一下，如果Moulsecoomb的生产性城市景观的环境在一个城市中得以复制，并贯穿城市，从而发展为连贯式生产性城市景观，这将大大提升城市的品质。

份田的特征，清晰的边界和区域性，细致的机理，直接的材料使用，重复和变化

图19.5

图19.5 英国拉伊的份田

路网，休息和工作空间   照片来源：安东尼亚·福斯特

参考文献

Carter, W. (2001). *Seedy Business – tales from an allotment shed.* Moulsecoomb Forest Garden and Wildlife Project.

20

英国的份田、农田和作物

哈德利恩·库克博士、李、阿图罗·佩雷斯·巴斯克斯

图20.1 面向千禧巨蛋的伦敦城市份田

在英国,"二战"以后,份田制度长期以来都是工人阶级文化的一部分,而且相关的实践活动一直在大量廉价食物涌现的情况下开展着。如今,英国的城市和城郊农业依旧是为市民提供部分食物和财政收入的有力措施(加内特,1996 a,b;里斯和厄克纳格尔,1996;邓尼特和卡西姆,2000),此外,它也有着许多其他重要的益处:

(1)对社会——休闲,给予当地人群以权力(如妇女),为有特殊需要的人提供治疗,为少年犯提供改造活动;

(2)对环境——整修废弃的城市用地,使城市土地使用多元化,增加生物多样性,减少生态足迹;

(3)对人——提升市民素质(如利他主义),通过社交活动提高生活质量,通过运动和更优质更丰富的食物带来健康;

(4)对经济——刺激当地经济发展。

本章将集中关注英国的城市和城郊农业,并对份田以及较小的、管理相对宽松的城市地块进行研究。作为研究焦点,文中大部分内容都涉及份田,需要解决的关键问题是:

(1)份田的组织以及其对城市规划师的含义;

(2)生产实践问题,包括土壤污染和水污染的影响;

(3)份田对英国的经济意义。

图20.1

份田的组织

在英国,份田被定义为:由当局或地主提供的城镇土地,土地持有者在其上种植以蔬果为主的食物,用于自己或者家人的日常食用(下议院,1998年)。"plots"这一概念则更新,常常用于描述市区范围内住房附近的私人用地。它们比"份田"要小,尺寸多变且可被灵活利用,具有临时性(佩雷斯·瓦兹奎斯,2000)。城市和城郊农业作为减少食物的"生态足迹"的措施之一,在现今具有特殊的意义。因此,份田作为伦敦及其他城市的

图20.2　望向金丝雀码头的伦敦城市份田

图20.2

景观组成部分越来越多地出现在英国。

在英国大约有296900块份田分布在7800处地方，总占地面积达10290hm²。这相当于每65个家庭拥有1块份田（NSALG，2000）。伦敦附近最好的实例包括李郡（Lee Valley）以及沿伦敦西南部霍格斯米尔河分布的"绿手指"区域。伦敦城市粮食种植占据了约30000名份田持有者手中的831hm²田园。在伦敦还有大约77个社区花园和18个城市农场，除此之外，还包括学校园林项目以及许多在后院小园地上种植各种食物的人。

详　见http://www2.essex.ac.uk/ces/ConfsVisitsEvsGrps/LocalFoodSystems/local-foodtg.htm）

份田的规模

份田根据其大小、提供的服务以及设施而变化。果蔬园的平均规模为10杆或300平方码（250m²）（克劳奇和瓦尔德，1988；佩雷斯·瓦兹奎斯，2000）。这种地块的大小最初是由法律规定的，以满足家庭的需求，而不是为了贸易或者其他目的（布莱克本，1998）。然而，市区内增加住房及商业设施的需求导致了土地稀缺，份田的土地供应将日益紧张（佩雷斯·瓦兹奎斯，2000）。这导致了份田规模的减小（雷迪斯，1997）以及市区内一些人不得不尝试采用比份田更小、管理更简单的地块（plots）。因此在许多城市地块中不会种植对空间要求高的农作物，如马铃薯（佩雷斯·瓦兹奎斯，2000）。对于早季马铃薯生产更是如此，二月种植七月收获意味着它与其他早季蔬菜以及沙拉作物的种植相冲突。因此，自给自足的传统观念将不太合适于现代城市田地。事实上，份田的需求自从20世纪90年代以来便不断增加，平均规模减小的田地却需要容纳越来越多的人。举例来说，1971～1987年间，伦敦夏灵基市份田的使用者数目增加了三分之一，而供他们使用的地块的尺

图20.3 花卉果蔬园

寸却减小了（雷迪斯，1997）。瓦伊的帝国
学院在英格兰东南部的三个不同地点进行
了一项参与性研究项目（佩雷斯·瓦兹奎
斯，2000）。不同地区的不同数量的份田持
有者接受了采访，来分析份田的管理和使用
情况。参与性研究方法被应用于该项目中，
包括：

（1）对园地持有者和主要信息提供者采
取半结构式的访谈；

（2）测绘份田；

（3）时间表——描述园地所有权期间的
重大事件；

（4）突出主要活动的季节性日历。

结果表明，大部分城市份田使用者的园
地是租借而来的，因此虽然单个人有时候
会租一块以上的园地，或者某一地块的一部
分，但是他们对分配给他们的园地尺寸几乎
没有控制权。不管是使用多块园地还是园地
的一部分，对于份田的预期目的（即种植食
物以满足爱好和休闲）也会影响其大小规
模。使用者的个人特点也是另一个影响园地
大小的因素，例如可用的时间、身体情况以
及在园地上投入的精力。得到的结论是份
田的尺寸以及它们的供应应该考虑到当地的
需求（等候批准的申请人名单），此外还发
现住在份田附近的人中有11%～21%通常有
兴趣参与到份田的种植中（佩雷斯·瓦兹奎
斯，2000）。

图20.3

份田地块设计

份田地块的设计需要考虑其预期目
的：治疗、兴趣或娱乐、商业、自给自足
及其他。园艺是英国最流行的休闲和业余
爱好（克劳奇和瓦尔德，1988；加内特，
1996a）。事实上，比起种植食物的方式，
许多人更愿意将份田的管理视为一种休闲
活动（索普，1975）。索普提到，"份田"
一词应该改为"休闲花园"的概念，因为
前者带有低收入以及相对贫穷的历史偏
见。此外，份田的设计不应该只考虑个人
地块，还需考虑公共施肥区域、大棚、休
闲区以及一些临时的果树和林地空间。另
外，份田应该选择合适的地理位置，尽可
能靠近需求源并远离已知的污染源，如旧
铁路、爆炸点以及一些废旧工业区（佩雷
斯·瓦兹奎斯，2000）。

图20.4　女性的作物轮作设计（佩雷斯·瓦兹奎斯Perez-Vazquez，2000年）

性别

参与性研究和半结构式采访中所显示的信息（佩雷斯·瓦兹奎斯，2000年）表明，女性会在园地里种植更多的鲜花作为装饰植物，并且不太可能遵循传统的种植规则。草本植物、花卉、蔬菜以及马铃薯对于她们来说很可能同样重要。许多女人往往更喜欢非正式管理的地块。一些女性园地持有者不愿除杂草和害虫，如蛞蝓。相反，大多数的男性园地持有者更倾向于种植马铃薯、洋葱和无核小水果。他们将植物种植成整齐的行列，保持园地的清洁，并清除了杂草和害虫。

实际生产问题

作物种类的选择以及其可能表现出的性能

对于男性和女性来说，果蔬园中都主

要用于种植马铃薯。关键问题在于如何避免每年在同块土地上反复种植马铃薯，同时要防止两种马铃薯孢囊线虫（globodera rostochiensis 和 G.pallida）（温菲尔德，1990）。因此，为了份田的可持续发展，作物的循环生长变得很必要，详见图20.4。

在英国，份田里的蔬菜瓜果种类数目稳步增加，这不仅反映了参与者的性别差异，也体现出他们来自不同的民族与文化背景（盖蒂，1996a；Perez-Vazquez and Anderson，2000）。温室的使用意味着人们可以全年不分季节地种植蔬菜，或者至少可以在每季之初就开始种植，一般是先种植沙拉蔬菜（佩雷斯·瓦兹奎斯和安德森，2000）。关于适用份田的作物种类的实用知识共享一直相对缺乏，即它们在城市环境下是如何生长的，例如更高的温度、更多的坡度以及不同的土壤因素（土壤肥沃程度、土壤密实程度、土壤污染程度等因素）。作物种类的范围和多样性详见表20.1。

份田中的作物产量往往逐年发生变化，尤其是靠近房屋的小块土地。这种变化主要归因于人们缺乏对高产量植物进行优先种植的观念，因为大多数人种植的动机是出于消遣和娱乐。通常，一块份田都拥有多种蔬菜和水果，每种都占用一小块土地，其产量往往低于拥有较少种类但是每类种植面积大、数量多的园地。例如，马铃薯作为基本农作

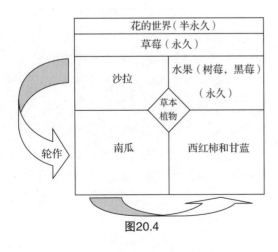

图20.4

图20.5 在某个城市果蔬园内收割马铃薯
图20.6 在凹陷的土地内种植作物

物有时候种植在精心组织的高产量区块中，偶尔也作为一种娱乐消遣种植在一两块低产量区块中。份田的主人倾向于选择种植多种类型的农作物品种，这种多样化选择的原因包括家庭规模、食物偏好、种植水平等社会因素。因此，城市果蔬菜园的产量相对于同等规模的乡村菜园来说通常变化浮动更大，如表20.1所示。

水资源问题

在英国，城市和城郊农业的灌溉主要依赖雨水（棚屋屋顶流进集装箱的雨水）和干线供给。灌溉设备包括水管浇灌、洒水浇灌、水耕生产设备等。在英国，几乎每一块份田都有水供给装置和水罐装置。同时，为使所有果蔬作物可免费接近水源，只有洒水壶被允许用，喷水软管在大部分份田是被限制使用甚至是禁止使用的，尽管这种情况

已有所有变化（详见网址：http://www.sags.org.uk/Merlin Trust Report. php4/index.php,or http://www.inthelim melight.co.uk/localgov/auotments./crops_water.html.）。草皮、马粪和护盖物被用来保存土壤水分和抑制杂草。埋在土壤中的储水器有效地在植物根部附近保存了土壤水分。在夏季，由于软管灌溉是禁止使用的，灌溉变得很困难，尤其是历经年久的土地，其适应性较差。

城市城郊农业与水污染问题

城市城郊的农业生产是否会污染大自然水源主要取决于人工管理方式以及当地天然水的环境脆弱度。例如，需要特别关注的地区有被土壤覆盖的具有中高级蓄水度的蓄水层的大伦敦周边区域（NRA，1994）以及肯特地区的北部和东部（NRA，1994），阿什福德地区的份田也位于提供饮用水的蓄水层

图20.5

图20.6

从阿什福德，怀依和肯特小块园地主人获得的物种，蔬菜种类和产量的数据（佛雷斯瓦兹奎斯，2000）　表20.1

蔬菜（在支架上变化的种类）	阿什福德，肯特（1999）磅（kg）	怀依，肯（1999）磅（kg）	怀依，肯（2000）磅（kg）	平均250m² 产量磅（kg）
土豆 早期（马里斯巴德；彭特兰贾福林）第二期和主要时期（威立雅，马里斯佩尔，彭特兰克朗，纳丁，德斯雷）	65（29.5 180（81.7）	40（18.1） 200（90.8）	60（27.2） 280（127.1）	57（25.9） 220（99.8）
豆子（罐） 推广（塞顿） 经营者（爱诺玛，德斯雷） 法式（达西）	— 77（34.9） 25（11.3）	25（11.3） 40（18.1） 56（25.4）	80（36.3） 10（4.5） 16（7.3）	52.5（23.8） 42(19.2) 32(14.5)
洋葱 白色（贝德福德钱皮恩；荷兰黄；艾丽莎克雷格） 春季（帕里斯，巴莱特）	68.5（31.1） 14(6.4) 9（4.1）	20（9.1） 18（8.2） —	30(13.7） — 53（24.0）	39.5（17.9） 16(7.3) 31（14.1）
球芽甘蓝 （卡斯卡德 F1；威金）	35（15.8）*	20（9.0）	—	55（12.4）
卷心菜 （塞尔提克，朱皮特）	55（25.0）	30 植物	10 植物	15 植物 (24.9)
胡萝卜 （圣瓦勒里；詹姆斯斯卡利特）	92 (41.7)	30 (13.6)	5 (2.3)	42 (19.1)
瑞典甘蓝 （马里恩；紫色顶；华丽的）	7.2 (3.3)	14 (6.4)	5.4 (2.5)	8.9 (4.0)
甜菜根 （底特律 2；蒙代特）	24 (10.9)	8 (3.6)	6.5 (3.0)	12.8 (5.8)
菜花 （堪培拉；斯诺波尔）	50 (22.7)	20 植物	—	35 (15.9)
生菜 （小杰姆；多利；塞拉德博尔）	—	80 植物	45 植物	62 植物
韭菜 （安金塔；卡特里娜）	27 植物	17 植物	35 植物	26 植物
豌豆 （雷利昂瓦德和赫斯特；格林沙夫特）	24.5 (11.1)	18 (8.2)	18 (8.2)	18 (8.2)
小萝卜 （斯卡利特葛罗波；普利茨芦丁；斯巴克勒）	6 束	20 束	6 (2.7)	11 束
西红柿 （马尔芒德；阿利坎特；戈尔登松李泽）	32 (14.5)	24 (10.9)	27 (12.3)	27.6 (12.5)

1 磅= 0.45359 公斤　＊= 仅仅只能估计的产量

上方。重金属污染问题将在下文中讨论。水源的主要威胁（地表水和地表径流）来自于杀虫剂和氮肥的过量使用，包括人工的和有机的两种。城市耕地对于临近河流的污染和对地下水文地质的影响是十分重要的，但是却通常被人们所忽视。

土壤污染

当被污染土壤具有一定的数量和密度时，很可能对人和自然环境带来直接的或者间接的伤害，有时也对其他物质产生威胁（加内特，1966c）。如果土壤被完全污染了，则挖掘土壤、呼吸土壤中产生的水蒸气或者是食用土壤中种植的作物都会对人体健康带来严重的威胁。目前的核心问题是大量的城市农田还未被调查，使得城市和城郊农业的从业者还未意识到土地实际存在的和潜在的危险。在某些情况下，土地污染问题在一定程度上限制了人们对于城市和城郊农业的开发。有研究表明，在英国（戴维斯等，1983）和德国（阿尔特等，1982），城市和城郊花园种植的作物中铅的浓度要高于乡村地区。然而，并不是所有的研究结果都是令人忧虑的：荷兰一项研究表明，果蔬园中土壤和作物中铅和镉的浓度一般代表了该地区的铅和镉的浓度（范·鲁内，1987），莫伊尔（1985）发现在大伦敦地区大于八分之七的份田被铅所污染，土壤金属含量与其离大伦敦中心地区的距离成反比，即距离越大浓度越小，并且菠菜内铅、锌和镉的含量要大于莴苣和萝卜。在英国，1986年1月1日立法明确规定汽油内可允许含入的铅浓度从0.40g/l减至0.15g/l，此措施降低了空气中的

铅含量（丹顿，1988）。

然而，对城市土壤和作物水平的评估似乎一直受到限制。因此，需要创立一项城市土地评价的方案来确定土地污染和水污染的风险值。

城市和城郊农业带来的经济影响

不得不承认，城市农业与农场农业的生产方式是不同的（Smit等，1996年），所以那些标准的、公认的盈利指标往往对其是不适用的。虽然英国的份田生产是为低收入家庭提供食物的一种传统方式（克劳奇和瓦尔德，1988），但它如今更多的却是一种休闲追求（佩雷斯·瓦兹奎斯，2000）。不过，这并不意味着园地持有者完全不考虑盈利的问题。例如在英国有现象表明，种植芥菜、西红柿、韭菜和洋葱相比种植马铃薯和豆类，能够为劳动者带来更丰厚的财政回报。后者在超市和商店里往往价格便宜且供应充足（赖利Riley，1979）。这便意味着，相对于食用价值，份田的蔬菜生产更关心作物的商业价值。但是，园地持有者通常还是对食物品质更为关心，在种植自给的水果和蔬菜时更注重采用有机方式，因此这些果蔬的新鲜度、风味以及营养价值更值得信赖。

综上而言，建议在份田造园的财务分析中应该考虑以下几点：

（1）固定成本，如劳动力可能是无回报的，因为休闲才是最主要的目的，并且在任何情况下份田农产品的销售是不合法的。因此在园地财务分析中，各项劳动成本的投入可能是不盈利的。

（2）从事份田活动的年限是很重要的，因为新人总是会支付较高的初期成本，这源于棚子、工具、木材以及其他对基础设施项目的投资。

（3）参与者与其园地之间的距离也很重要，它影响着运输的成本。

（4）园地持有人所属的人群类型有着重要的意义（如是退休、残疾还是老年人等）。例如，退休人员在许多议会所有的园地中获得地块不需要支付租金（House of commons，1998），但是众所周知他们购买和使用化学用品的可能性更大（佩雷斯·瓦兹奎斯，2000）。

（5）种植系统，特别是该系统是否有机。

（6）如果种植者重视休闲和该活动对其生活品质的贡献，这可能需要纳入到经济评估中。

城市农田地块的盈利能力缺乏实际的研究。一个可能有用的调查现在已经过时了（伯斯特和瓦尔德，1956），并且也没有详细的记录。最近的一个案例研究（佩雷斯·瓦兹奎斯，2000），通过考察两个本地超市（塞恩斯伯里公司和阿斯达超市）中传统食物目前的零售价，对英国阿什福德和瓦伊每块城市种植地块的水果及蔬菜的预计年平均市场总值进行了测定。结果是一块农地的农产品的预计年平均市场总值为462英镑。要确定净平均值的话，则需要确定并扣除多种费用，如内部的经济成本，包括"固定"项（如地租）和"可变"项（植物、种子、工具、设备和运输汽油）。确定这些成本是个复杂的过程，需要区分园地持有者中的新手和老手之间的不同：前者往往会产生较高

的初期启动成本。此外，所有的园地持有者都能够选择性地节省成本，例如使用储存的种子，以步行或者骑自行车代替使用汽车到达园地。还需要考虑园地活动的外部经济成本是否应该被估计。这可能包含涉及环境成本的各种因素（如整治）：（1）过多使用化肥或农药；（2）由于使用汽车运输造成的空气污染。然而，这些环境成本可能低于输入的农产品的相关费用，因此可忽略不计。对于上述佩雷斯·瓦兹奎斯（2000）研究的两个份田，每120m^{2}地块农产品的净平均价值因此被估计为325英镑，或者一块标准的250m^{2}的城市份田大约为677英镑。在这种财务分析（不包括劳动）下，园地的造园活动似乎是有利可图的，特别是对那些种植和生产有机食物的人。在财务分析中纳入劳动是极其困难的，因为园地持有者们投入的时间各不相同，而时间取决于年龄、动机和许多其他上文讨论的社会因素。如果将劳动纳入这样的财务评估中，园地生产似乎则会被认为不能盈利。但是，许多园地种植者将他们的生产视为休闲活动的一部分，并且与财务分析无关（佩雷斯·瓦兹奎斯，2000年）。

结论

（1）份田作为英国城市和城郊农业的一个组成部分，对人们而言扮演着许多角色，包括提供饮食、娱乐与锻炼的场所，并能促进文化、友谊以及社区意识。因此，城市份田和小块园地（allotments& plots）不仅仅只是满足了食物上的自给自足或节省了相关开支，更是一种生活方式。

（2）人们对园地的果蔬生产技术方面目前还知之甚少，包括作物和品种的选择以及循环耕作的设计。现在英国的文化比以前更加多元化，而其对园地规划和管理的影响人们仍未意识到。我们尚不太清楚原城市土地利用以及可能的土地污染对城市和城郊农业安全的影响，以及份田对当地水质的潜在影响。

（3）份田似乎并不能盈利，特别是如果将时间或劳动成本计算在内。但是，盈利能力并不被认为是一个衡量城市田地的价值的好指标，因为经济评估难以纳入许多重要的社会因素。

（4）伴随着园地持有者由传统的男性老者逐渐转变为其他团体，城市园地在城镇中似乎仍会十分重要。虽然份田在未来扮演的角色（即作为粮食生产的代理人）可能微不足道，但是它们为人类福祉（特别是在城市地区）所贡献的价值将大大增加，所以它们应得到相应的重视。

参考文献

Alt, D., Sacher, B. and Radicke, K. (1982). Ergebnis einer Erhebungsuntersuchung zur Nährstoffversorgung und Schwermetallbelastung von gemüsebaulich genutzten Parzellen in Kleingärten. *Landwirtschaftliche Forschung,* Sonderheft 38, 682–692.

Crouch, D. and Ward, C. (1988). *The allotment, its landscape and culture.* Faber and Faber: London.

Davies, B. E., Davies, W. L. and Houghton, N. J. (1983). Lead in urban soils and vegetables in Great Britain. In *Heavy metals in the environment.* Proceedings of International Conference, Sept 1983, Heidelberg, Germany, Vol. II, pp. 1154–1157. CEP-Consultants: Edinburgh.

Denton, D. (1988). Lead in London soils and vegetables. *London Environmental Supplement*, No. 16, 1–11.

Dunnett, N. and Qasim, M. (2000). Perceived benefits to human well-being of urban gardens. *HorTechnology,* 10 (1), 40–45.

Garnett, T. (1996a). *Growing food in cities: A report to highlight and promote the benefits of urban agriculture in the UK.* National Food Alliance and SAFE Alliance Publications. London, UK.

Garnett, T. (1996b). Farming the city: the potential of urban agriculture. *The Ecologist,* 26 (6), 299–307.

Garnett, T. (1996c). Harvesting the cities. *Town & Country Planning,* 65 (10), 264–266.

Gilber, O. L. (1989). Allotments and Leisure gardens. In *The Ecology of Urban Habitats* pp. 207–217, Chapman and Hall: London–NY.

House of Commons (1998). *Fifth Report: The future for allotments*. Volume I. Report and Proceeding of the Committee. Environment, Transport and Regional Affairs Committee Environment Sub-Committee.Session 1997–98.London.p.61.

Moir, A. M. (1985). An investigation into

contamination of soils and vegetables from gardens and allotments in GreaterLondon. MSc Thesis. Imperial College of Science and Technology. Centre for Environmental Technology. p. 163.

National Rivers Authority (1994). The Wandle, Beverley Brook, Hogsmill Catchment Management Plan Consultation Report. National Rivers Authority, Thames Region: Frimley, UK.

NSALG (2000). *Joint Survey of Allotments in England.* National Society of Allotment and Leisure Gardeners Limited, O'Dell House, Hunters Road, Corby, Northants NN17 1JE.

Perez-Vazquez, A. (2000). The Future Role of Allotments in Food Production as a Component of Urban Agriculture in England. Final Report to Agropolis-IDRC. Imperial College at Wye, Ashford, United Kingdom.

Perez-Vazquez, A. and Anderson, S. (2000). Urban agriculture in England, Perspectives and Potential. In *CD Proceedings of the International Symposium: Urban Agriculture and Horticulture; the linkage with urban planning* (Hoffmann, H. and Mathey, K. eds.). Humboldt University of Berlin and TRIALOG, Berlin, Germany.

Radice, D. E. (1997). *Allotments: food, plant diversity or both?* MSc Thesis. Imperial College of Science Technology and Medicine, Centre for Environmental Technology, London, UK, p. 116.

Rees, W. E. and Wackernagel, M. (1996). Urban ecological footprints: Why cities cannot be sustainable – and why they are a key to sustainability. *Environmental Impact Assess Review,* 16, 223–248.

Riley, P. (1979). The allotment campaign guide, *Friends of the Earth,* p. 63.

Smit, J., Ratta, A. and Nasr, J. (1996). *Urban agriculture: food, jobs and sustainable cities.* United Nations Development Programme (UNDP). Publication Series for Habitat II. Volume one. p. 302.

van Lune, P. (1987). Cadmium and lead in soils and crops from allotment gardens in the Netherlands. *Netherlands Journal of Agricultural Science,* 35, 207–210.

Winfield, A. L. (1990). Potato cyst nematodes. In *Crop Protection Handbook – Potatoes* (J. S. Gunn, ed.) pp. 89–94, British Crop Protection Council: Farnham, UK.

21

城市粮食生产：新景观、新思路

西蒙·迈克尔斯

城市产粮区

在英国，城市地区的有机增长形成了公共开放空间和私人空间的多样化拼接地带。这些空间的设计和管理由很多因素决定。其中许多地区以积极的方式进行了设计和延续，但也有一些空间因为所有权和责任制的原因被遗留了下来，未进行规划和建设。为这些空间寻找积极的用途已成为20世纪末城市规划的一大挑战，并且新的规划中更多地包含了粮食生产的因素。

关于城市粮食生产计划的益处是多方面的，包括环境改善、发达地区的景观提升，以及包含公共卫生发展的社会经济效益。

除去以上已得到论证的效益，城市粮食生产对于城市景观的特性和品质所带来的积极影响还未被公众认知。作为城市粮食生产计划所创造出的景观，它们拥有超越了城市景观设计和城市设计的专业范畴的特征。

这些特征包括：美好的机理（a fine grain）、天然去雕饰的设计特征、富有变化的景色。有些人认为，其中有一些特征对于城市景观来说是缺点，而对于另一些人，这些特征却可以使得某处景观成为充满爱并造福大众的场所。

城市粮食生产计划是基层活动的一种表现，由当地居民所主导。通常为家庭提供基本粮食资源，却难以为城市本身提供充足的新鲜的可供利用的食物，尚需继续发展以满足更多的社会需要。这些计划发展的驱动力并不是对环境的改善，规划设计人员的专业化指导也并非是必须的。

粮食生产怎样在某种规划设计因素的指导下适应城市地区的发展？是需要对空间进行设计，还是改变设计规划人员的原有的设计倾向呢？

城市产粮计划中的景观特点

城市空间为适应城市产粮计划呈现出不同的表现方式，包括英格兰中部地区的份田园地、俄罗斯的屋顶花园、古巴的蔬菜种植地。它们可能位于开放空间，例如，份田或者社区园圃可能是社区花园的一部分，甚至可能存在于窗户外的花箱内。

在城市地区种植粮食被认为是一笔巨大的尚未开发的资源。例如，据调查温哥华城市后花园可利用空间的面积等同于该区域内的农田面积。当然，也不可能把这些空间全部用来进行粮食生产，然而在借助不同方式的土地所有权和管理方式在这片区域在进行一定规模的粮食种植还是极有可能的。

尽管城市粮食种植计划具有多种特点，我们还是可以从中发现一些共有的趋势，包括规划、设计、表现方式以及粮食生产对城市景观的影响。

（1）城市活动强化——粮食生产是劳动密集型活动，城市农业创造出人性化的、充满关爱的城市景观；

（2）变化特征——不同耕种和播种的方式混用，与季节相关联，创造出一直在变化着的城市景观；

（3）内向型——关注的焦点在作物的生长上，而不是外在地关注景观之间的联系；

（4）不经雕琢的文化——种植粮食的地块切割随意，通过对循环元素的利用，创造出临时的、半永久性的土地结构；

（5）绿色——青翠的充满生机的耕种土地与许多市政景观形成了鲜明的对比；

（6）美好的机理——小规模耕种的土地的拼接以及充满个性的种植活动创造出美好的城市肌理。

另一共同特征与位置有关：在公共区域内的粮食生产地点通常属于剩余空间或者是通过其他的管理手段难以管理的地区。例如，针对公共住宅项目大量无特别功能的开放空间的提升方案，解决办法之一就是创建社区园圃，例如桑德维尔市都市区内的发展良好的社区园圃体现了城市农业发展的创新性。上述问题暴露了城市规划的一大弱点，即规划是以设计者的意志为主，而忽视了大多数市民的喜好。战后的空间典范主要以高层建筑为主，这种现象已被质疑了几十年；如今，市民逐渐掌握了房屋控制所有权和控制权并通过他们自己的意愿来改善城市环境。

另一方面，粮食种植可以融入城市中任何一个未被利用的角落里，容器内，或者在建筑物上。在英国，屋后花园为市民生产出足量的时鲜瓜果和蔬菜。从城市内的屋后花园生产的作物为城镇的生物多样性作出了极大的贡献。

城市层面的粮食种植布局和管理方式也表现出巨大的多变性，包括整齐的田垄、高位栽培床、永久农地和果园、装饰性地块和运输型地块。可在种植区域的设计和管理上赋予个性是其最引人注目的特征之一。没有两个份田是完全一样的，也没有两个园艺者是能够采用同一耕种方式的。几乎不可能用传统的城市总体规划方法来创造适应人际互动的城市景观。社区公园、蔬菜种植地块以及任何其他形式的城市农田使得城市空间管理中的"以人为本"的主旨得以更好地体现。

如何适应现今城市景观的规划管理理念

城市景观的规划和管理的责任被归入不同的组织单位，他们包括：

（1）地方规划局——土地利用范围；

（2）地方当局或者私营部门的景观设计师、城市规划师——设计范围；

（3）地方当局的景观维护部门——管理范围；

（4）地方当局21世纪议程官——行政范围；

（5）特别参与组织和社区组织的活动——集中或单一问题的范围；

（6）私有地区——不同目标的管理范围。

这些组织之间并没有取得良好的协调关系，尤其是资金问题，围绕控制权和所有权的问题一直很难解决。目前绝大多数地区，仍采用传统的自上而下的土地管理方式。

在英国，城市粮食生产的成功案例多依赖于当地组织的支持，以及来自某些不关注效益与时间的公共部门的帮助。只有当权利共享在土地使用和开放空间策略中得到具体体现时，以及粮食生产的观念逐渐被接受后，城市粮食生产才能改变目前挣扎在生存边缘的状态。

关键要素——人

粮食生产计划促使人们聚集在一起，并引发消逝了很久的社区意识再次在市民心中建立起来。这些计划成为学习的资源，为特殊群体创造工作的机会，并且为当地的经济发展作出了贡献。它们帮助人们建立起互相联系的网络，并督促人们保护环境、热爱自然。

这些计划促进人们抵制破坏公物的行为和作风，增强城市监管，产生健康效益，提供掌管闲置地区的有效方法。

资源消费以使人们可以更好地控制和管理当地的环境为目的，这包含有教授人们种植食物的技术或相关活动，如烹饪技术，并且反过来促使对于景观规划更好地设计和运营。

地区的特殊性

由城市粮食生产所创造出的景观将内在地融入到当地环境中，种植的植物要适应当地的微气候，鼓励种植地方品种及季节性耕种，同时品种的选取应反映文化特色。

通过栖息地的多样性和对种植行为的密切关注使得生物多样性得以被强化。

社区引导计划一般在设计和材料选用上都是独出心裁的，并且常常利用当地的可循环物质。

其结果是一种新的模式：以人为本的景观与直白的市政景观形成了鲜明的对比，连续生产性景观成为目前"有计划的"城市景观与完全不同的另一种模式。

结论

城市农业的独有特征表现在多个方面，以丰富的种植形态、独特的机理和以人为本的精神为代表，这一特征促使规划师重新审视他们的观点，即是什么构成了一个完美的城市规划方案，因此他们开始逐渐倾向于在城市内鼓励并发展粮食生产计划，如果这一目标可以实现，更好的城市景观将会出现。

22

永续农业与生产性城市景观

格雷姆·谢里夫

永续农业是永续生活的解决方式。这是一种科学的理论和方法，它完全代表了当地的粮食生产模式，是21世纪议程和绿色政治圈层的主要议题。这一章主要论述了永续农业和其与城市农业的相关性。它涉及两个问题：一、什么是永续农业？二、怎样将永续农业应用到城市农业中？或者换一种说法，城市农业是否应该永续发展？

永续农业

永续农业是指以对环境无害的方式生产粮食，即土地所有者在所占有的土地上种植作物来供给自身、直系亲属或者当地社区所需。这是比尔·莫里森——永续农业理念的创立者——于20世纪70年代对于永续农业概念的大致描述。这一理念也是从他的永久农业的概念中演变而来的（莫里森，1992）。

由当代永续发展理念的设计者所提出的定义则显得更加与时俱进，即永续农业是为可持续生产而有意识地设计出的体系，它将房屋、住户、作物、能源和水资源与可持续发展的金融、政治结构相结合（霍普金斯，2000，203页）。

起初，永续农业的概念多种多样，在霍普金斯的定义中永续农业的关键就在于"设计可持续的生产体系"，即有效地布置城市各元素，从而放大它们之间的利益。比尔·

莫里森依据自然法则，制定出永续农业理念的一系列基本原则。在其1988年的《设计师手册》中有所提及（佩珀，1996）：

（1）与自然相协调；

（2）世界上所有的土地上都受自然因素的影响，例如虫子在土壤内攀爬，使空气进入土壤；

（3）用最少的努力换取最大的影响；

（4）逐渐增长的产量：通过永续发展理念来改善耕种方式可提高作物产量；

（5）把输出物变成投入物；

（6）每项功能都由许多元素所支撑；

（7）每种元素都表现出多种功能；

（8）适当的位置：系统中的每个元素都应该被安排在能够创造出最大效益的位置。

什罗普郡的罗伯特·赫德森林公园经常被作为永续农业的范例，其在建立起与森林的互联性的同时重新设计出"可食用生态

图22.1

图22.1、图22.2和图22.3 罗伯特·赫德的永续农业园，一个"可食用的生态系统"

图22.2

图22.3

系统"。怀特菲尔德阐述了生态系统内的元素，这些元素都是被认真遴选出来的，目的在于尽量扩大其与森林的关联性，包括果树形成的棚盖、矮小的果树和坚果木的层面、无核小水果的灌木层、地面的常年生草本植物和蔬菜（根菜类蔬菜和攀缘植物）（怀特菲尔德，1997）。

据怀特菲尔德的观察，公园内的各组成部分在每年不同的时期长叶，草本植物层在初春时期长叶，其后是灌木丛，最后是树木层面。因此，通过仔细的选择和对各类元素的精确定位，自然资源被最大化地使用。土

壤资源也是如此，植物根基层在不同的深度被滋养，并且对营养元素的需求也有些许不同。生态系统的周期性也被反映出来（如上述原则6），例如，某些植物的生长需要特殊的营养物质，另一些植物将这些营养物质送还给土地（如上述原则5）。生态系统在一定程度上也可以通过种植多年生植物自我供给（如上述原则3）。

另一个经常被引用的范例就是在永续农业中饲养的鸡。虽然这涉及动物权益的问题，但值得被注意的是永续农业中的动物都得到了很好的照顾，允许它们按自己的意愿

图22.4　永续培育鸡

生活，给予优于传统方式的饲养模式。通过对案例进行研究，永续农业中饲养的母鸡和小鸡的特征显露无遗。

它们产的蛋可以供人食用，它们的粪便可以用作肥料（如上述原则5），它们对控制害虫也起到一定的作用——它们被称为"自由放养的蛞蝓巡逻队"（谢里夫，1999）。如果一个鸡舍与温室的一侧连接，然后便会如同怀特菲尔德（1997年）所言："温室因鸡的热量而得以保温，鸡在冬天又因透过温室的阳光而保持体温，而鸡呼出的二氧化碳则为温室中所种植物的光合作用提供原料。"——这是一个非常好的例子，可以用来阐述上文提到的第5、7、8项原则。

所以，永续农业的不同之处是其仿照大自然来进行发展。其另一个特点是它对可持续发展的积极坚持。罗伯特·赫德认为他是在可持续的素食主义生活方式的背景下进行园艺活动的，他几乎完全从森林花园及一些其他的蔬菜种植中获得食物来满足自己的需求。

怀特菲尔德（1997年）将永续农业的三个理论基础描述为：爱护地球——为了照顾好我们自己我们就必须照顾好地球；人本关怀——可持续发展不应该以破坏人类的自由和生活质量来实现；公平共享——这关乎对地球极限的认识。这些显然与1980年里约热内卢会议提倡的可持续发展的定义非常相似，即发展应该"在不损害后代人满足自身需求的能力的前提下，满足目前的需求"。

现在，我们将永续农业上升到了一个更为复杂的定义：

"永续农业本质上是一种通过将各元素之间的相互联系最大化来设计整个系统的方式，并且以可持续发展的生态科学为依据。"

需要注意的一件事是，永续农业不同于有机农业。我所指的有机农业生产是那种有一定标准的产品，例如被欧盟标准认证并且由土壤协会这样的组织监督管制的。有机农业一般指：不用农药和化肥，无转基因作物

图22.4

图22.5 可循环塑料瓶：御寒罩
图22.6 典型的小御寒罩

并采用人道的方式开展畜牧业。

　　永续农业看起来与有机农业往往很像，永续农业设计的最终结果也可能有获得有机认证的资格，但是它们之间仍然存在着一些不同。"有机"是一种生产方式，而"永续"则是一种设计和生产结合的方法。

　　永续农业更注重当地能源和资源的循环，更强调互联性的最大化，它是创造而不是监管，它还强调对多年生植物的利用，鼓励自我监管系统，相比全球贸易更提倡社区贸易结构。其中，最后一条特别引人注目。虽然类似土壤协会这样的组织会尽力争取更多的农贸市场和当地的贸易主动权，但是人们还是可以买到归类为有机食品的外地蔬菜，它们在各个加工、配送和销售阶段都已经飞行了数百英里。这与某些情况形成了鲜明的对比，例如，林肯郡的哈代区目前已经通过本地交易贸易计划销售当地生产的胡萝卜（谢里夫，1999年）。全球粮食系统的生态条例不得不考虑到所需的运输网络，以舒缓食品及其相关包装产品所需的中转环节，还有运输过程中大量温室气体的排放。水果和蔬菜现在构成了单独的运输系统。它们也构成了空运中重量所占比例最大的一类（Friends of the Earth，2001），而这其中许多果蔬可以在本地种植。

　　描述了永续农业，那怎样才能将其运用到城市农业中呢？深刻剖析永续农业的定

图22.5

图22.6

义，我们便能更细致地提出这个问题：一个参与到城市地区食物种植中的团体或个人，为什么应该用基于莫利森所拥护的原则的系统意识设计有关的方法论来充实自己？

　　从我的研究中获得的第一项观察是，这种方法对小地域范围内生产大量不同种类的食物是较有效的。如果一个城市试图走向自给自足的模式，单一种类的种植便变得越来

越不合适。永续农业为地块多样化提供了一个途径。我的研究中的一个伦敦家庭的案例显示，从永续农业园地里，该家庭可以全年满足基本的蔬菜需求，并且从7月到11月收获足够的马铃薯。上文中提到的罗伯特·赫德的例子则是另一个反映永续农业促进自给自足发展的重要途径的案例。

当自给自足不再是主要的目的时，永续农业的贸易系统便会将项目的范围从个人扩大到社区。本地交易贸易计划（LETS）是为社区而制定的，在这些社区中的永续农业园为植物而存在：永续农业将社区内不同元素之间，以及此案例中人们的需求和能力之间的相互关系最大化。一些成员提供技能或产品以满足其他人的需要，而其他人又反过来提供了其他技术或产品。

蔬菜箱计划是另一种分配农产品的方式。顾客收到一个混合了各种蔬菜和水果的箱子，里面所含的蔬菜、水果的具体品种则由季节而定，因此永续农业园的出产物非常适合融入蔬菜箱计划。农贸市场是交易永续农业产品的理想之所：从与超市进行交易的过程中获得需求规律，从而种植一定量的某种作物来达到供求平衡。永续农业的一个美妙之处是，当其应用于粮食生产与贸易时，生产和贸易便衍生出一种共生的关系：永续农业中粮食生产的多样性适应了当地的蔬菜箱计划，而交易方式中资金的安全性保障使

更多种类的作物得以种植，并未带来任何的风险。

永续农业的粮食种植并不是在隔离的环境下单独实现的。例如，信标树有机种植者与当地的大学、学院和环保团体合作，通过本地贸易计划发展当地经济（谢里夫，1999）。它们通过监测当地的环境、发展绿色建筑与规划、提倡社区发展，刺激当地经济发展，从而能够实现回收资源、节约能源、培育当地土地的目的。

从永续农业的定义来看，其主旨是节约利用资源。这对城市农业是非常重要的，理由主要有两点：一是它促进了城市农业发展的可持续性；二是可以节省资金。后者对于复兴贫困地区城市农业的发展显得尤为重要。同时，资源回收情况也很常见。在伦敦的"自然智慧"项目中，旧汽车轮胎被用来改造成一个"轮胎花园"，而在伦敦的另一个例子中，旧玻璃瓶被巧妙地用作草坪之间的边饰，作为边界来阻止杂草蔓延并作为使种子发芽的微型温室。对于信标树有机种植者来说：

"……路径是用一个当地砂石坑的重载橡胶输送带建成，这个砂石坑范围足够大、砂石强度足够强，从而可以承受一个电动轮椅。另外还有滨海利的海扇壳覆盖着。"（华威，2001年）

图22.7　某森林花园的边界
图22.8　草类：永续农业和多样性植物

图22.7　　　　　　　　　　　　　　图22.8

从收集烟头到收集雨水再到将人类粪便转化为可用肥料的施肥式卫厕，资源的高效利用和再利用是永续农业的理论核心。

永续农业的另一个重要方面是尽量避免使用人工肥料和农药、杀虫剂，而宁愿通过包括混养种植和绿色地膜覆盖等一系列全面的技术来保持土壤健康，并通过生物多样性种植和在生态系统中加入肉食动物来防治害虫。豆科植物，如苜蓿，可以为作物提供氮，因此一个混合种植并生存着虫类的园圃比单一种植的园圃更健康。

种植活动中人工化学物质的过度使用是一个重大的问题。从饮用水中去除农药残留成分的成本估计为一年119.60亿英镑，并且，化肥中的一氧化氮是空气污染源之一（地球之友，2001年）。考虑到当地的城市规模，相比贸易全球化的地区，水和空气污染更成为当地生产者和消费者的直接威胁。

有越来越多的证据支持人工化学品的使用会对人类健康产生影响的观点。举例来说，目前，已有45种农药被确认或者怀疑含有激素干扰物，它们可能影响人类和野生动物的繁殖。丹麦的一项最新研究表明，血液中含有高于平均水平农药（如狄氏剂）含量的女性，具有患乳腺癌的双倍风险（维持，2001年）。

相反，不施用农药和化肥并在有机系统下生长的农产品比常规种植的农产品营养价值更高，这主要是因为其种植在健康的土壤中。美国的一项研究发现，前者具有更高水平的矿物质含量，据报道具有高于后者63%的钙、73%的铁、125%的钾以及60%的锌（维持，2001年）。可以假设永续农业生产的食物都具备同样优质的标准，因为它在化学品使用和维护土壤健康上的态度是一致的。任何寻求为社区提供健康食物以替代传统食物的城市农业，应很好地遵循有机农业的无化学品和土壤的建设应坚持的原则。正如上面所讨论的，永续农业为在地方层面上创造性地运用这些原理提供了一个途径。

那么，永续农业为城市粮食种植与地方贸易提供了有效的方法，因此，永续农业是一种有价值的策略。本章对于永续农业仅能给出一个非常简短的描述。引用列表中涵盖了许多优秀的案例，进一步的信息可以从中获取。

参考文献

FoE (2001). *Get real about food and farming.* Friends of the Earth.

Molllison, B. (1991). *Introduction to Permaculture.* Tagari.

Mollinson, B. (1992). *Permaculture a designer's manual.* Tagari.

Pepper, D. (1996). *Modern Environmentalism.* Routledge.

Rob, H. (2000). The Food Producing Neighbourhood. In *Sustainable Communities: The Potential for Eco- Neighbourhoods* (H. Barton, ed) Earthscan.

Sherriff, G. (1998). Edible Ecosystems. In *Sustainable Agriculture: A Study of Permaculture in Britain,* Keele University, Staffordshire, available at www.edibleecosystems. care4free.net

Sustain (2001). *Organic food and farming: myth and reality.* Sustain.

Warwick, H. (2001). Urban renaissance. In *Permaculture Magazine* Issue 30, Winter 2001.

Whitefield, P. (1997). *Permaculture in a Nutshell.* Permanent Publications.

23

功利主义的梦想：其他国家的案例

安德烈·维尤恩

古巴可以说是大规模引入城市农业的实验地，而它并不是城市农业规划和实践的独行者，因为在亚洲、非洲和欧洲均可以找到相似的案例。虽然，不同的区域有着各自不同的特点，但我们仍可以从中发现许多的共同点。

荷兰代尔夫特

荷兰代尔夫特市有一个有趣的规划立法的例子，即通过调整规划立法来促进市区外围城市农业的发展（迪瑞斯等，2001）。

The upper Bieslandse Polder有一块35hm^{2}的土地，位于代尔夫特市东部地区。这片土地以短期出租的方式租给了农夫，发展状况滞后。通过农夫、环保主义者和规划师之间的共同努力使得当局将该地块租给了决心从事有机乳品行业的农夫，租期为12年。这一现象说明城市农业为城市发展带来了诸多的益处。有机农场包含为野生动物圈定的栖息地，位于农场的边界，是公共空间和私人空间的过渡。人行道、车行道和"婚礼路径"都包含在这一规划中，将部分供居民使用的娱乐用地划为城市农场，进一步增加了农场的使用方式。淹水草甸、沼泽林地、苇丛河床在一定程度上展现了生态的水体管理方式。我们把这种类型的环境发展模式称为水平强化体系。据荷兰建筑师的研究表明，水平强化体系与竖直强化体系有着巨大的区别，竖直强化体系属于多层结构，包含许多不同层次的活动和生态系统。竖直强化主张更好地设计人工景观，虽然在The upper Bieslandse Polder发现的水平强化体系中也包含人工景观，但是它对于能量和材料的输入量远不及竖直强化体系，其输出物也是完全对环境无害的。

虽然这一规划建议仍有不足，但它提供了关于土地发展的水平强化方面的案例。尽管这个计划只实行了12年，但通过这一例子可以表明相关政策是如何开始在欧洲改变的。

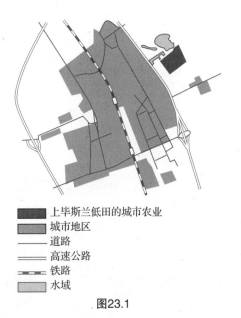

图例：
- 上毕斯兰低田的城市农业
- 城市地区
- 道路
- 高速公路
- 铁路
- 水域

图23.1

图23.1　荷兰代尔夫特的上毕斯兰低田

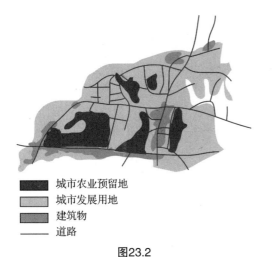

城市农业预留地
城市发展用地
建筑物
—— 道路

图23.2

尼泊尔加德满都谷地

代尔夫特与尼泊尔加德满都谷地在发展政策上有许多相似之处，因此，中央当局将代尔夫特的发展指导方针引入尼泊尔加德满都谷地。中央当局将扩展性规划实践应用于加德满都谷地，建设大量的城市农田储备区，且已被归入了市政发展规划（维斯和博伊德，2001）。市政规划中，考虑到商业发展的需要采取渐进的土地开发模式，农田储备区将不会一直保留。针对这一方面，规划部门所提出的规划建议则与代尔夫特的规划建议相似，即规划师们已经证明城市农业对传统城市发展是有益处的。但将城市农业用地储备列入市政发展规划中这一举措遭到了一部分人的反对，反对主要来自于中产

阶级，他们意图在储备土地上建立独立式住宅。虽然一部分的土地被保留用作房产开发，但中央当局仍留出大量的城市土地作为城市农田储备用地。据估计，欧洲的其他城市也有相似比例的土地被留出，用以满足市民的自我供给。但是反对者主要是怀疑权威规划者们是否考虑到这些被留作储备用地的土地的特殊用途。城市农业发展在城市规划的最初步骤就应该得到强调，最好是在土地卖给个人来建造房屋之前。

中央当局已经论证出一系列由城市农田储备区所带来的发展效益。

通过确立城市农田自然保护区，财政资金可以被更加有效率地加以利用，保护区内的土地并不要求复杂的基础设施配套。这可以节省资金，更好地促进城市的发展。更多的资金可用来促进城市密集化发展和土地的有效利用。此外，一些潜在的问题，例如可生物降解的垃圾和污物的处理，也可以得到解决。如果这一垃圾可作为农业资源，则可以用堆肥的方式处理。通过制定特定政策来支撑城市农业，并采取相关措施规划和控制农业用地的发展。

博茨瓦纳哈博罗内

在哈博罗内，博茨瓦纳的首都，许多与城市农业发展相关的计划逐渐被提出。其中

图23.2 尼泊尔加德满都谷地的迈德普提米市

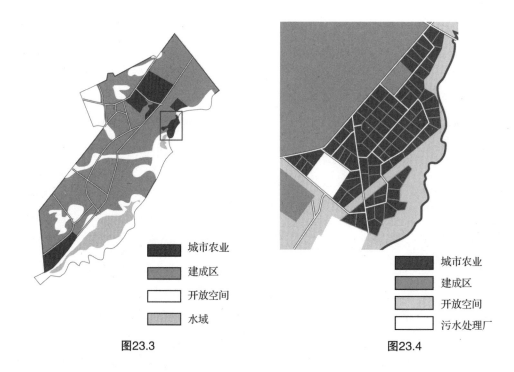

图例（图23.3）：
- 城市农业
- 建成区
- 开放空间
- 水域

图23.3

图例（图23.4）：
- 城市农业
- 建成区
- 开放空间
- 污水处理厂

图23.4

一项创新性的计划建立起了垃圾处理系统与城市农业的关系（卡维里克和莫沙，2001）。

哈博罗内从1996年开始逐步地向城市郊区扩张。城市内的食品供应多依赖于从周边进口。在哈博罗尔的格伦峡谷地区内，多块土地被划定为城市农业用地。据估计，这一政策可以使城市内的食品供应达到自给自足的水平。基地中的某块土地因其邻近污水处理系统并被Notwanne河所环绕而具有特殊的效益。污水处理系统中产生的废水可用来灌溉庄稼，虽然废水中或许含有工业污染物，但是也可储存用来灌溉非食用作物，例如纤维和木材。在格伦峡谷地区个人农场主的土地面积从1.5hm^{2}到4hm^{2}不等，并且以互相邻接的方式进行布置，以减少配置高速公路的要求。

邻近污水处理系统的地块很可能用来种植花卉和其他装饰性植物，类似于古巴的花瀑。通过这一例子我们可以想象，这样一块包含城市农田的地块是如何成为新型城市公园的，格伦峡谷的城市农田布置成矩形矩阵，如果在这些地块中设置连续性小路，那么可达性的公共路径网络将覆盖整个城市农田，创造出所谓的"休闲景观"。这是水平

图23.3 博茨瓦纳哈博罗内的格伦谷地
图23.4 哈博罗内博茨瓦纳的格伦谷地（细节）

强化方面的另一体现，在这一案例中体现出通过强化生产性景观来创建水系与城市之间的联系，为市民休闲娱乐提供新的空间。

其他模式

在之前的规划案例中，都为城市农田预留出了特别的地块，而在坦桑尼亚和保加利亚的发展则呈现了另外一种模式，是一种少见的特殊的分区制。据研究，在每个案例中，每有一户居民从城市中心向外迁移，城市农业的发展潜力就会增大，就会有更多的开放空间可以利用。虽然特定的地块禁止农业发展，但是城市农田扩展程度在不同的地块都有所限定。

坦桑尼亚达累斯萨拉姆

在坦桑尼亚，达累斯萨拉姆的城市发展策略规划中将城市农业规定为合法的土地利用方式，而在这之前城市农田仅仅作为过渡性的土地利用方式，卡提拉和墨尔波指出非正式城市农田数量的增加将会带来畜牧产业的大发展，例如在1985到1993年之间，随着城市农田数量的增加，山羊的数目增长了30倍。因此，规划政策必须对此状况采取应对手段来缓解这一状况。据估计，30%的城市食品都生产于城市边界地区。

因此，为了支持城市农业的发展，规划

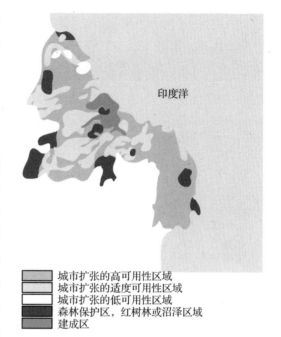

印度洋

■ 城市扩张的高可用性区域
■ 城市扩张的适度可用性区域
□ 城市扩张的低可用性区域
■ 森林保护区，红树林或沼泽区域
■ 建成区

图23.5

当局放宽建筑限高，批准建筑物的垂直发展，此举可以预留出一部分城市土地用于种植粮食作物。在达累斯萨拉姆，对于当地的粮食种植者来说，低成本的交通运输是非常重要的。因此，我们可以再次设想生产性城市景观中互相联系的地块是如何产生水平集聚效应，为食品运输提供路径，例如，在古巴，人们用自行车运输生产性作物，并且为当地市民通勤和休闲娱乐提供基础设施。

保加利亚特洛伊

在保加利亚的特洛伊市，城市作物种植

图23.5 坦桑尼亚，达累斯萨拉姆

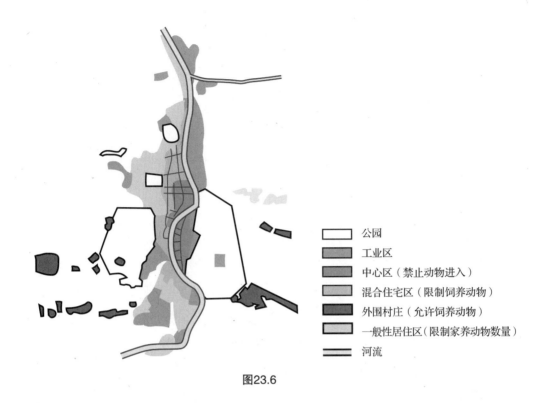

公园

工业区

中心区（禁止动物进入）

混合住宅区（限制饲养动物）

外围村庄（允许饲养动物）

一般性居住区（限制家养动物数量）

河流

图23.6

在居住区内，种植者种植作物主要为了满足自身消费而不是出售。虽然城市农业没有在城市规划中得以考虑，但是它对部分人口作出了很大的贡献。这一事实导致了"实验性规则"在城市农业中的发展（尤维纳和米舍夫，2001）。

规划人员与本地农民、园艺工作者一起发动了一项参与性实验来考察规划政策在城市农业中的发展。一项促进城郊农业发展的行动方案已经被采用，它为市政当局提供了对农业项目实施的协调性支持。

在初始阶段，大多数的园艺工作者对自

给自足表示出极大的兴趣，而不是开发商业性的商品果蔬园，但是规划团队已经确定了将农业旅游和景观保护的发展作为当地生产性城市景观发展的长期目标。

特洛伊的例子提出了关于城市向郊区扩张的重大问题。尤维纳和米舍夫观察到城市农业在保加利亚是为了满足市民的自我消费而发展起来的，它在很大程度上是由于经济困难所导致的，是国家经历的一个由过渡性土地使用到开放性市场的过程。由此，我们可以做出一个合理的推断：大多数居民并不希望自己种植粮食。因此，可以推理出我们

图23.6　保加利亚，特洛伊

的论点，即城市可持续发展应该具备生产性景观，包括商业上可行的小型超市花园（维尤恩，塔蒂维阿，1998）。但是，即便我们反驳了个人自给自足的观念，却仍然不应该丢失在现有郊区用地上进行丰富的粮食种植的机会。新西兰奥克兰的研究表明了郊区花园菜地的重要意义，以及它们近年来呈现出的利用不充分的趋势（霍尔，2000）。这为土地未得到充分利用的广阔区域提供了一个方法，将部分未充分利用的私人花园联系起来，形成一个线性用地网络，由园艺工作人员进行专业的种植，并为业主提供种植产品。

想要了解更多关于城市农业发展信息的读者可以查看由城市农业和森林资源中心出版的《城市农业杂志》第4期（2001年）。副本可以从其网站上下载：www.ruaf.org。

参考文献

Cavric, B. I. and Mosha, A. C. (2001). Incorporating Urban Agriculture in Gaborone City Planning. *Urban Agriculture Magazine,* Number 4, 25–27.

Deelstra, T., Boyd, D. and van den Biggelaar, M. (2001). Multifunctional Land Use: An Opportunity for Promoting Urban Agriculture in Europe. *Urban Agriculture Magazine,* Number 4, 33–35.

Ho, S. (2000). Food production in Cities. *Proceedings of Shaping the Sustainable Millennium,* University of Brisbane. (available at www.sdrc.auckland.ac.nz/confpprs.htm)

Kitilla, M. D. and Mlambo, A. (2001). Integration of agriculture in city development in Dar es Salaam. *Urban Agriculture Magazine,* Number 4, 22–24.

Mosha, A. C. and Cavric, B. (1999). *The practice of UA in Gaborone.* Department of Environmental Science, University of Botswana research project.

Weise, K. and Boyd, I. (2001). Urban Agriculture Support Programme for Madhyapur Thimi Municipality, Nepal. *Urban Agriculture Magazine,* Number 4, 33–35.

Viljoen, A. and Tardiveau, A. (1998). Sustainable Cities and Landscape Patterns. *Proceedings of PLEA 98 Conference,* Lisbon, pp. 49–52.

Yoveva, A. and Mishev, P. (2001). The Case of Trojan Using Urban Agriculture for Sustainable City Planning in Bulgaria. *Urban Agriculture Magazine,* Number 4, 14–16.

第 5 章

胡萝卜与城市：具有可操作性的远景

24

旧城市中的新空间：景观视角

卡特琳·伯恩和安德烈·维尤恩

尺寸规模

图24.1充分表示出一个19世纪的伦敦公园在适度采用连贯式生产性城市景观理念下的尺寸范围。单个城市农业用地的尺寸并不是决定生产性城市景观成败的关键因素，虽然用地规模在农业产量以及城市环境方面具有非常重要的影响力，但是对于城市品质的提升并不起决定性的作用。我们要明确单个地块的尺寸规模与生产性城市景观的延展性和关联性之间的区别。互联性是创造连续性城市景观的关键，它最终能在城市环境中产生一个新的生态结构。生产性城市景观由多个具有延展性的小规模田地组成，或者由分割完整的、具有一定间距的小块园林绿地组成，又或者由一片大面积的农田构成。生产性城市景观的框架像桥梁一样相互连接并结合在一起，并在实体上将城市中的各项活动和区块独立出来。任何一块支持耕种的城市土地，其面积可能会从几平方米到几公顷不等，因此，实施生产性城市用地需从小规模开始，并以发展连贯式生产性城市景观为最终目标。在最大尺度上，伴随着农田在连续景观中的布置，绿色空间网络将会覆盖和贯穿于城市结构中。

专家们在一系列的设计研究中对连贯式生产性城市景观的理念构想进行了试验，Leisure ESCAPE作为连贯性城市景观的一系列研究之一，是可以被引入到伦敦的规划研究中的（见彩图6）。该研究针对伦敦市中心塔特现代艺术画廊南部的一片区域，该区绵延二十余公里直至大伦敦都市圈边界，并在那里将城市性景观融入了乡村。此研究的细节表明，我们需要建设适当数量的公路，用以创造具有扩展性的连贯性城市景观（见彩图8）。

当位于一个特殊场地的边界时，生产性城市景观和城市农业可以以一个更加适度的规模存在。图24.2显示了位于两个用作生活工作的公寓之间的一个适当规模的方案。此类景观更像一个共享区域，例如巴斯发现的许多新月状城市景观，或者在柏林乡村发现的一些扩展性城市景观。这些微型城市区域被住在周围建筑物内的居民所利用，所种植物或多或少更具有一些装饰性，比如早餐桌上的草莓或卧室窗外树上成熟的梨子这种无核小水果和浆果。

在众多例子中，庭院和广场都非常可能为连贯式城市景观提供一个模型。图24.3说明了关于河岸开发的相关方案，它将一定数量的城市农田分散到河岸的散步休闲区域以及住宅楼之间。十分相似的案例在古巴也可以找到，如彩图4与彩图5所示。

生产性城市景观不应只是水平的。竖直景观在城市中的某些区域可能十分适合，在这些地方的建筑物表面垂直种植一层或多层的蔬菜，这就如第二层皮肤一样，会提供良

图24.1

好的生态环境效益。同时，地面耕种与天台种植之间建立起的联系，不仅强化了生态效应，并且在一定程度上拓展了土地面积。垂直城市景观人工地增加了土地承载力，象征着城市生态发展的新方向。当然，这种强化方式一旦实施，便要求特殊的设计和持续的维护。在薄土层耕种，在干燥、严寒、阴暗的高空地段耕种，在频繁暴露于极强光照下

图24.1 维多利亚公园：伦敦北部附近维多利亚公园的一个适度的连贯式生产性城市景观。这种介入保留了大型连贯式生产性城市景观的特征，也许在未来会被扩张

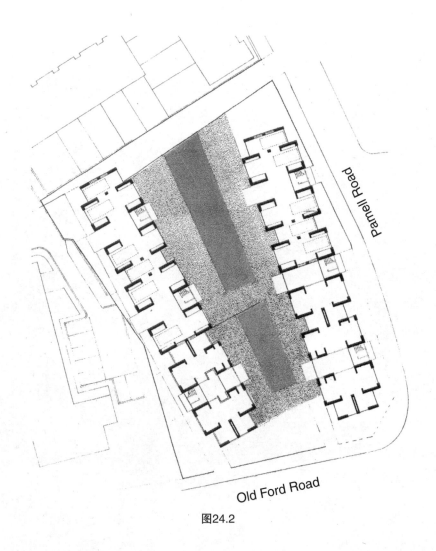

图24.2

图24.2 中密集开发垂直

的地段耕种，这些需要面对的难题都会限制
垂直性城市景观在特定地段和建筑物上的应
用。从专业管理角度来说，垂直性城市景观
最好在一幢独立的建筑或一组临近的小型建
筑物中大规模的发展，这样其景观的持久性
维护可由一组专业的园丁来实施。彩图15及

图24.14显示了在伦敦城市中密集开发垂直
性城市景观的一个案例。

开放性

研究显示，如果在连贯式生产性城市景

图24.2 维多利亚公园：小块土地能够提供兼备生产性和家庭性两项特征和微型用地，例如此块位于
两块生活和工作单元之间的土地

图24.3

观实施的初级阶段采取一系列小的干预措施，将最终获得大尺度的联结式空间网络。随着时间的推移，这一方式将会使开放性的建设理念逐渐占据整个城市环境。开放性策略将最终依赖时间的推移，以一种生态化、社会化的生产性方式完成对废弃地块和闲置地块的激活和再利用。在此，生产性景观将填充预定的城市网格中的间隙空间。开放性的原则和理念通过扩展应用和远景规划得以被引入到场地中，以避免产生孤立的、和周边无联系的或大面积停止使用的土地。

连贯式生产性城市景观能够为市民提供感观舒适的休闲空间。图24.5和图24.6表明，在纽瓦克市，城市农田被布置在房屋的露台之间。这些房屋的窗子和它们周围的小路都提供了穿梭于田野和天空之间的良好视野。在阿特拉斯边界，这些方案的特性被充分地表达了出来（详见第17节）。

图24.4

图24.3　纽瓦克的连贯式生产性城市景观：城市农业用地如同庭院一样位于住宅与河流之间
图24.4　谢菲尔德的ElastiCity连贯式生产性城市景观：发展连贯式生产性城市景观的长期策略——通过环境化、社会化的生产方式将不被使用的废弃地区变为有活力的、重新使用的地区，创造综合的、有用的新环境

图24.5

图24.6

图24.7

景观的规模尺度可以根据土地的所有权（私人或公共）进行划分。在我们对谢菲德尔的研究中（参见图24.7），住房中插入的庭院，可使居住者和观赏者都拥有由内到外的休闲景观空间。该庭院作为直线型景观的入口，较好地适用于不同规模的城市农田和再利用空间。边界的高度和尺寸引导着居民的眼睛和身体穿梭于城市景观之中。插图13充分表明眼睛是如何在不同规模尺度中感受景观从无到有的变化的。

地方性互动作用

不论何种规模的介入都会产生一定的成效。适量的线型区域（如图24.1所示）能够提供幽静的小路来连通私人空间与公共空间。通过实现相邻两区域的可见性，可以鼓励私人空间与公众空间在场所上的互动。这些小路和连接性的景观可以作为一种用以标示的介入物来考虑。去商店的小路与食物生长的地方相邻，每次在农作物间散步行走，

图24.5　纽瓦克的连贯式生产性城市景观：房屋、道路和田地
图24.6　纽瓦克的连贯式生产性城市景观：从房屋内穿过屋外的田地，望向周围的河流
图24.7　谢菲尔德的ElastiCity连贯式生产性城市景观：花园/庭院位于私人房屋和连贯式生产性城市景观的公共领域之间。一座两层的核心房屋可以在花园/庭院内额外扩建一层

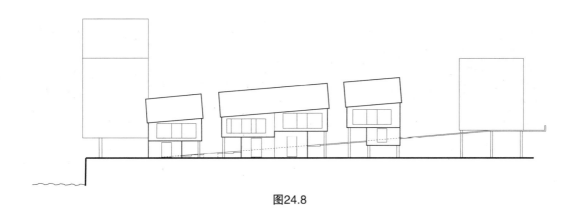

图24.8

都会使人充分感受到季节性的变化。身处于可以体验大自然变化的紧凑的空间中，时间感似乎被强化了。伴随着生产性城市景观的连续发展，更多的自然景观将出现在市民周围，市民便不再需要通过到乡村旅行来获取这样的感受。

图24.8显示了对于到达性和互动性最初级的改良方式。在这里，房屋被建设在城市农田之上，架空的具体高度由耕种者的种植舒适度和植物的光照系数所决定。在纽瓦克市一所住宅中，房屋正门处的斜坡将其一端与河流连接，另一端与市中心连接。城市农田与河流形成了狭长而连续的坡面景观，使房屋漂浮于田园景观之中。

对地方性相互作用的提升与激活可以打造邂逅空间（见第2节）。设想一下漫步于连续城市景观内，如谢菲尔德的方案（详见图24.4和图24.7）。行人将穿梭于忙于各种耕种和种植的农夫之间，他们可能是将土地进行商业利用的农民或者从事于兼备社会性和生产性的活动的园地所有者。这些相遇，大多发生在连贯式生产性城市景观的边缘地段。但是，一旦当地居民在耕种活动中的互动作用得以体现，独块用地或者景观的效应就会在其周围扩张。如果此种联系得以建立，连续城市景观的影响就会扩展到周边企业、适建区和再利用地区。一再的强化这种空间上的联系和相互作用才会促进和产生人们对城市景观内部物理连接的感受。比如说，桥梁可以跨越道路河流或者其他障碍。图24.9表示的是一种轻质结构的景观桥，它可以跨越道路实现空间上的延续性，如果没有它，两侧空间的毗邻性将无法实现。

图24.8　纽瓦克的连贯式生产性城市景观：抬高的房屋依靠台阶向邻近的河堤延伸。破旧的平台向西倾斜，最小限度地遮挡城市农业用地，并创造出连续的表面以及田地间的入口

图24.9

图24.10

城市自然体系

自然景观具有天然、非人为等特性，在城市景观中有着不可磨灭的重要性，自然景观的数量和人们对其重要性的认同都是城市中宝贵的生态资源。设计师们经常会人造一些模拟自然风景的场所，例如公园，让人们漫步于其中感受不同于城市的乡村田园气息。连贯式生产性城市景观就是在这一理念下应运而生的。特别是城市农田，它不仅代表了乡村理念、乡村生活，更加为城市增添了一抹亮丽的自然风光。

这并不是要否认城市中大自然本身的生命力，例如，红隼在城市中大量筑巢。但是，这种都市中的自然资源往往是隐蔽的、不可见的且因此不易察觉。连贯式生产性城市景观激发和支持了城市内部自然资源完善自我和扩展面积的可能性。建筑、都市生活与农业和连贯式生产性城市景观的邻接会将那些隐藏起来的自然资源显露出来。通过作物种类的变化和作物从播种到收割不断变化的外观，通过休耕时大地的直接外露，通过相关的气味、声音和视觉效果，季节性使环境再一次被人们所感知与理解。连贯式生产性城市景观将加强居住者和其所拥有的居住环境之间的联系，虽不是返回到曾经自给自足的经济模式，但同样可以减少对我们的地球造成破坏性的影响。

对废旧改建区或新建区的规划可以参考连贯式生产性城市景观对于建筑物外部环境生产性发展所提出的规划建议。图24.10~图24.12表明如何将住宅楼穿插于城市农业用

图24.9　谢菲尔德的ElastiCity连贯式生产性城市景观：景观桥占据了连贯式生产性城市景观与主要道路的任意一侧的联系，包括物理上的以及视觉上的

图24.10　纽瓦克的连贯式生产性城市景观：突出步行人群和骑行人群的路径

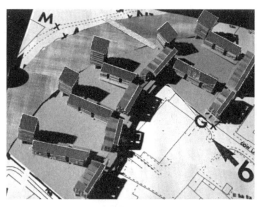

图24.11

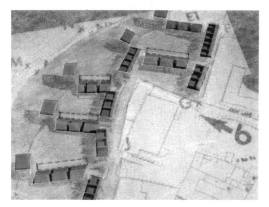

图24.12

地之中，以此说明可通过住宅与农地的直达性来实现空间连续性。当连贯式生产性城市景观延伸到城市基础设施和能量供给设施层面时，将会给城市自然体系提出更加精细的要求，这也包含在生态强化体系的概念中。

当城市人口密度增加时，便需要更为彻底的措施，包括垂直景观，不同性质土地与公园等公共开放空间的混合使用。图24.13和图24.14表示了垂直的与水平的城市农田之间的关系。起伏的公园在周围住宅间穿越，这创造了一个可以俯瞰地面城市农田的人造高崖。这个公园也为人们提供了交流和娱乐的场所。市民可以在此野餐，观赏城市农田景观。

在一些具有垂直景观的建筑物中，通过阳台将室内空间延伸到建筑，穿过垂直型城市景观帘，使住户与绿化环境得以直接接触。在许多情况下，这种与绿化环境接触的亲密度要远远超过乡村地区。这是在空中创造出的景观，植物创造了一片连接房屋内部与外部的缓冲区，并构成了一个私人空间。

对于居住在带有垂直性景观建筑中的居民来说，建筑物立面上的生产性植物给他们提供了亲近自然生物的机会。在这一环境中，自然界万物的生长过程被强化，使人们能充分体会到自然界季节性的更替变换。建筑物立面上的垂直性城市景观就像挂在建筑物上的一面浓密的绿色帘幕，窗户就像绿色帘幕上人工开出的洞口。通过控制开口的大小可以改变植物景观给人的感受。绿色植物的生长为窗口提供了遮阳的效果，它并没有

图24.11　纽瓦克的连贯式生产性城市景观：突出屋顶的太阳能集热器
图24.12　纽瓦克的连贯式生产性城市景观：突出家用收集雨水的表面。地下蓄水池用虚线表示

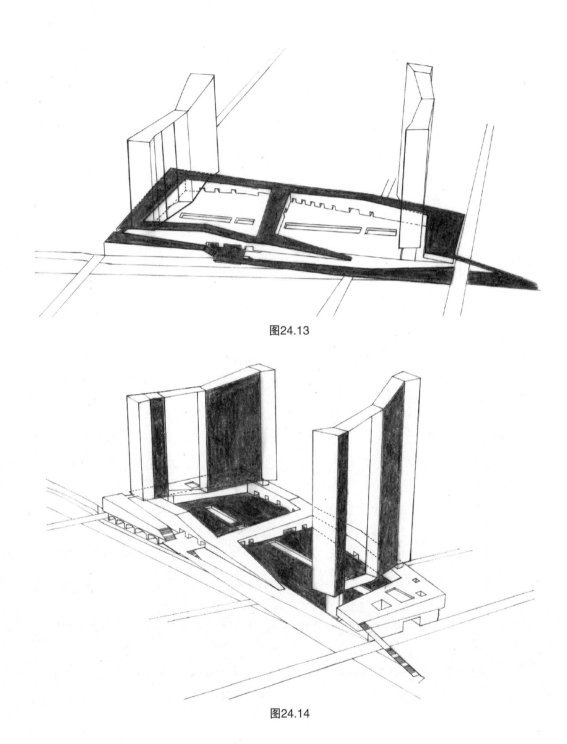

图24.13

图24.14

图24.13　肖尔迪奇的连贯式生产性城市景观：地形起伏的公园环绕周围的住房，使得城市"悬崖"边缘可以俯瞰平地上的城市农业用地。该公园连接着包含邻近城市农场在内的开放空间
图24.14　肖尔迪奇的连贯式生产性城市景观：密集开发的生产性农田，包括水平的和垂直的田地

完全阻挡阳光进入建筑物内，而是避免了对建筑内部的直射阳光。通过建筑物表面的垂直景观控制窗户的尺寸和方向，使绿色植被、窗户、建筑物相互连贯，融为一体。如此，经过改良的绿色帘幕就像是建筑物表面浑然天成的结构（如插图15）。窗口为建筑物表面建立了通道，创造出连接静态的固体建筑物与建筑物表面由景观帘幕覆盖而产生的第二层皮肤之间的空间联系。伴随着季节的更替，景观帘的颜色、茂盛程度都会发生变化，并可听到风吹过植物发出的沙沙的声音，人们穿行于此，可感受到建筑物表面的勃勃生机。

持久性视觉刺激

连贯式生产性城市景观的一大特征便是依靠河流和农田产生持久性视觉刺激。在许多情况下，不同时间和节奏的空间之间存在着一定的关系。例如，河流的起伏带来斑斓的波光和清脆的声响，与作物生命周期的缓慢节奏形成对比。

连贯式生产性城市景观中城市农田植被基床的布置大多遵循传统植物的空间分割模式。艺术家汤姆·菲利普研究得出在自然景观中发现的原始记号，例如点、线、面，以及分支、分叉、重复性和多样性等景观特性，为人们阐明了基本的视觉法则，这也是空间装饰的起源（Phillips，2003）。在自然环境中发现的这种特性同样可以用来描绘城市农田。继续研究下去，我们便可以发现人们对于田园景色的向往源于我们从古代以来就一直把优美的田园风光视为生活中最基本的装饰品，点缀着我们的休闲时光。因此，城市农田可以视为这种观念的深层次体现，它作为城市中一抹亮丽的风景，极大地装点了城市景观，使我们可以更好地体验城市带给我们的旖旎风景。

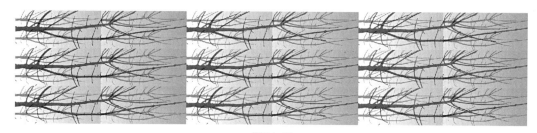

图24.15

参考文献

Philips, T. (2003). The Nature of Ornament: A summary Treatise. *Architectural Review*, Vol. CCXIII, No. 1274, 79–86.

Viljoen, A. (1997). The environmental impact of Energy Efficient Dwellings taking into account embodied energy and energy in use. In *European Directory of Sustainable and Energy Efficient Building 1997*. James and James (Science Publishers).

Viljoen, A., and Bohn, K. (2000). Urban Intensification and the Integration of Productive Landscape. July 2000. *Proceedings of the World Renewable Energy Congress VI, Part 1*, pp. 483–488, Pergamon.

休闲景观（Leisurescape）回应了人类一个古老的心愿：在开放空间中充分享受悠闲时光。

在当今创建独立的可持续发展的城市未来环境的要求下，休闲景观的理念反映了人类的休闲意愿。

休闲景观使城市居民能到乡村享受自然风光和乡村居民进入城市感受城市美景同时成为可能。

休闲景观适用于任何城市，但更被大城市所需要。

休闲景观由连续城市景观组成，如从伦敦外侧沿线至泰晤士河再连接至伦敦外侧沿线形成环形圈。

开放空间内部相互连接的小块公共空间相辅相成（例如公园、运动场、棕色地带、地下绿色空间、公共绿地、大型停车场等），共同分布于修长而连贯的休闲景观中。

休闲景观是充满活力并随季节变化的：人们可在其中散步、交谈、推车（婴儿车或者轮椅）步行、唱歌、独坐休息、享受日光浴、阅读、慢跑、蹦跳嬉闹、小憩等等，休闲景观环境有着不同的活动分区，各分区均彼此相邻并靠近公共区域。

图例

—— 连续景观（文中讨论）

—— 其他连续景观

—— 分散到大伦敦都市圈边界的乡村地
　　续景观

—— 泰晤士河沿线的连续景观

•　连接点

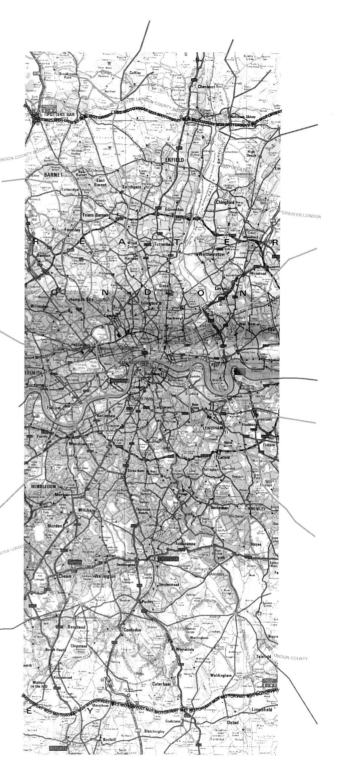

插页 6

休闲景观为不同年龄、社会阶层、性别的人们提供了大量专业的（如体育场）或者休闲的（如公共绿地）活动场地，尤其迎合了大量无法承担专业活动场地（如体育场）高额费用的市民的要求，他们可以在户外的场地内达到休闲健身的目的。休闲景观在商业上和社会上的认可程度极高，增强了这一规划建议的可行性，这促进了连贯式城市景观环境向生态化和永续化发展。

根据休闲景观进行布局的连续城市景观应根据远期城市交通规划所确定的道路布局进行调整，有别于传统道路的使用方式，休闲景观将道路转换为独一无二的生产性景观，用以种植瓜果蔬菜，以满足城市居民的自身消费。

休闲景观的农业用地既可满足商业上的使用又可满足私人的使用，因此同时具有经济价值和社会价值。

休闲景观拥有大面积的商业农田和休闲设施场地，在一定程度上为城市无业人员提供一定数目的就业岗位。萨瑟克区几乎一半的人口都在领养老金，单身父母的数量远远超过国家平均水平，并且还在增加。休闲景观所提供的工作适应性强且工作压力小，适合于老人、带有幼儿的单身父母、残疾人及无业人员。

成功的案例：古巴（商业——organoponicpos）澳大利亚（休闲——selbsternte）或者是德国（休闲——schrebergarten）。然而，上述优秀案例都没有在连贯的景观中成功地将商业活动和休闲活动结合到一起。

图例

■ 连续景观

■ 现有公园

■ 未充分利用的开放空间

■ 表面覆盖生产性景观的大型半地下停车场

■ 现有操场和游乐场地

■ 专用小型休闲建筑

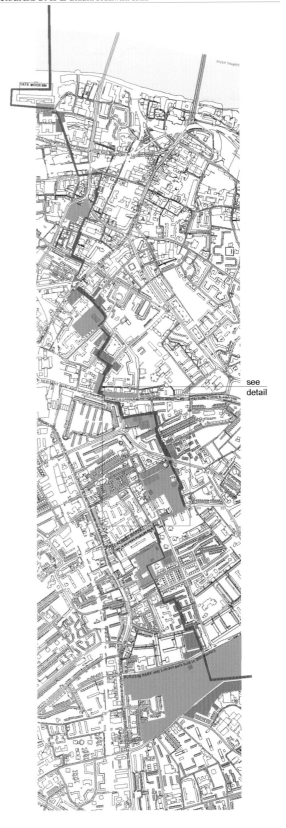

see
detail

插页 8

连贯式景观和生产性景观，伦敦南华克区奥拍街，之前和之后

休闲景观的设置：
水平、垂直以及篱状种植的蔬菜，活动场地和有顶棚的停车位

插页 9 and 插页 10

连续景观和生产性景观

Orb street southwark的现在与未来

休闲景观的相关应用：水平的或者垂直的墙式蔬菜，室外体育场和绿地覆盖的停车场。

连贯式生产性城市景观的基础设施：萨瑟克Munton路的现在与未来。

休闲景观的相关应用：实现了人行道、环路、商品菜园等连续生产性景观基础设施的强化。

插页 11 and 插页 12

谢菲尔德庄园：

从住宅看向有围墙的花园，花园围墙上开着通向外部生产性景观的窗户。

伦敦维多利亚公园：

内部与外部、私人与公共的过渡空间，其在一个屋顶花园与地面生产性景观之间的高层公寓群里。

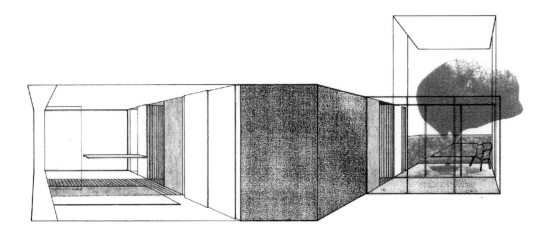

插页 13 and 插页 14

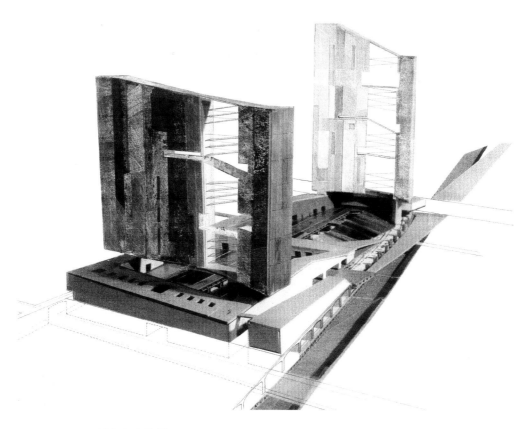

城市大自然塔：

一个为容纳450人/hm²的高密度连贯式生产性城市景观而做的提案。由依附于建筑物外墙的框架来创造垂直绿化，并种植软果植物与果树。这种垂直绿化是对水平地面上的城市农田的补充。

插页 15

城市大自然塔的鸟瞰图：线型公园（图中的浅绿色区域）围绕着城市农田并且以绿色网络的形式延展下去。

插页 16

25

更多城市，更少空间：关于生活方式的想象

卡特琳·伯恩和安德烈·维尤恩

多种土地使用功能与使用者

各种功能的土地（如园艺、农业、通勤、运动、聚会与野餐之类的休闲活动）彼此衔接是连贯式生产性城市景观的一个重要特征。其连接方式是由土地使用者来实现的，例如中小学生、市场园丁、城市居民、退休人员等等，这些人群可能在连贯式生产性城市景观中一类或多类性质的用地上从事活动。一个连贯式生产性城市景观内的一类或多类使用人群的活动种类比许多公共设施（如休闲中心）内的要更多，各功能土地之间排列组合的可能性也更丰富。连贯式生产性城市景观将公园的宁静氛围结合到了体育活动中。它们既可能被寻求休息与阅读之所的人使用，又可能被其他想要锻炼身体的人使用（图25.1）。

连续性的景观网络或者局部地区的生产性城市景观，将为各种活动提供空间。可以想象露天的体育活动场地——没有被围栏

图25.1

图25.1　伦敦的游憩型连贯式生产性城市景观：从城市边缘建筑俯视生产性景观

限制边界或者被屋顶封闭，而是一个由供人跑步的道路和游憩的场地所组成的灵活自然的网络，就如同一个露天的健身房。分布于连贯式生产性城市景观上的学校、休闲中心和俱乐部为一些活动与使用者提供了外部空间，从而获得了一个共享的公共领域。亲近自然、减少上下班出行距离以及产生持久性的视觉刺激丰富了空间的体验品质，也从而促生了一些新建筑类型，这些建筑将实现绿地与居住或其他功能的交叠。图25.2、图25.3大致显示了一种将建筑与景观融合为一的空间方案。双重高度的阳台创造了景观的"内部空间"，屋顶被覆盖了垂下来的植物（见插图14）。屋顶上的小路与轨道重新实现了马赛公寓的理想。

土地利用的经济回报

　　土地利用的经济回报能够通过两种方式衡量：一种是统计新的就业机会以及企业产生的直接经济效益；另一种是测量环境恶化的减轻程度，而后者就长远来说更加重要。由减少环境影响而带来的各种效益降低了未来补救环境恶化的相关费用。

　　我们用"场地收益"这个词来指由可持续发展带来的可量化的环境效益，如可再生能源的利用、雨水的收集，又如城市农业。场地收益记录了能源的比例以及某一特定地点边界内可收获的粮食。为了获得高能效发展的场地收益概念，我们将我们在英国的实践地点（谢菲尔德、纽瓦克和肖尔迪奇）进行了年度测算。这三个地点的人口密度在92～450人/hm²间变化。图25.4表示了特定地点的建筑和开放空间的分布情况：纽瓦克只由住宅组成，谢菲尔德由承担居住和工作功能的建筑组成，肖尔迪奇则为住宅及图书馆、体育设施、学校等社会功能建筑。图25.5~图25.7显示了在一个密度等于或低于200人/hm²左右的区域内，可以预计水果和蔬菜生产量约占年需求量的1/4。当密度高达450人/hm²时，如果只有地表面用于粮食种植，水果和蔬菜的产量将会下降10%左右。通过将垂直绿化系统引入到高密度方案中，水果和蔬菜的产量可能会增加至年需求的30%左右。这些方案都只针对节能性能良好的建筑，这些建筑不需要为适应英国气候条件而专设室内供暖（维尤恩，1997and维尤恩&伯恩，2000），而是将通风和阳光中获取的能源最大化利用。建筑利用屋顶空间来设置太阳能热水板，用以供应洗涤用的生活热水，并设置用于发电以弥补内部需求的太阳能光伏板。这些研究的结果说明这些太阳能系统能够对能源需求产生重大贡献。研究结果还表明，当密度接近450人/hm²的时候，便会限制太阳能利用的发展潜力。

　　以屋顶雨水收集来满足用水需求在所有

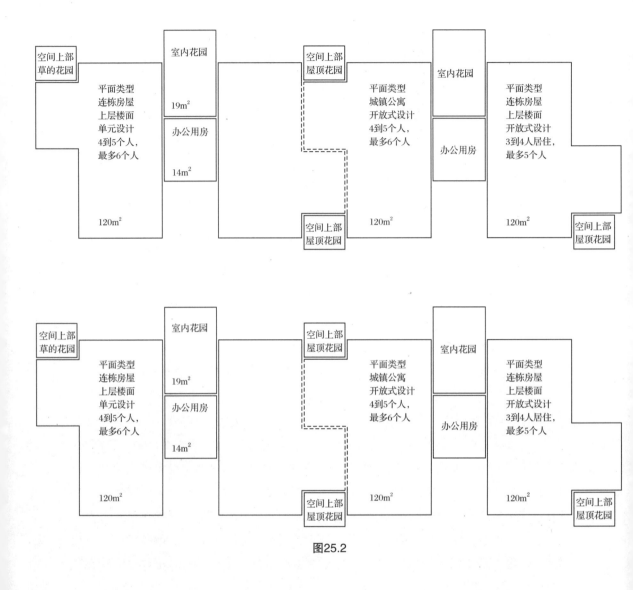

图25.2

图25.2　维多利亚公园连贯式生产性城市景观：公寓平面图表示出私人"房屋花园"的阳台、工作室以及办公空间与公共的生产性景观连接

图25.3

这三个案例中并未被充分体现。有机城市农业在减少用水量方面存在着一个间接的益处。有机物质对土壤进行堆肥处理使其肥沃，这提高了土壤保持水分的潜力，从而减少灌溉用水。

图25.5~图25.7显示这三个案例所在地的生态产量，其综合众多的环境因素于一个整体设计策略中。城郊农业的发展能显著提升本地生产食物所占的比重。

促使商品菜园的网络分布临近建筑密度较高的市中心地区，减少了乡村地区的远距离食品供应。考虑到它们在"二战"期间（克劳奇和瓦尔德，1988）的供应量满足了英国一半水果与蔬菜的需求，像伦敦这样的大城市想要通过连贯式生产性城市景观和城郊农业来获得果蔬的自给自足也并非不可能。

进一步的间接经济利益则来自于医疗健康与社会福利（详见第3节）。

直接经济效益

对于现有的城市农业需要考虑的首要问题之一便是：用地从何而来？答案就在于城市农业是要设在现有城市的已建成区内还是未开发的城市规划扩展区内又或是城市改建区内（见图25.8）。

未开发区与改建区可能提供广阔的用地来发展连贯式生产性城市景观。对于城市农业，用地的可用性并不是唯一的要求——土壤的类型和条件也将明显影响到作物的种植地点和进行土壤修复的程度（详见第8节）。

将连贯式生产性城市景观整合到现有城市中需要对一些不同来源的土地进行考

图25.3　维多利亚公园连贯式生产性城市景观：公寓景观的外部视角

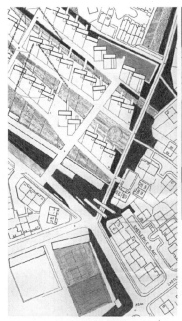
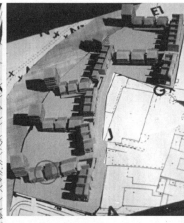

谢菲尔德总平面图　　　　纽瓦克市基地模型　　　　肖尔迪奇基地模型
92人/hm²　　　　　　　214人/hm²　　　　　　　450/ hm²

图25.4

虑：现有的未开发的土地；需要重建地区的土地；拟发展的土地；可能为连贯式生产性城市景观提供场地的部分现有开放空间，如公园。所有再开发用地都在之前被开发利用过，它们都将要求进行污染测试并可能需要应用适当的技术来"修复"土壤。

　　在现有城市中，道路为连贯式生产性城市景观提供了一个重要的土地来源。将道路用地转换为各个城市空间和城市农业片区之间联系的通道，在技术层面上来说是相对简单的，而把它们用作城市农业的场地则较具挑战性。

　　如果想将道路被转变用作种植作物，就不得不建造抬高的基床或农田。这些选择都将需要重新引入或重新制造合适的表层土壤，因为原来的土壤在道路施工期间已被清除。针对某个具体的情况，可用于粮食种植的道路空间都需要通过仔细考虑，并且需要判断原有道路骨料对于种植的可行性。现在在许多欧洲城市，将拆除的建筑、铺装材料等现场粉碎是在不能找到其新用途情况下的普遍做法，这些旧材料在拆除或粉碎后被重

图25.4　不同密度的连贯式生产性城市景观的对比性研究

256

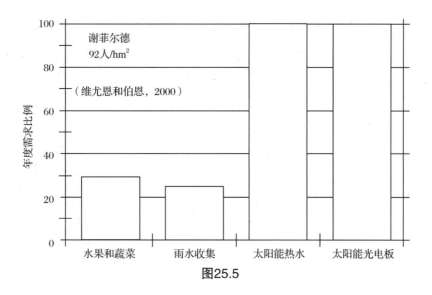

图25.5

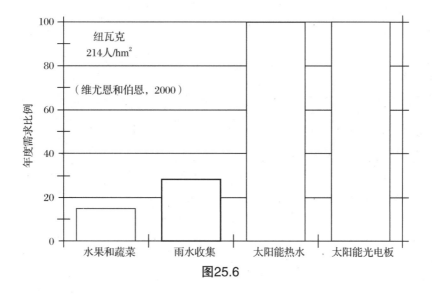

图25.6

图25.5 谢菲尔德，弹性连贯式生产性城市景观用地产量

图25.6 纽瓦克市连贯性生产性城市景观用地产量

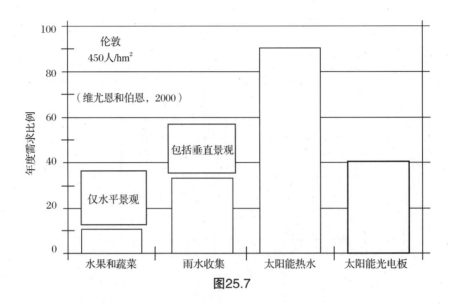

图25.7

新用作骨料或投入新的发展项目。在伦敦，城市东部广阔的工业区自2000年前后便经历了这样一个转变，而这个处理过程同样也可以应用到选定的道路用地上。

如果道路被转化为连贯式生产性城市景观，城市或开发者将无需购买新的用地，因为用地已经在那里了。此外，由于城市农业具有田园、自然的观赏特性，引入城市农业可使相邻土地增值，使居住在景观旁边的居民的生活质量得到提升。这些经济效益就如同来阿姆斯特丹广场或特拉法加广场所产生的间接效益，虽然维护它们需要成本，但同时它们也为相邻空间带来附带的效益。

现有城市中的改建区是另一土地资源的来源，这些曾经有过工业用途的土地可能已被污染并需要净化修复（详见第8节）。净化被污染土壤所要求的技术现已成熟并被广泛地应用。因为其成本比较高，所以往往局限于开发后拥有高经济回报潜力的地区。例如，作为众多伦敦东部土地开发方案之一的"泰晤士门户"设计方案，除去建造用地外，仍有客观比例的空地。这片土地存在于旧工业区的外围，可以以一种类似于本节以及先前章节所描述方案的方式，用于生产性用途（如图25.4）。

连贯式生产性城市景观和城市农业可作为渐进式发展策略的一部分。渐进式发展将经济增长手段和环境改善策略完美地联系到

图25.7　肖尔迪奇市连贯式生产性城市景观用地产量

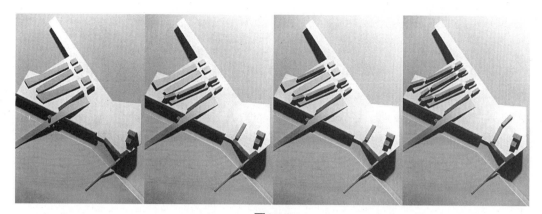

图25.8

图25.9

图25.8 谢菲尔德，弹性连贯式生产性城市景观：基地模型表示出增量性发展方式。城市农业用地构成了基地，而它们的一部分成为未来建筑的建设地块
图25.9 谢菲尔德，弹性连贯式生产性城市景观：外部景观显示出城市农田、花园或庭院与住宅之间的关系

一起，但这两者的发展将不会同时发生，例如，有些地段将会经过数年的发展演变才会达到其预想的最终形式；有些地块甚至将一直处在进化发展并适应周边环境的过程中。在谢菲尔德庄园案例中，我们便提出了这样一种渐进式发展模式。在这里，当资金充足并且各部门许可时，一片贫困的平房区可被转化成连贯式生产性城市景观，其中一部分随着时间的推移可能因房屋建设而消失。这一策略是对地块进行的低投入初始干预，可为后期的城市农田、小径及道路的布局进行铺垫工作。经济学家可以决定将基础设施安置在什么位置。图25.4表明（详见谢菲尔德规划）这一发展的最终模式将会使房屋和城市农田相互交替地与大型连续景观相连接。田野和道路是地块中最初的标志性区域，这些田地被用作商品菜园、野生动物养殖场、游玩和运动设施布置场地，充分体现出土地反馈给人们的经济利益和环境效益。随着房屋的兴建，某些农田可能将被占据成为建造基地，虽然这个过程会因不可预知的未来情形而产生变化，但它为可能产生的发展提供了一个统一的框架。建造的进程可能或快或慢，然而在任何阶段，地块始终被视为一个完整的实体（见图25.9）。

城市农业也可以被理解为支持新兴企业的一种方式，例如农贸市场。妮娜·普兰克描述了这些新兴企业是如何在伦敦扎根的（详见第10节）。我们现在身处的环境中存在着一个市场网络（即营销网点），但是农民与市场的平均距离达100英里（160km）（详见第3节）。目前，供本地农作物交易的市场设施是现成的，然而临近本地市场的商品菜园的配套基础设施却还没有。粮食生产的区域划分问题已刻不容缓，市民们对于新鲜食物的迫切渴望已愈发明显，然而他们却居住在与生产腹地相分离的地方，例如伦敦。

连贯式生产性城市景观的另一经济回报是使市民的工作地点和居住环境处于同一自然环境中，这满足了市民的愿望，极好地解决了日益增长地居住在城市或乡村边缘的上下班人群的往返问题。连贯式生产性城市景观促使城市从内部向郊区蔓延，极大地减少了郊外住宅区与市中心之间的通勤需求（如图25.10）。

内城运动

在伦敦，该运动是指将城市内未开发或者开发率较低的公园或体育场用地，通过规划设计将它们之间联系起来，这里通常会把道路作为连接元素。一般情况下，出于可达性和流通模式的考虑，大量道路会被安排布置在靠近过境交通的位置（如彩图6~8）。例如，在伦敦，围绕某一连贯式生产性城市景观的环路使居住在东克罗伊登（位于市中心南部20km）的市民骑车一小时便能到达市中心。

之前提过的谢菲尔德庄园（详见图25.8~图25.10），为谢菲尔德市带来了景观资源，使市民可以穿梭漫步于城市农田和活动场地中。生产性城市景观也能为建造其间的建筑提供景观环境。相比于许多近期的城市边缘地带或棕色地带的开发模式，房屋被建于荒废的土地附近，对于谢菲尔德的内城运

图25.10

图25.10 谢菲尔德，弹性连贯式生产性城市景观：平面图显示出内部空间与外部空间的关系。不通车的供人玩耍的街道位于房屋和生产性景观之间，城市农业形成了一种变化的"装饰物"。视觉上的和物质上的联系在内部空间与外部空间之间被建立起来

动来说，一种双向联系被建立了起来。新入住的居民们紧邻生机勃勃的景观资源，如一个大花园或者是渗入城市的乡村田园片段；同时，城市中这一持续发展的景观也激发着人们的好奇心，也正是由于其持续发展的特性，使它成为城市未来发展模式的讨论焦点。发展型景观的活力促进了公众对于城市发展策论的讨论。

插图7表明大量现有的公园和使用率不高的公共空间通过适量的公路连接，可使人车畅通无阻地穿行于伦敦，并同时享受着具有乡村气息的城市自然环境。

随着生产性城市景观的发展和延伸，城市与乡村的双向可到达性被强化了：一方面，从城市中心向外部的城市农业用地延伸的道路得到发展；另一方面，景观路径将城市农田景观从城郊边缘引入了城市中心。前一节的图24.1显示了一块靠近维多利亚公园的土地，尽管其有很大的地理优势，却仍然在实体空间和视线上与公园完全隔离开来。从该方案中，我们可以看到景观廊道是如何在不同规模的城市农田、公园和住宅之间建立联系的。因此，地块边界变得不那么明确，相邻环境的优良特性互相渗透。由此，郊区可以接近电影院，中心商业区也可以与城市景观相邻。我们可以肯定地推断出这一策略将为各区块带来好处，各个区块的不足也可以互相弥补而不再成为某一特定区块特性中无法改变的固有弱点。例如，郊区可以提供大量一望无际并且可以充分享受阳光的开放空间，然而市中心又由于文化场地和社会场地的紧凑布置而变得繁荣，两者各具优点。生产性城市景观位于连贯的景观网络中，通过在不同区块和活动场地之间建立公共交通联系，促使不同地域间建立起直接联系和互补关系。郊区居住者将步行上班变成一种愉悦的享受，城市居住者也会步行到乡村来体验周末出游的快乐。

环境愉悦

随着连贯式生产性城市景观的引入，爬行动物和鸟类的栖息地数量将会增加，生物呈现多样性发展，这是生态强化的一个方面。同时，支撑城市农田的堆肥系统的发展将会改善土壤情况。城市内视觉与声觉的感受会发生变化。堆肥系统的发展将会减少垃圾车的数量，生物多样性的改善会将清晨的鸟叫（如图25.11）和虫鸣重新引入市民的生活中。

通过上一段对自然景观的描述，我们了解到许多自然现象和实际规划手段在某一地块中的相互关系，任一条件都通过不同的手段赋予地块新的活力，从而丰富了居民的感官与精神体验。这就像是环境的艺术，在时空中创造丰富的经历。阳光与雨水不仅改变着空间环境，并同时生产着电与热（如图25.11和图25.12）。

农田为景观创造出变化的图案或图画，这种真实的联系和效果为环境创造出愉悦的感受。

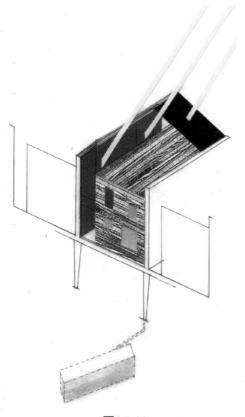

图25.11

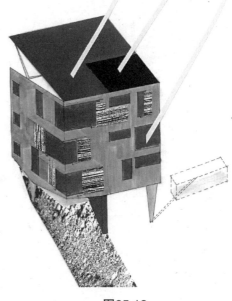

图25.12

图25.11　纽瓦克连贯式生产性城市景观：设计的独栋房屋以减少不可再生能源消耗。其外层为超绝缘材料，天然能源系统被控制并用来满足家庭能源需求。屋顶收集太阳能以及雨水，同时提供私人的外部生活空间

图25.12　纽瓦克连贯式生产性城市景观：在此低能耗公寓中，屋顶收集太阳能以满足家庭热水加热以及发电之用。雨水也被收集来供家庭使用。建筑和景观与环境紧密联系

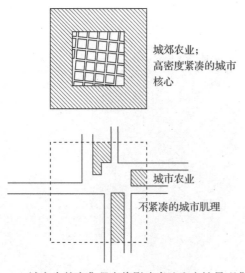

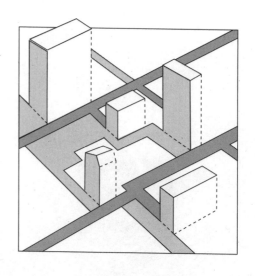

城郊农业；
高密度紧凑的城市
核心

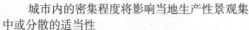

城市农业

不紧凑的城市肌理

城市内的密集程度将影响当地生产性景观集
中或分散的适当性

生产性城市景观有创造城市内水平和垂直绿
化空间新网络的潜力

图25.13

参考文献

Crouch, D. and Ward, C. (1988). *The Allotment*, Faber and Faber, London.

Viljoen, A. (1997). The environmental impact of Energy Efficient Dwellings taking into account embodied energy and energy in use. In *European Directory of Sustainable and Energy Efficient Building 1997*. James and James (Science Publishers).

Viljoen, A. and Bohn, K. (2000). Urban Intensification and the Integration of Productive Landscape. July 2000. *Proceedings of the World Renewable Energy Congress VI, Part 1*, pp. 483–488, Pergamon.

图25.13 引入连贯式生产性城市景观的密集式、非密集式形式以及策略

26

更多或更少：引人思考的食品

安德烈·维尤恩和卡特琳·伯恩

紧凑型城市模型是目前最有利于支持可持续发展的模式。由于紧凑及混合的土地使用方式，其对环境可持续性的主要好处是减少了行驶距离及因此而产生的运输。我们看到，通过城市粮食生产对环境可持续性作出的贡献，连贯式生产性城市景观增强了城市的紧凑性。此外，我们认为这种结合会创造一种迄今为止无论城市还是乡村都不存在的新型城市，这种城市具有丰富的内在联系和体验可能。连贯式生产性城市景观模型是对"所有棕色地带都应被用于建设"这一概念的挑战，但是并不违背"土地利用应以可持续回报最大化为目标"这一原则。

当今世界的城市充满了本不属于这个地区的复制品。超市控制着食物供应及人们对其成本的感知：这里一年四季都有茄子、帕尔马火腿、竹笋、菠萝、牡蛎、橘子、羊肉串、咖喱角、巧克力粉、猕猴桃等等，而每一样都是其他地区的复制品。这种地理上的分离是令人深思的，它却反映和概括了如今城市的特点。这种不可持续的模式是基于一个过时的假设，即什么都可以随时从一个地方搬迁到另一个地方。

连贯式生产性城市景观展示着可见的物质与现实。在现今的欧洲城市，许多人已不再意识到生活与维持生活所需的自然过程之间的关系。一个拥有连贯式生产性城市景观的城市与季节、气候、天气、地形、植被等元素的关系将更密切，这体现了生活及与其所有活动所需空间相关的生态原则。如今，城市居民已成为季节（他们仍常常错过）或天气（他们经常害怕）的被动观察者，环境记忆的整体缺失使得自然的状况和其进程越来越不能被理解。人们正在失去与其所在城市以外世界的联系。

连贯式生产性城市景观并不是对城市的完全重建或拆除，而是重组城市，所以它可以在其自身环境容量范围内运作并尽可能平衡自身的生态足迹。

此背景下，用以支持城市使用的资源将变得可见并且在城市机理中留下印记。一个可持续的城市生态成为成功城市的一项关键指标，它使城市虽复杂却能被理解，且丰富多彩。

连贯式生产性城市景观将会成为现在城市基础设施的又一组成部分：它们将是广泛而复杂的，并被严格地进行规划、管理和维护。其次，如同电力供应网络等其他基础设施一样，它们最好是被逐步引入。

与此同时，连贯式生产性城市景观将不同于那些我们所熟悉的主要处理分配和流通的城市基础设施，如公路、铁路、能源供应网、水网、废物处理网等。虽然连贯式生产性城市景观也会提供一个循环网络，但还是会有生产性的成分嵌入其中，这直接增加了我们对城市的积极感受。它们对环境和社会文化都将会是有益的，并且在经济上是切实可行的。一个城市所能提供的体验和生活方式类型也将有所增加。连贯式生产性城市景观会成为一个可以通过扩张来容纳土地功能和生产的网络，这是独一无二的。

当连贯式生产性城市景观内的景象具有吸引力并且被认为是可行的时候，它们才可以实行。虽然整合过程不会是一帆风顺的，并且困难重重，但是这些方案仍是能够实施的。

英国的米尔顿凯恩斯新镇为我们提供了一个如何投资连贯式生产性城市景观的例子。虽然我们自己的研究表明25%是一个更现实的发展目标，但是"二战"期间的为胜利而挖掘运动显示城市农业可以满足高于50%的水果和蔬菜需求。剩余的需求大部分则可以由城郊农业供应。如果要充分实现后者的环境效益，城市农业就要成为连贯式生产性城市景观的基本组成部分，这是至关重要的。

本书中讨论的国际上城市农业的例子，虽然都各应对了一类特殊的情况，但它们证明了连贯式生产性城市景观中的城市农业所能产生的各种效益。例如，减少食物运输距离，生产有机食物，创造野生动物栖息地，建立运输网络，提供教育资源，在划给建筑的指定地区中密布的基础设施所带来的经济效益等等。

在与土地和地理有关的要素（如城市规模、城市密度、土地所有权、土壤类型、气候或基础设施布局）之间寻求利益平衡，这种做法将决定城市农业的布局。这种权衡过程影响着任一大型基础建设项目的发展。

如果古巴能在巨大的经济压力下，设法实行了一个维持其自身发展12年的城市农业计划，那为什么其他国家不能也制定一个类似的计划呢？

古巴的城市农业实践表明城市农业是如何能够对促进健康饮食、城市可持续发展或者环境教育产生帮助的。虽然有机产品认证还没有引进古巴，但是通过某些实际措施，古巴所推行的城市农业本身即是有机的。另外古巴也展示了有机农业被农民接受并得以推行的可行性。

虽然古巴提供了一个城市农业的实施模式，但未在布局、位置选择以及地块之间联系这些方面提供设置城市农业的固定方案。古巴在推行城市农业上所受的压力状况意味着其地点的选择理由是完全从实用角度出发的。古巴城市中城市农业的成块性发展可以被视为一个典型的城市农业项目最初阶段的模式。这些孤立的区域与废置的城市公园和花园相似，它们是有各自特点的空间，并具备发展城市农业的潜力和条件，尽管古巴目前还没有连贯式生产性城市景观。连贯式生产性城市景观的运用可以创造一个防止城市农田基地彼此割裂的整体结构，以及一个强调由城市农业孕育的空间和城市特征的框架，并能实现其自身各种效益的最大化，如为循环使用和生态集约化提供路径。

除了与城市粮食种植有关的环境效益外，城市农业还可以作为一种催化剂来揭示未充分利用的城市土地，并加强对它们的利用。如此一来，城市将从许多方面获得利益增长，如：邻近的开放空间所产的食物，非常适合骑自行车和步行的交流路线，热岛效应的缓和，以及景观使得人们认识到自己和自然环境之间的关系。

下文提到的一些城市特点可以归因于城市农业，而且这些在连贯式生产性城市景观内会变得尤为显著。

对用作粮食种植的土地的不正规及自我管理的使用现状（如古巴的huertos或英国的份田）引起我们更深刻地思考：该如何将它们纳入到有计划的、正规的网络中。不同于那些大型城市农业用地，对于小规模的私人种植园的跨越边界接合的可能性，隐私或隔离议题也许会更加重要，尤其是当不同的社会团体成立后。因此，非正规的使用和正规的网络之间的关系对于连贯式生产性城市景观是很重要的。

城市农田往往充当着不同功能区之间的可见的物质化桥梁，因此此城市农业区往往可以重新定义城市中目前被忽视或较隐蔽的地方。

对城市农田的边缘也需要进行合理利用，例如作为干洗店、设置商店或是提供气候舒适区等等。通过认真选择利用方式，想象它们可能带来的转变或可能性，将为建设带来灵感从而为公共或半公共的交流提供场所。另外，对边缘地区的利用促进了与乡村田园环境的融合。

城市农业为景观提供了衡量尺度。种植的地面往往沿斜坡建造，呈梯田状，以适应地面起伏，完全契合并表现了基地地形。作物和种植床梗的实际尺寸为景观提供了另一衡量尺度并帮助个体在特定的地域内给自己定位。上述的这种能力在现今全球化促使环境变得越来越单一规整的情况下变得至关重要。

城市农业用地可作为城市气候和季节的记录装置，并由于其对于大地的不同处理特征成为城市最好的装饰物。

融入连贯式生产性城市景观的城市开放空间将改变目前自然景观和人工景观的这种区分方式。耕种者将在地面上塑造一种新的城市基础设施，这种设施随着作物的生长持续变化却又令人感到熟悉。与此同时，一种流动式的景观将会出现——一些人穿行于大片的农业景观用地中，而其他人则在农田边的土地上玩耍。城市与自然的关系将被重新改写，不再需要在摧毁城市与征服自然之间做出艰难选择，而是深刻认识到它们的依存关系，从而使两者得到共同的发展。

让我们共同实现以更少的消耗得到更丰富的感受和体验吧！

图26.1

图26.1 2004年西恩富戈斯Organoponico Pastorita